KB241769

알기쉬운

C 프로그래밍

이귀봉, 최동열 공저

· Eclipse를 이용하는 C 프로그래밍 학습
· C 프로그래밍을 시작하려는 초보자에게 꼭 필요한 책
· C 프로그래밍에서 가장 어렵다고 말하는 포인터(pointer) 정복
· 다양한 예제 프로그램을 활용한 정확한 개념 정리
· 필수적인 알고리즘(정렬과 검색 등) 정리

- 좋은 책 · 알찬 내용 -
가메출판사

프로그램이란?

연극이나 공연을 보러 가면 입구에서 나눠주는 고급스럽게 접힌 종이를 펼쳐보면 가장 위쪽에 적힌 글 가운데 하나가 '프로그램'이라고 적혀 있는 것을 본 기억이 있을 것이다. 이는 연극이나 공연을 보여주기 위한 순서라는 의미이다. 어떤 행사장에 가면 식순을 안내하는 책자에 '프로그램'이라고 표현하는 곳도 있다.

컴퓨터에서 '프로그램'이란 일련의 처리에 대한 순서를 정하는 즉, '처리 순서'를 '프로그램'이라고 정의할 수 있다.

컴퓨터에서 무엇인가를 처리하는 순서를 생각해보자. 무엇인가에 해당하는 것은 컴퓨터에 처리를 위해 입력되어야 하는 자료가 될 것이다. 자료는 데이터라고 하기도 하는데, 데이터의 성격에 따라서 숫자, 문자 또는 그림도 있을 것이다.

숫자는 정수와 실수, 자연수 등이 있고 문자는 단일문자와 문자열이 있다. 이를 상수라고 하고, 상수를 저장하여 보관하는 장소를 변수라고 한다. 상수와 변수를 처리하고자 하는 용도에 따라 연산문과 조건문 그리고 반복문 등의 명령에 해당하는 문장이 있다.

문장을 사용하여 자료(상수 또는 변수)를 처리하는 과정이 '프로그램'이다. 이러한 '프로그램'을 컴퓨터가 인지하는 문장으로 표현하기에는 사람의 능력으로는 매우 어렵다. 전설에 따르면 폰노이만[1]은 컴퓨터가 인지하는 언어(기계어)로 '프로그램'을 만들었다고 전해지지만 이는 외계인이 아닐까 하는 의심이 드는 대목이기도 하다.

---

1) 폰노이만(John von Neumann)은 프로그램 내장 방식의 컴퓨터에 대한 개념을 발표하여 컴퓨터의 발전에 획기적인 공헌을 하였으며, 프로그램 내장 방식의 컴퓨터(EDVAC; Electronic Discrete Variable Automatic Computer)를 1951년 완성하였다. 출처 : 컴퓨터 인터넷 IT 용어대사전, 전산 용어사전 편찬 위원회 엮음, 2011년, 일진사

사람이 알아볼 수 있고 이해하기 편하게 표현한 '프로그램'을 컴퓨터가 인식하는 프로그램으로 바꾸는 기능을 컴파일이라고 한다. 컴파일하는 기능 또한 프로그램으로 만들었기에 사람들이 프로그램 표현법을 만들어 사용할 수 있다. 이러한 다양한 표현법을 프로그램 언어라고 하며 오늘날 프로그램 언어는 매우 다양하게 많은 종류가 있다.

그 중 C 언어는 현재도 공학 전반의 실무 현장에서 가장 많이 사용되는 언어 중 하나이다. C 언어는 간결하며 효율적이며 저 수준의 하드웨어 제어도 가능한 강력한 언어이다. 또한, C 언어는 실무 현장에서 종사하는 사람에 의해 만들어진 언어로 다른 언어와 달리 교육적인 목적이나 전시적인 목적으로 만들어지지 않았다는 사실은 실용성을 강조하고도 남음이 있다. 시작은 어려울 수 있으나 굴착기를 사용할 수 있으면 땅을 파기 쉬운 것처럼 C 언어를 배우면 알고리즘이나 자료구조를 표현하는 pseudo 코드를 쉽게 이해할 수 있으므로 컴퓨터 공학 입문에 필수 언어라고 할 수 있다.

C 언어에 객체지향 개념을 더하면 C++가 된다. C++의 창시자로 불리는 뱌 스트라우스트럽[2]은 90년 후반에 C++는 구소련 과학자들을 혼란스럽게 할 목적으로 만들었다고 술회하였다는 기사를 필자도 접하였지만, 오늘날 C++는 Java와 함께 가장 널리 사용되고 있는 객체지향 프로그래밍 언어 중 하나이다.

---

2) 뱌 스트라우스트럽(Bjarne Stroustrup)은 C++ 프로그래밍 언어를 개발한 것으로 유명한 컴퓨터 과학자이다. 출처 : 위키백과(http://ko.wikipedia.org)

Contents

제3장 표준 입출력 함수

제4장 연산자(Operator)

제7장 사용자 정의 함수

제8장 기억 클래스(Storage class)

제9장 배열(Array)

제12장 파일 입출력(File I/O)

부록1 Eclipse C/C++ 컴파일러 설치와 개발 환경 설정하기

부록2 기본 알고리즘

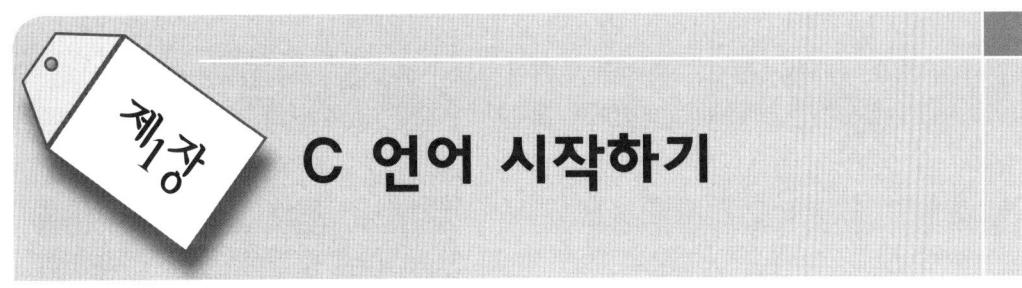

C 언어 시작하기

01 C 언어의 탄생

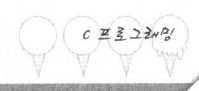

사람과 사람이 의사전달을 하는 방법에는 다양한 언어들이 많다. 예를 들자면 몸짓 언어를 비롯하여 인간이 구사하는 언어 즉, 한국어, 일본어, 중국어, 영어 등등을 거론할 수 있다. 그렇다면 컴퓨터와 인간이 상호 의사전달을 위한 방법으로는 무엇이 필요할까?

초기의 컴퓨터는 전기적인 신호의 전달 여부를 사용하여 계산 동작을 수행하는 단순한 방식으로, 인간이 만들었지만 2진수라는 개념을 적용하고 이를 저장하고 꺼내어 사용하는 방식으로 발전하게 된다. 컴퓨터가 2진수를 기본으로 사용하게 되는 순간이다.

2진수는 인간의 기억력과 추론, 집중력을 과도하게 요구하는 점을 파악하고 이를 극복하고자 몇몇 패턴을 묶어 간단한 기호로 사용하기 시작한다. 이러한 기호의 집합이 어셈블리 언어이다. 편리함을 추구하는 것이 인간 본연의 욕구라면 어셈블리어가 인간이 기억하기 쉽고 추론에 대한 대응이 탁월한 언어로의 발전은 필연일 것이다. 결국, 발전 언어가 인간과 컴퓨터의 소통 수단이 되었고 이러한 소통의 수단으로 언어는 다양하게 만들어지고 사용되어 온 것이다. 그중에 C 언어는 인간과 컴퓨터 사이의 의사소통을 위한 언어 중 단연 으뜸이라고 할 수 있다.

초기 UNIX 운영체제는 특정 시스템에 종속적인 어셈블리 언어로 작성되었다. 그래서 같은 기능을 하는 시스템 프로그램을 다른 컴퓨터 기종에서는 사용할 수 없는 문제를 해결하고자 '켄 톰슨(Kenneth Lane Thompson)'이 1970년에 BCPL 언어를 기초로 하여 B(AT&T사의 벨(Bell) 연구소의 이니셜인 B를 인용) 언어를 설계하여 일부분 기존의 어셈블리와 같이 사용했었고 벨연구소의 연구원이었던 '데니스 리치(Dennis, M. Ritchie)'가 1972년 B 언어를 토대로 저급언어의 기능과 고급언어의 기능을 갖춘 C 언어를 개발하였다. 이러한 공로가 인정되어 튜링상을 나란히 받았다.

그 이후 어셈블리 언어로 작성된 초기
UNIX 운영체제는 일부 어셈블리 언어를
남겨두었지만 1969년~1973년에 대부분
C 언어로 다시 작성되었다. 독자 여러분이
익히 알고 있을 리눅스 역시 C 언어에 근간
을 두고 있으며, 애플사의 iOS 역시 리눅스
커널을 재창출한 결과물이다. 안드로이드
를 포함하여 스마트폰의 운영체제도 C 언
어를 품고 있으니 C 언어야말로 가히 천하
무적의 언어가 아니겠는가?

1973년, '데니스 리치(Dennis, M. Ritchie)'가 C 언어를 개발한 후 '브라이언 커닝헨
(Brian Kernighan)'과 'The C Programming Language'를 기술하여 수많은 프로그래
머의 두통거리를 세상에 소개하였다. 1971년에 '브라이언 커닝헨(Brian Kernighan)'이
C 언어를 개발하였다고 하는 일부 오해에 대하여 자신은 C 언어 탄생에 기여하지 않았다
고 밝히기도 하였다.

C 언어의 강력한 기능과 유연성이 강점으로 인식되면서 Bell 연구소가 아닌 다른 기관으
로도 빠르게 보급되었다. C 언어 보급의 일등공신은 뭐니 뭐니 해도 대학에 무상으로 제
공된 UNIX 덕분이다. 무상으로 제공된 UNIX를 활용하여 운영체제를 연구하고 필연적
으로 C 언어를 공부한 수많은 대학생이 사회로 진출하게 되면서 C 언어 전도사가 된 것
이다.

이러한 결과로 전 세계 많은 프로그래머가 여러 가지 종류의 프로그램을 작성하는데 C
언어를 사용하기 시작하였다. 하지만 여러 기관에서 사용하면서 각각 기능 개선과 효율
성을 앞세워 그들만의 C 언어 형식을 만들어 사용하기 시작하였다. 각 기관에서 만든 C
언어의 전체적인 형태는 같으나, 세세한 부분에서는 다른 C 언어 형식이 나오기 시작하
였다. 이러한 문제를 해결하기 위해 미국 국가 표준 협회에서 C 언어에 대한 표준을 제정
하기 위해 1983년 설립한 ANSI에서 표준 C를 제정(ANSI C)하여 지금은 대부분의 C 컴
파일러가 이 표준안을 따르고 있다.

운영체제와 프로그래밍 언어의 발전 역사에 대하여 지속적인 정보를 제공하는 http://
www.levenez.com의 자료를 토대로 C 언어 발전 약사를 살펴보면 다음과 같다. 한 번쯤
방문하여 자료를 다운로드하여 살펴보는 것도 좋은 공부가 될 것이다.

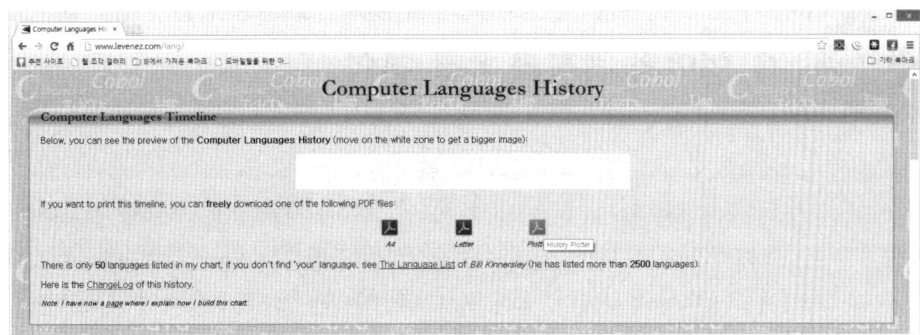

C 언어 약사

1954년	11월에 최초의 프로그래밍 언어인 FORTRAN 발표
1956년	10월에 FORTRAN의 개선을 반영한 FORTRAN I 발표
1958년	FORTRAN I을 기반으로 ALGOL58 발표
1960년	ALGOL58을 개선한 ALGOL60 발표
1963년	ALGOL60을 기반으로 CPL 발표
1967년	7월 CPL을 기반으로 BCPL 발표, Bell 연구소에서 만든 CPL이라는 의미
1969년	BCPL을 기반으로 B 언어 발표, 켄톰슨 아내 이름의 이니셜이라는 루머도 있다.
1971년	B 언어를 기반으로 C 언어 발표, B 다음이 C라는 의미로 매우 심플하게 명명
1978년	C 언어를 재통합한 C(K&R)언어 발표
1983년	1980년 발표된 SmallTalk-80과 결합한 Object-C를 발표하여 현재까지 유지
1984년	C(K&R)을 기반으로 Concurrent C 발표
1989년	국제표준 위원회로부터 ANSI C(C89)를 발표
1990년	12월 ANSI C(C89)를 개선한 ISO C(C90) 발표
1991년	1990년 발표된 ISO C(C90)와 1988년 발표된 Modula 3를 참조한 Python 발표
1996년	4월 ISO C(C90)을 개선한 ISO C(C95) 발표
1999년	12월 ISO C(C95)를 개선한 ISO C(C99) 발표
2011년	12월 ISO C(C99)의 확장을 위한 ISO/IEC C(C11) 발표
...	뜻있는 독자들께서 다음 언어로 D 언어를 만드는 것을 보고 싶은 소망이 있음

C 언어의 특징과 응용 분야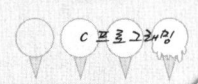

C 언어는 간결하면서도 효율적이고 강력한 언어로 광범위한 분야에 응용된다. 그렇다고 프로그래머가 프로그램을 간결하게 작성하여야 한다는 의미는 아니다. 프로그램 언어의 특징이 그렇다는 의미이다. 물론 프로그래머는 간결하고 효율적인 프로그램을 작성하고자 하는 목표를 가지고 노력해야 한다. 하지만 코드를 빼먹는 등의 방법으로 간결해져서는 안 된다.

2.1 C 언어의 특징

C 언어의 특징은 여러 가지 의견으로 정리되어 있지만, 개략적으로 정리하면 다음과 같다.

① 언어의 위치로는 중간 수준의 언어이다.
고수준 언어와 저수준 언어의 장점을 두루두루 포함하고 있는 중간 수준의 언어로서 저수준의 어셈블리 언어로만 구현해야 했던 시스템과 관련된 하드웨어 제어 작업들을 고급 언어를 사용하듯 C 언어로 쉽게 처리할 수 있다.

② 프로그램의 이식성(portability)이 높다.
한 시스템을 대상으로 개발된 C 프로그램을 다른 시스템에서 실행하려고 할 때 프로그램을 전혀 수정하지 않거나 일부만을 수정하여 실행할 수 있다.

③ 표현이 간결하다.
주로 소문자를 사용하여 예약어를 기술한다. 예약어의 길이는 짧고 단락과 연산자는 기호를 사용한다. 프로그램의 문자 수가 적어 전체적으로 프로그램의 길이가 짧다.

④ 풍부한 자료형과 연산자, 제어 구조가 다양하다.
어셈블리 언어에서 이용되는 연산이 C 언어의 연산자로 정의되어 고급 언어의 논리, 산술, 관계 연산자 이외에 여러 가지 연산자가 정의되어 있다. 반복과 조건 분기를 제어하는 기능이 다양하고 프로그램의 변경과 추가가 쉽다.

⑤ **함수의 집합으로 구성되어 구조적 프로그래밍에 적합하다.**
함수로 시작하여 함수로 끝나며, 함수의 집합으로 구성되어 전체적인 프로그램이 구조적으로 작성되도록 지원한다.

⑥ 프로그램의 분할 작성과 분할 컴파일이 가능하다.
소스 프로그램 작성의 분할과 분할된 소스 코드의 개별 컴파일이 가능함으로써 팀 프로젝트가 가능하다. 이는 작업의 효율성을 증가시킨다.

⑦ 프리 프로세서(pre-processor)의 매크로 기능

전처리 기능을 지원하여 C 언어의 대원칙인 '선언을 먼저 하고 사용하여야 한다.'는 철학적인 원칙을 준수하는 것은 팀 프로젝트에서 팀장의 프로젝트 지휘를 가능하게 한다.

⑧ 함수의 순환(recursion)이 가능

함수 자신이 자신을 호출할 수 있도록 함으로써 for, while, do, goto 등에 이은 제3의 루프라고 하는 함수의 순환(recursion)을 지원한다.

2.2 응용 분야

시스템 프로그래밍(System Programming), 컴퓨터 그래픽(Computer Graphic), 수치 해석(Numerical Analysis), 파일 처리와 데이터 처리(Data Processing), 통신 제어(Communication Control), 워드 프로세스 등의 유틸리티 프로그램(Utility Program) 개발 등 많은 분야에서 폭넓게 응용되고 있다. 특히 자료구조나 알고리즘을 설명하는 pseudo 코드 표현에 최적의 언어로 활용되는 언어이다.

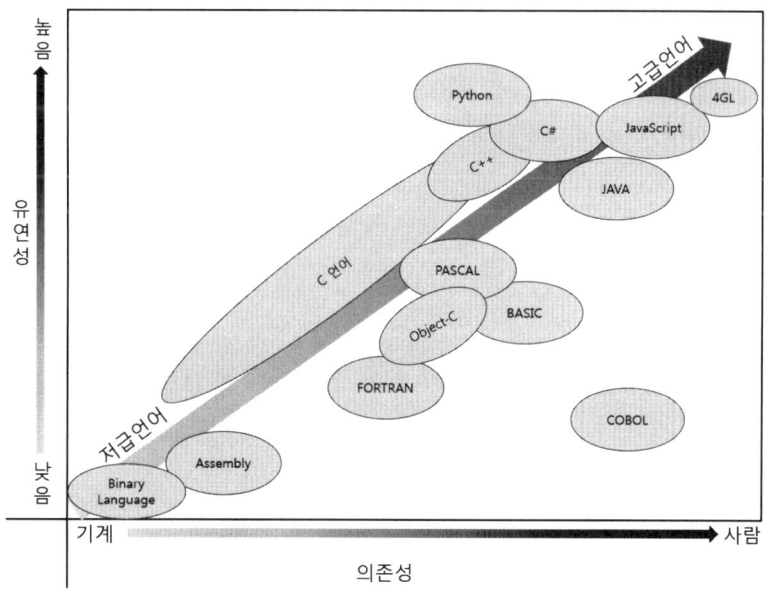

-참고-
이 그림은 필자가 예전 기억을 토대로 임의로 그린 그림이다. 오류나 다른 의견을 가지는 독자도 있을 것임을 인정하는 부분이다. 그러니 C 언어의 위치를 시각적으로 보여주기 위한 그림으로만 참고하기 바란다.

2.3 프로그램 분류

프로그램을 적용하는 분야를 분류하면 다음과 같다.

	대분류	중분류	소분류
소프트웨어	시스템	운영체제	감시(Supervisor) 프로그램
			소프트웨어
			작업 제어 프로그램
			서비스 프로그램
		언어 번역 프로그램	컴파일러(compiler)
			어셈블러(assembler)
			인터프리터(interpreter)
	응용 프로그램	패키지	W/P, dBASE III+, EXCEL, ...
		사용자 프로그램	인사 관리, 학사 관리, 급여 관리, 판매 관리, 영업 관리, 재고 관리 등

운영체제의 경우는 지금은 사라진 MS-DOS를 포함하여, 마이크로소프트사에서 출시한 개인용 컴퓨터의 Windows 3.x, Windows 95, Windows 98, Windows XP, Windows 2000, Windows Me, Windows 2003, Windows 2008, Windows VISTA, Windows 7, Windows 8 등이 있으며, UNIX와 LINUX를 비롯하여 IBM이나 HP, DEC 등에서 출시하는 대형 운영체제도 있다.

컴파일러의 경우는 마이크로소프트사의 MS-C, MS-C++, 비주얼 스튜디오, 비주얼 베이직 등이 있고, 볼랜드사의 Turbo C, Borland C++가 있다. 본 책에서 언급하는 GNU C++만 하더라도 MinGW, DEV-C++ 등의 다양한 IDE를 포함하는 컴파일러가 제공되고 있으며, 그 외 수많은 컴파일러와 어셈블러, 인터프리터 등이 있다.

응용 프로그램은 패키지로 분류하였지만, 유틸리티를 포함하여 다양한 프로그램들을 묶어서 총칭하였다. 한글(HWP)이 C/C++로 작성된 것은 주지의 사실이다. MS-WORD를 포함하고 있는 오피스(MS Office) 제품군은 대표적인 패키지일 것이다. 알툴즈 압축 프로그램, 메모장을 제공하는 'notepad' 등은 유틸리티로 분류해야 할 것이다.

사용자 프로그램은 기업이나 개인에게 특화된 프로그램을 말한다. 이는 프로그래머가 요구사항을 분석하고 개인이나 회사의 특성에 맞게 설계를 한 결과를 바탕으로 프로그램을 개발하여 사용하는 프로그램들을 말한다.

 ## C 프로그램 작성을 위한 선수 학습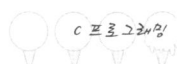

프로그래밍이란 프로그램 언어를 사용하여 컴퓨터에 작업을 지시할 수 있는 실행 가능한 프로그램을 작성하는 과정을 말한다. 이때 실제 소스 코드를 작성하는 일을 코딩이라고 한다. 이러한 코딩은 설계가 오랜 시간에 걸쳐 진행된 결과로 수행되어야 한다. 그 이유는 개발과 운영, 그리고 유지보수 활동에서 효율적인 수행이 보장되어야 하기 때문이다. 간단하고 작은 프로그램은 이미 프로그래머의 머릿속에는 설계가 끝난 상태라고 보아야 한다. 큰 프로젝트는 이러한 과정이 필수적이다. 소프트웨어 공학이라는 분야는 체계화된 프로세스·방법·도구 들에 대한 연구 활동이 요구하기도 한다.

계획 없이 즉각적으로 이뤄지는 프로그램 개발은 품질과 유지보수 과정에서 매우 위험한 결과를 가져올 수 있다. 반면, 프로그램을 순서적이고 효율적으로 개발하는 경우 품질과 유지보수 또한 효과적으로 진행해나갈 수 있다.

코딩 전부터 요구사항 분석(Analysis), 설계(Design), 프로그램 구현(Implementation), 테스팅(Testing), 유지보수(Maintenance) 등과 같은 주제를 염두에 두며 개발에 임해야 한다. 이와 같은 개발 방법 사이클을 정리해 적어보면, 먼저 사용자 요구사항 분석과 이에 따른 명세서 작성이 이뤄져야 한다.

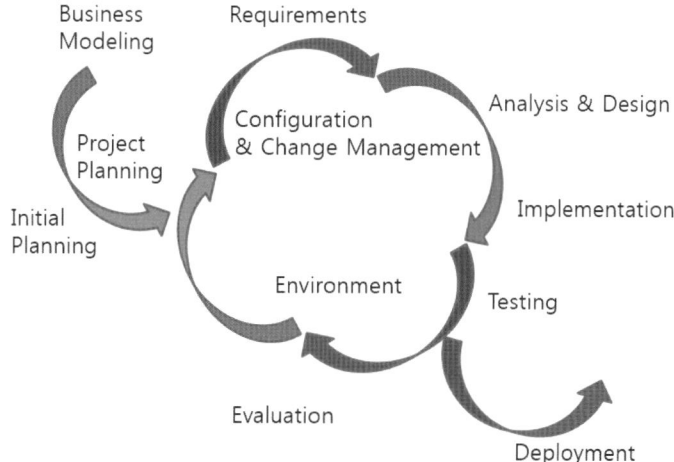

〈참고 : 소프트웨어공학 : 이안솜머빌〉

여기에는 사용자의 요구사항을 조사하고 문서화하는 과정이 수반되는데, 방법론으로서는 구조적 분석 방법론에 기초한 자료흐름도(DFD : Data Flow Diagram)와 UML을 이용한 객체지향적(Object Oriented) 방법론에 따라 유스케이스 다이어그램과 시나리오를 작성하면서 이뤄진다. 즉, 프로그램 작성 과정에 나타나는 주변 환경, 조건 등의 머릿속 아이디어를 문서화 하는 과정이라고 이해하면 된다.

이렇게 분석이 이뤄지고 나면 분석 결과물을 사용하여 프로그램 작성을 위한 설계를 진행하게 되는데 다음은 설계에 대한 결과물이다.

- 구조적 분석 방법론
  - 시스템의 요구 기능을 모듈화
  - 구조도 작성

- 객체지향적 방법론
  - 객체와 클래스의 도출
  - 클래스 다이어그램과 시퀀스 다이어그램

설계에는 개발 방법 관련 문서 이외에도 개발 플랫폼과 같은 아키텍처, 인터페이스, 알고리즘 선정 및 개발 등이 포함된다. 또한, 구현과 테스트, 유지보수가 따른다. 이와 같은 요구는 컴퓨터 하드웨어 기술의 급속적인 성장과 대중화로 소프트웨어의 수요가 증가하고, 개발 시스템의 규모도 커지고 복잡해졌지만, 소프트웨어의 생산성과 생산 기술은 그에 미치지 못함으로써 나타난 소프트웨어 위기 때문에 등장했다. 극단적으로 개발 비용 대 유지보수 비용 비율은 '개발 비용(33%) < 유지보수 비용(67%)'으로 나타날 수 있다. 이는 유지보수 비용을 줄이기 위해서는 소프트웨어 개발은 개발 초기부터 계획적으로 이루어져야 함을 말해주는 것이다.

3.1 프로그램 구현 단계

프로그램을 만드는 과정을 단계별로 나누어 살펴보면 다음과 같다.

① 첫 번째 단계는 사람이 이해하기 편한 언어를 사용하여 '**소스 코드**'를 작성한다. 코드 수정이 편리한 편집기를 사용하여 작성하고, 작성한 내용을 저장한다.
② 두 번째 단계는 컴퓨터가 이해할 수 있는 기계어로 작성되는 파일을 생성하기 위해서 소스 코드를 컴파일한다. 컴파일된 결과를 '**목적 파일**'이라고 부른다.
③ 세 번째 단계는 실행 가능한 '실행 파일'을 만들기 위해서 컴파일된 필요한 파일들을 묶는 작업을 한다. 이를 '**링크**'라고 한다.
④ 마지막으로 네 번째 단계는 작성된 프로그램을 '**실행**'하여 정상적으로 동작하는지 확인하고 오류가 있을 때 '**디버깅**' 작업 또는 소스 코드를 수정하는 작업을 한다.

이러한 프로그램을 작성하는 일반적인 절차는 다음과 같다.

일반적으로 문서화는 프로그램의 완성, 즉 이 그림에서는 실행 이후에 작성하는 것으로 인식되어 왔으나 오늘날에는 모든 과정에서 문서화가 일어난다. 즉, Workflow라는 개념을 확장하는 것이다.

1) 개발 환경

첫 번째 단계에서 편집기로 작성한 소스 코드는 '원시 파일'이라고 부르기도 한다. 이러한 소스 코드는 텍스트 편집기를 이용하여 입력하는데, 독자 여러분의 손에 익숙한 편집기를 사용하는 것이 좋다. 참고로 필자는 통합 편집기(IDE)인 Eclipse를 선호하는 편이다.

두 번째 단계로 컴퓨터가 이해할 수 있는 기계어로 작성되는 파일을 생성하기 위한 작업을 컴파일이라 하고, 컴파일러를 만든 제작사별로 컴파일 방법이 다르다. [표 1-1]에서 C와 C++ 컴파일러의 종류에 따른 컴파일 명령어를 예시하였다.

[표 1-1] C와 C++ 컴파일러와 컴파일 명령어

C와 C++ 컴파일러	컴파일 명령어
Boland's Turbo C/Turbo C++	C:\...>tc -ml -v -N -w -e hello hello.c
	C:\...>tcc -ml -v -N -P -w -e hello hello.cpp
Boland C/Boland C++	C:\...>bcc -ml -v -N -P -w -e hello hello.c
	C:\...>bcc -ml -v -N -P -w -e hello hello.cpp
UNIX CC 컴파일러	$ cc -g -o hello hello.c
	$ cc -g -o hello hello.cc

Linux gcc, g++ 컴파일러 자유 소프트웨어 재단의 gcc, g++ 컴파일러	$ gcc -g Wall -o hello hello.c
	$ g++ -g -Wall -o hello hello.c
MS Windows의 Microsoft VC++	C:\...>cl /AL /Zi /W1 hello.c
	C:\...>cl /AL /Zi /W1 hello.cpp
MS Windows의 MinGW 컴파일러	C:\...>gcc -g Wall -o hello hello.c
Apple Macintosh의 Object-C	Env>oc hello.c -o hello

C와 C++ 학습을 위한 대표적인 컴파일러를 살펴보면 볼랜드사의 Turbo C 2.0을 들 수 있다. 이외에도 볼랜드 C++ 3.0, 볼랜드 C++ 4.0도 추천해 볼 수 있다. 그러나 C 문법만 지원한다든지 혹은 16비트만 지원한다든지 하는 단점이 있어 현재 실무에서는 마이크로소프트사의 비주얼 C++를 가장 많이 사용한다. 그러나 비주얼 C++ 또한 다른 컴파일러에 비해 화면 제어 함수가 없다든지, 그래픽 처리와 시스템 운용에서 어려움이 따르는 문제와 고가의 구매비용 등에 있어 학습을 위한 컴파일러로 추천하기에는 무리가 따르는 것이 사실이다.

C와 C++를 공부해 보기로 마음먹었다면 어떤 컴파일러를 사용할 것인지는 자신의 상황에 따라 결정해야 한다. 리눅스 환경을 사용하고 있다면 'gcc'를 사용해야 할 것이고, 간단하게 실습해 보고 싶다면 'TURBO C 2.0'을 사용할 수도 있다. 본 교재에서 모든 컴파일러에 대해 설명할 수는 없어 한 가지 컴파일러를 선택할 수밖에 없다.

본 교재에서는 Eclipse에 MinGW의 gcc를 탑재하여 무료로 사용하는 멋진 C 프로그래 개발 환경을 구축하여 사용할 것이다. 다른 컴파일러를 사용하는 독자라 할지라도 걱정하지 말자. 여기에서 제시하는 환경은 마이크로소프트사의 Visual Studio를 활용한 예제를 추가하였으므로 독자 여러분이 사용하는 환경에도 비교 설정이 가능하도록 배려하였다.

MinGW에서 사용되는 gcc와 g++은 GNU에서 만든 C/C++ 컴파일러다. 수많은 옵션만큼이나 기능이 풍부해 원하는 바이너리를 쉽게 만들 수 있기 때문에 응용 프로그램뿐만 아니라 운영체제, 부트 로더 등도 다른 컴파일러에 비해 쉽게 만들 수 있다. 그러나 모든 프로그램의 결과는 사용하는 컴파일러에 따라 달라질 수 있음을 알고 학습에 임해야 할 것이다.

2) 컴파일 과정의 이해

여러 가지 컴파일러 중에서 gcc는 현존하는 어떤 컴파일러보다 많은 CPU 아키텍처를 지원한다. ARM, DEC, AVR, i386, PPC, SPARC, M68XX 등 수없이 많은 아키텍처를 지원하기 때문에 원하는 어떤 CPU의 크로스 컴파일러도 쉽게 찾아서 사용할 수 있다. gcc는 내부적으로 전처리기인 cpp0을 호출하여 전처리 과정을 수행하고, 진짜 C 컴파일러인 cc1을 호출해서 컴파일한 후, 어셈블러인 asm을 호출해서 목적 코드로 만들고, 마지막으로 링커인 ld 또는 collect2를 호출해서 목적 코드를 링크하여 실행 파일로 만들어낸다. 즉, gcc는 실제 컴파일 과정을 담당하는 것이 아니라 전처리기와 C 컴파일러, 어셈블러, 링커를 각각 호출하는 역할만을 담당한다.

다음 그림은 소스 코드 파일('hello.c')이 있을 때 gcc가 'hello.c' 파일을 어떤 과정을 통해 컴파일하는지 그림으로 나타내어 보았다.

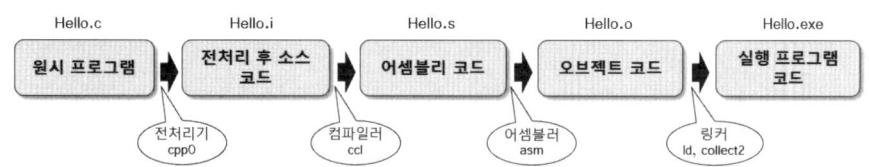

gcc는 cpp0(C Pre-Processer)를 호출하여 전처리 과정을 거쳐 'hello.c' 파일을 'hello.i' 파일로 만든다. 'hello.i' 파일은 C 컴파일러인 ccl에 의하여 어셈블리 코드인 'hello.s'로 만들어지고 이후 'hello.s'는 asm 어셈블러에 의해 어셈블 과정을 거쳐 'hello.o' 목적 파일을 만든다. 'hello.o' 파일은 다시 링크인 ld 또는 collect2가 'libc.a'와 같은 표준 C 라이브러리와 링크하여 최종적으로 실행 파일인 'hello.exe' 파일을 만든다. 참고로 리눅스와 유닉스 운영체제에서는 실행프로그램 확장자(*.exe) 개념이 없다. 속성이 실행 속성인가 아닌가가 중요하므로 여기서 표현하는 확장자 '.exe'는 없다.

gcc에 의한 C 소스 코드 파일을 컴파일하는 과정은 개략적으로 위와 같은 방식으로 이루어진다. 만약 C 언어 소스 코드가 아니라 'hello.cpp'와 같이 C++ 언어 소스 코드라면 cpp0에 의해 생성되는 전처리 과정 파일은 'hello.i'가 아니라 'hello.ii'이고, C 컴파일러인 'ccl' 대신 C++ 컴파일러인 'cclplus'를 사용한다. 이해를 돕기 위해 실제로 이러한 컴파일 과정이 어떻게 일어나는지 확인해보자.

MinGW의 gcc 컴파일 과정 이해하기

① gcc 컴파일러가 설치되어 있다고 가정할 때 먼저 hello.c 코드 파일을 작성한다. 각 행의 행번호는 생략하고 소스 코드를 작성한다.

```
01: /*
02: ** hello.c
03: */
04: #include <stdio.h>
05: int main()
06: {
07:       printf("This is a Compile Processing Test.\n");
08:       return 0;
09: }
```

② 컴파일 명령을 다음과 같이 사용하여 소스 코드 파일을 컴파일한다.

```
C:\...> gcc -v --save-temps -o hello hello.c
```

이 명령에서 '-v' 옵션은 컴파일되는 과정을 화면으로 출력하라는 옵션이고, '--save-temps' 옵션은 컴파일 과정에서 생성되는 중간 파일을 지우지 않고 저장하라는 의미다. gcc는 컴파일 과정 시 생성되는 전처리 파일(hello.i)과 어셈블리 파일(hello.s)을 /tmp 디렉터리에 생성하고 삭제하는데, '--save-temps' 옵션을 주면 생성한 파일을 지우지 않고 현재 디렉터리에 저장한다. 위 명령을 수행하면 다음과 같은 메시지가 출력된다.

```
C:\...>gcc -v --save-temps -o hello hello.c
Using built-in specs.
COLLECT_GCC=gcc
COLLECT_LTO_WRAPPER=c:/mingw/bin/../libexec/gcc/mingw32/4.6.2/lto-wrapper.
exe
Target: mingw32
Configured with: ../gcc-4.6.2/configure —enable-languages=c,c++,ada,fortran,obj
c,obj-c++ --disable-sjlj-exceptions --with-dwarf2 —enable-shared —enable-libgo
mp --disable-win32-registry —enable-libstdcxx-debug —enable-version-specific-r
untime-libs --build=mingw32 --prefix=/mingw
Thread model: win32
gcc version 4.6.2 (GCC)
COLLECT_GCC_OPTIONS='-v' '-save-temps' '-o' 'hello.exe' '-mtune=i386' '-march=i3
86'
```

```
    c:/mingw/bin/../libexec/gcc/mingw32/4.6.2/cc1.exe -E -quiet -v -iprefix c:\ming
w\bin\../lib/gcc/mingw32/4.6.2/ hello.c -mtune=i386 -march=i386 -fpch-preprocess
-o hello.i

    ... 중략 ...

COLLECT_GCC_OPTIONS='-v' '-save-temps' '-o' 'hello.exe' '-mtune=i386'
'-march=i386'
    c:/mingw/bin/../libexec/gcc/mingw32/4.6.2/cc1.exe -fpreprocessed hello.i -quiet
-dumpbase hello.c -mtune=i386 -march=i386 -auxbase hello -version -o hello.s

    ... 중략 ...

COLLECT_GCC_OPTIONS='-v' '-save-temps' '-o' 'hello.exe' '-mtune=i386'
'-march=i386'
    c:/mingw/bin/../libexec/gcc/mingw32/4.6.2/collect2.exe -Bdynamic -o hello.
exe c:/mingw/bin/../lib/gcc/mingw32/4.6.2/../../../crt2.o c:/mingw/bin/../lib/gcc/
mingw32/4.6.2/crtbegin.o -Lc:/mingw/bin/../lib/gcc/mingw32/4.6.2 -Lc:/mingw/
bin/../lib/gcc -Lc:/mingw/bin/../lib/gcc/mingw32/4.6.2/../../../mingw32/lib -Lc:/
mingw/bin/../lib/gcc/mingw32/4.6.2/. /c./../.. -L/mingw/lib hello.o -lmingw32 -lgcc_
eh -lgcc -lmoldname -lmingwex -lmsvcrt -ladvapi32 -lshell32 -luser32 -lkernel32 -
lmingw32 -lgcc_eh -lgcc -lmoldname -lmingwex -lmsvcrt c:/mingw/bin/../lib/gcc/
mingw32/4.6.2/crtend.o

C:\...>
```

이처럼 gcc는 내부적으로 cpp0와 crt2, asm, collect2를 각각 호출함을 알 수 있다. 그리고 dir 명령을 실행해보면 '--save-temps' 옵션에 의해서 컴파일 중간 과정에서 생성된 'hello.i' 파일과 'hello.s' 파일이 보존되어 있음을 확인할 수 있다.

Visual Studio 컴파일러를 명령 창에서 확인하기

Visual Studio를 이용하는 방법은 2가지가 있다. 하나는 명령 창에서 수행하는 방법과 Visual Studio 통합 개발 환경에서 화려한 컨트롤(?)로 수행하는 방법이 있다. 먼저 명령 창으로 확인하는 방법을 살펴보자. 참고로 Visual Studio의 버전은 현재 나와 있는 어떤 버전을 사용하여도 무관하다. 필자는 Visual Studio 2010을 사용하고 있다. 우선 기본적인 컴파일을 해보자. 소스 코드는 gcc에서 다루었던 예제와 같다. 명령 창을 실행하여 다음과 같이 컴파일하고 확인해 보자.

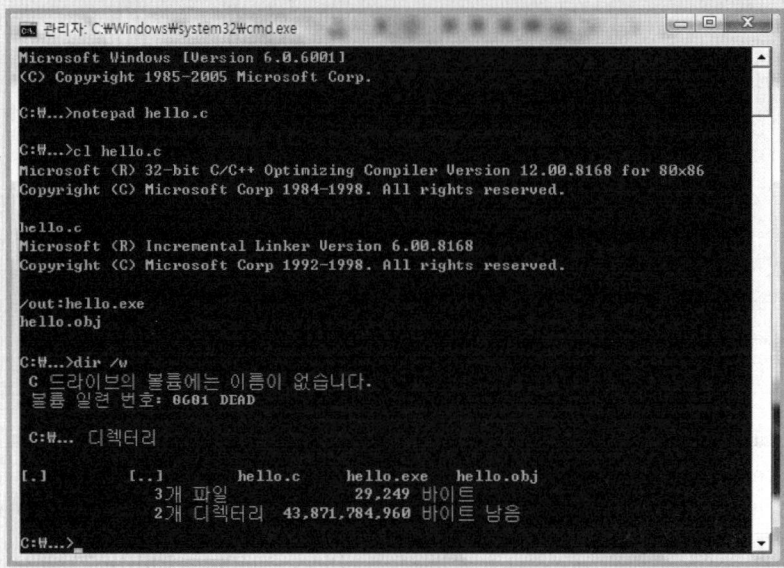

기본적인 컴파일이 성공적으로 수행되었음을 확인할 수 있다.

다음으로 전처리기 내용을 보기 위한 옵션을 부여해보자. 전처리 관련 옵션에 대하여 MSDN에 서술된 내용을 살펴보면 다음과 같다.

'/P' 옵션을 사용하면 C 및 C++ 소스 파일을 전처리하여 전처리 결과를 파일에 쓴다. 파일의 기본 이름은 소스 파일과 동일하고, 확장명은 ".i"이다. 처리할 때 모든 전처리기 지시문이 실행되고 매크로가 확장되며 주석이 제거된다. 전 처리된 결과에 주석을 보존하려면 /P 옵션과 함께 /C 옵션을 사용한다. /P 옵션을 사용하면 포함된 파일의 시작과 끝에, 그리고 조건적 컴파일을 위해 전처리기 지시문에 의해 제거된 줄에 #line 지시문이 추가된다. 이 지시문은 전처리된 파일의 행 번호를 다시 지정한다. 따라서 프로세스의 뒷 단계에서 발생한 오류는 전 처리된 파일의 줄이 아닌 원본 소스 파일의 줄 번호를 참조한다. #line 지시문이 생성되지 않도록 하려면 /E 옵션과 함께 /EP 옵션을 같이 사용한다. /P 옵션은 컴파일 되지 않는다. 따라서 /Fo 옵션을 사용해도 .obj 파일이 만들어지지 않으므로 컴파일하려면 전 처리된 파일을 다시 /P 관련 옵션을 제거한 후 다시 컴파일해야 한다. 또한 /EP 옵션을 사용하면 /FA, /Fa 및 /Fm 옵션을 사용하여 출력 파일을 만들 수 없다.

－ 출처 : http://msdn.microsoft.com/ko−kr/library/vstudio/8z9z0bx6(v=vs.110).aspx

---

자, 이제 옵션을 알았으니 전처리 수행 결과를 확인해 보자.

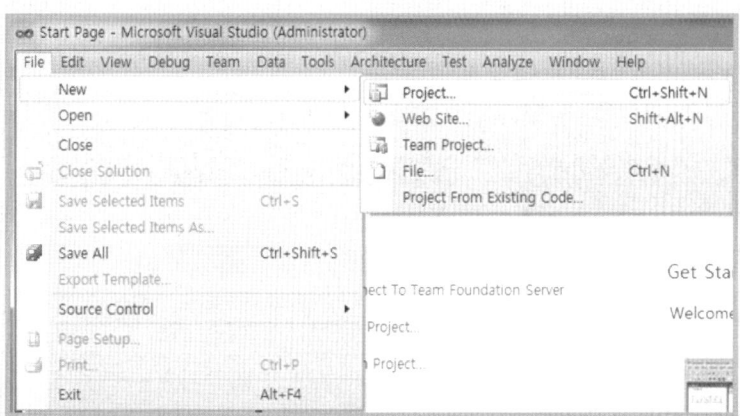

hello.i 파일을 메모장으로 불러보면 전처리 과정의 내용이 포함되어 있음을 알 수 있다.

Visual Studio에서 컴파일러 확인하기

Visual Studio 개발 환경에서 컴파일러 옵션을 설정하려면 우선 프로젝트를 만들어 야 한다.

'Win32 Console Application' 프로젝트를 선택하고 프로젝트 파일이름을 'Test'라고 입력한다.

[OK] 버튼을 클릭하고 이어서 나오는 윈도우에서 다시 [Next] 버튼을 클릭하여 'Application Settings'의 'Empty Project'에 체크박스를 체크하고 [Finish] 버튼을 클릭한다. 새로운 프로젝트를 생성하고 'Source Files'에 Test.c를 추가한다. 추가된 Test.c의 소스 코드 입력창에 다음과 같이 입력한다.

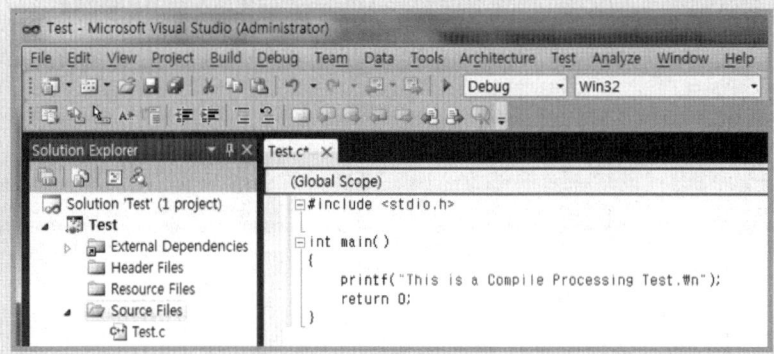

[프로젝트]의 [속성 페이지]를 선택한다.

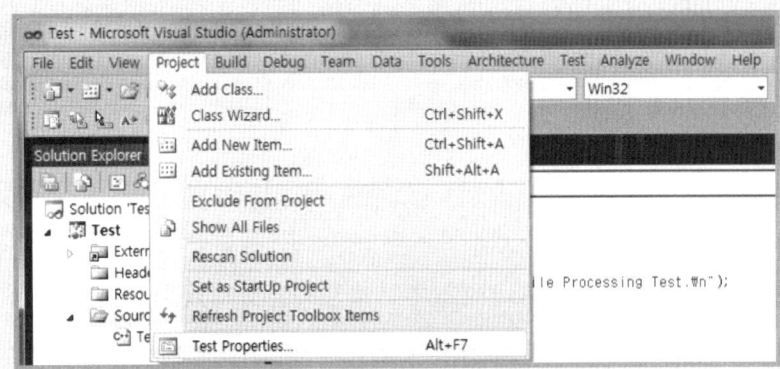

구성 속성의 C/C++ 폴더를 선택하여 전처리기 속성 항목을 클릭하여 '전처리를 파일에 저장(Preprocess to a file)' 항목을 'Yes (/P)'로 변경하고 [확인] 버튼을 클릭한다.

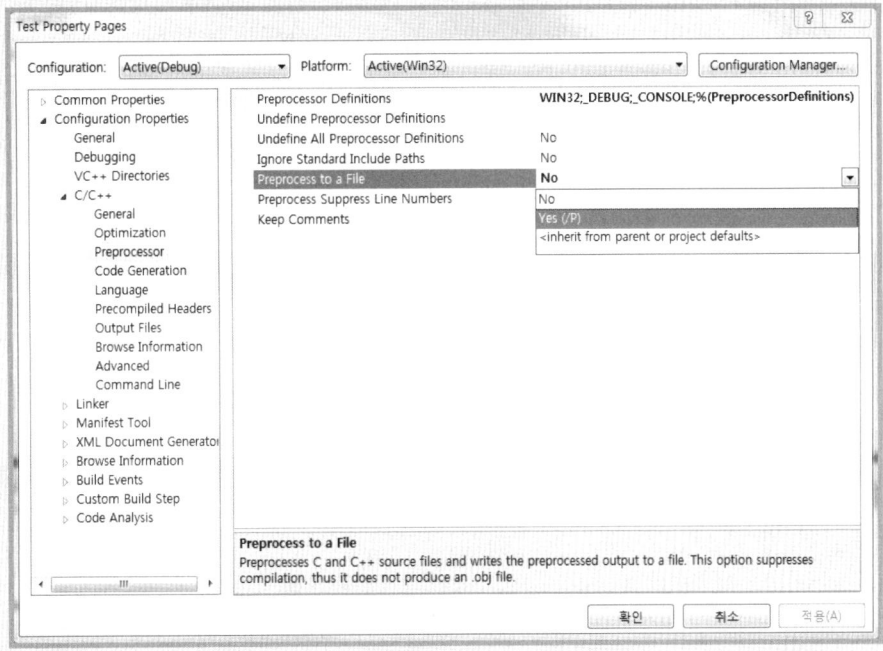

[빌드]에서 [솔루션 빌드(B)]를 선택하면 오류가 나온다. 이는 앞에서 언급하였듯이 '/P' 옵션이 목적 파일을 생성하지 못하기 때문이다. [컴파일(M)]을 선택하거나 (Ctrl)+(F7) 키를 눌러 컴파일을 수행하면 오류가 발생하지 않는다. 이제 결과를 확인해 보자. Visual Studio 2010에서 프로젝트를 기본 설정으로 수행할 경우는 '내 문서' 폴더의 하위 폴더인 'Visual Studio 2010\Projects\Test\Test\Debug' 폴더에 'Test.i' 파일이 생성된다.

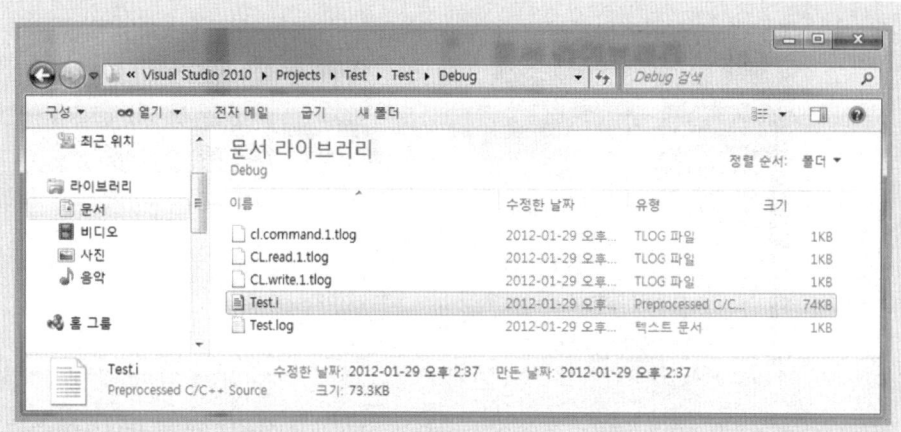

'Test.i' 파일을 메모장으로 확인해 보면 명령 창에서 확인한 내용과 같이 전처리가
수행된 내용이 포함된 것을 알 수 있다.

 첫 번째, C 프로그램 만들어 보기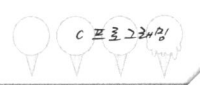

4.1 Eclipse 사용하기

Eclipse를 설치하는 과정은 부록의 'Eclipse 설치하기'를 참조하기 바란다. 부록에 기술한 Eclipse의 설치를 완료하였다면 기쁜 마음으로 첫 번째 C 언어 프로그램을 작성하여 보자.

Eclipse에서 문자열 'Hello World'를 출력하는 프로그램 'ex_01-01.c'를 작성하여 컴파일하고 실행해 보자. 먼저 Eclipse를 실행하고 새 프로젝트를 생성해야 한다.

Eclipse의 메뉴 [File]→[New]→[C Project]를 선택한다.

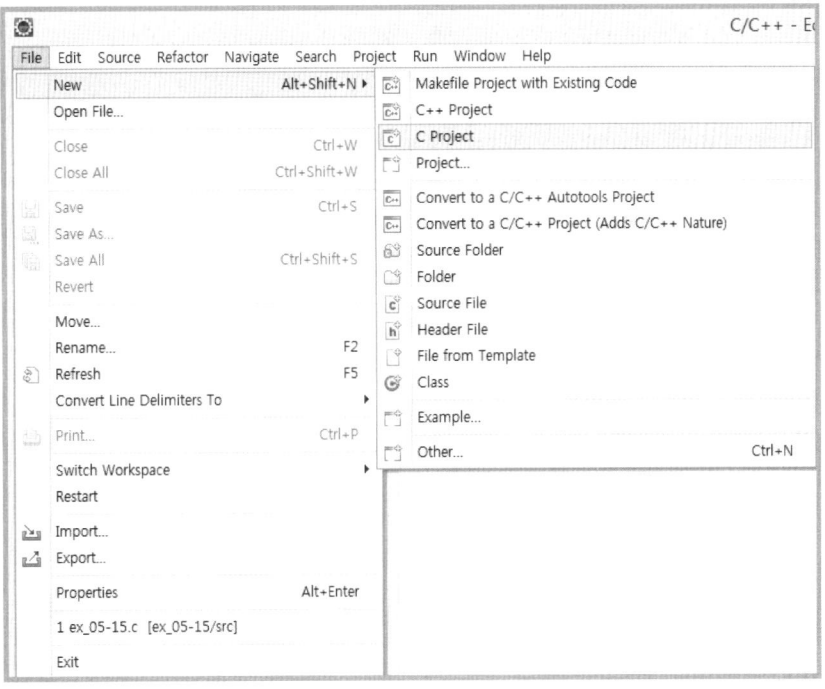

메뉴가 보이지 않는다면 [File]→[New]→[Project...]를 클릭하면 C/C++를 사용할 수 있는 'New Project' 창이 나타난다. '프로젝트 선택 관리자(New Project)' 창에서 'C/C++' 항목의 목록을 확장하여 'C Project'를 선택하고 [Next] 버튼을 클릭한다.

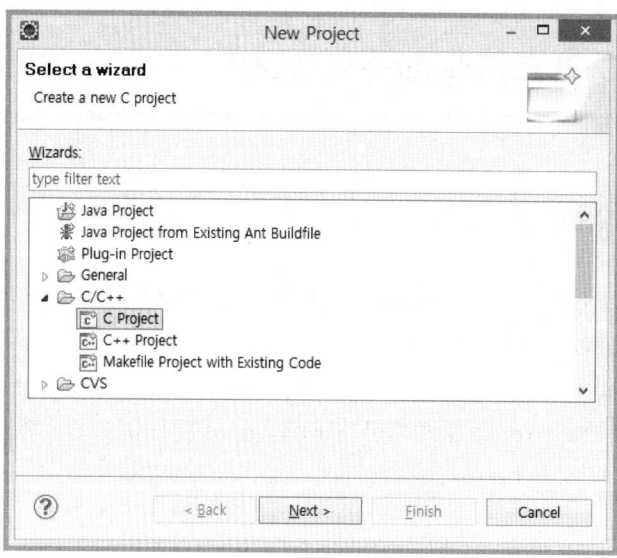

'Project name:' 항목에 프로젝트 이름으로 'Ex_01-01'을 입력한다. 'Project type:'에서는 'Hello World ANSI C Project'를 선택하고, 'Toolchains:'에서는 'MinGW GCC' 항목을 선택한 후 [Finish] 버튼을 클릭한다.

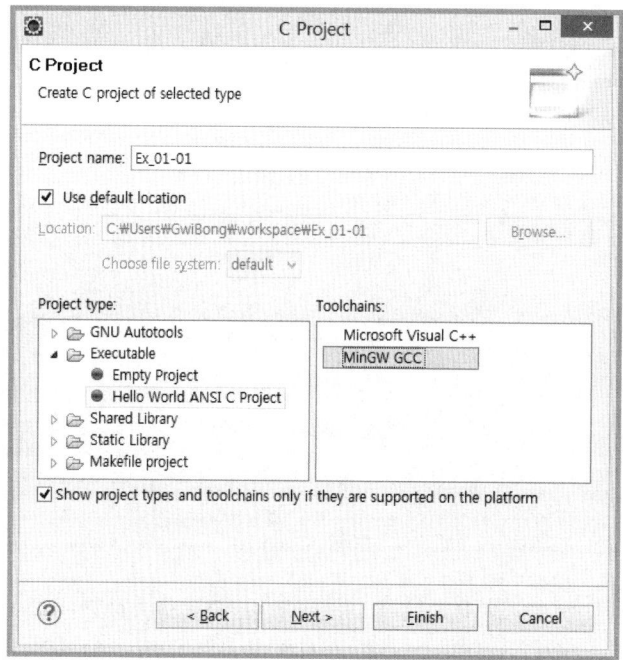

프로젝트 마법사(Project Wizard)가 완료되면 기본 소스 코드를 볼 수 있다. 주석을 명시하는 습관을 두어야 함을 잊지 말자. 주석은 프로그래머의 필수 소양이다. 이는 프로그램 완성 후에 사용자 설명서 또는 코드를 수정해야 하는 상황이 발생할 때 필요한 문서를 만들기가 쉬워진다.

```
c Ex_01-01.c ╳
 1→/*
 2  ============================================================
 3  Name        : Ex_01-01.c
 4  Author      : lgbong
 5  Version     :
 6  Copyright   : copyright by WooRiZip
 7  Description : Hello World in C, Ansi-style
 8  ============================================================
 9  */
10
11 #include <stdio.h>
12 #include <stdlib.h>
13
14→int main(void)
15 {
16     puts("!!!Hello World!!!"); /* prints !!!Hello World!!! */
17     return EXIT_SUCCESS;
18 }
19
```

Eclipse를 이용하여 자바 프로그래밍 경험이 있는 사용자라면 실행 버튼을(◉·) 바로 클릭하여 결과를 보려고 할 것이다. C/C++는 Java와 다르게 컴파일을 하여 실행 프로그램을 만든 다음 실행해야 한다. **C/C++는 항상 빌드를 먼저 해야 한다.** 이를 잊어서는 안 된다. 빌드(◈·) 버튼을 클릭하거나 메뉴의 [Project]->[Build All]을 클릭하거나 단축키 Ctrl+B를 입력하여 소스 코드를 먼저 빌드한다. 소스 코드에 오류가 없다면 기본적인 링크 과정이 자동으로 처리되어 실행 프로그램이 만들어진다.

빌드(◈·) 버튼을 클릭하면 실행 프로그램을 진행하는 창이 나타난다.

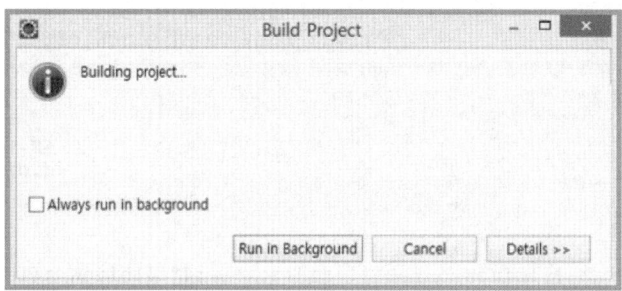

이때 Console 창에는 컴파일 진행 과정을 나타내는 메시지가 표시된다.

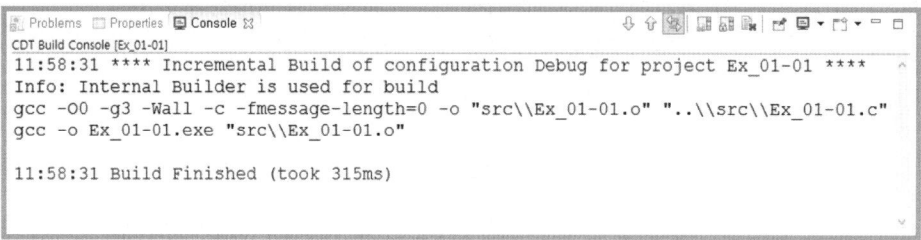

컴파일 과정에 특별한 오류가 나타나지 않는다면 프로그램을 실행할 수 있다. 오류가 표시된다면 오류를 수정하고 앞의 과정을 다시 진행해야 한다. 실행(▶) 버튼을 클릭하여 프로그램을 실행해 보자.

Eclipse를 사용하여 C/C++ 개발환경을 구축하고, 첫 프로그램을 실행하고자 하는 경우라면 환경설정을 먼저 해야 한다. 환경설정을 하지 않고 실행할 때는 "The selection cannot be launched and there are no recent launches"라는 메시지를 만나게 된다. 이는 실행환경이 선택되지 않았다는 의미이다.

실행 환경을 설정하기 위해서는 실행(▶) 버튼 옆에 있는 아래로 향한 삼각형(▾)을 클릭하거나 메뉴에서 [Run]->[Run Configurations...]를 클릭하여 프로그램의 실행 환경을 구성한다.

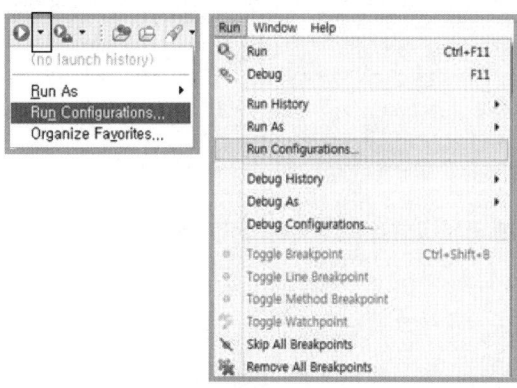

다음과 같은 환경 설정을 구성하는 창('Run Cofigurations')이 나타난다.

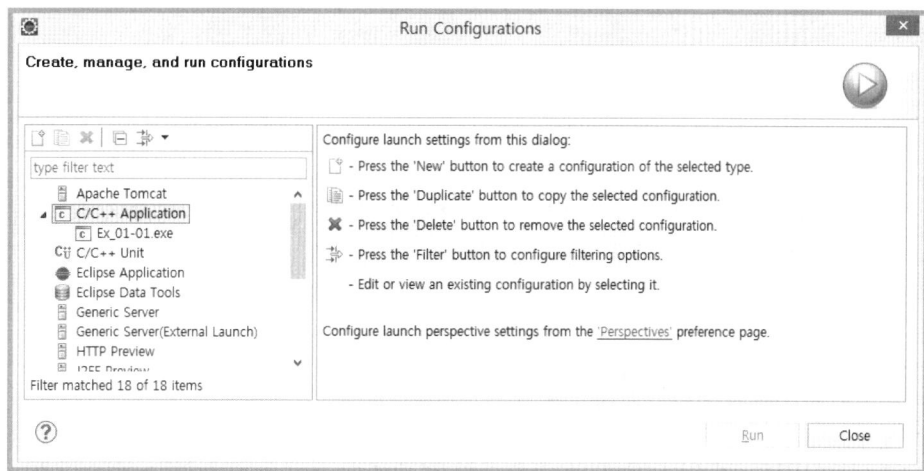

'실행 환경 설정(Run Configurations)' 창에서 'C/C++ Application' 앞의 '+'기호를 클릭
하여 펼치면 프로젝트이름의 실행 파일명이 있다. 이 항목을 선택한다. '+'(확장)기호가
없을 경우는 'C/C++ Application' 항목을 더블클릭하면 만들어진다. [Run] 버튼을 클릭
하면 정상적인 동작으로 실행됨을 알 수 있다.

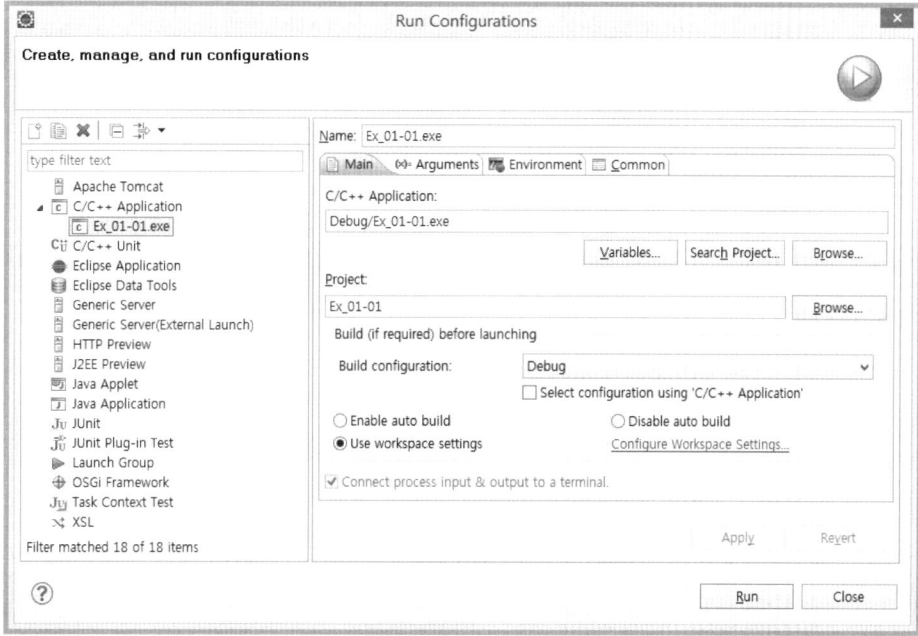

결과는 Console 창에 나타난다.

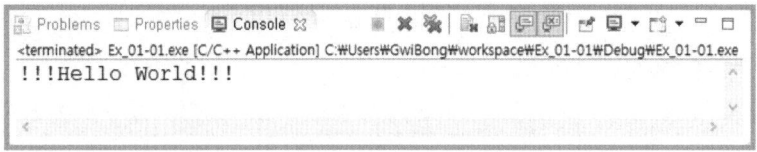

'환경 설정' 창에서 볼 수 있는 다른 내용과 관련해서는 차차 알아볼 것이다. 이제 개발환경이 갖추어졌으니 멋진 프로그램을 만들어보는 일만 남았다.

4.2 Eclipse 환경 설정

C 언어 프로그램을 더욱 원활하게 개발할 수 있도록 사용하는 통합 개발 환경(IDE, Integrity Development Environment) 도구인 Eclipse의 환경을 설정하는 방법에 대하여 조금 더 상세하게 살펴보자.

1) 코드 편집 창의 글꼴(font) 종류와 크기 변경하기

Eclipse의 소스 코드 편집 창에서 기본으로 사용되는 글꼴의 종류는 우리의 눈에는 익숙하지 않은 글꼴이다. 또한, 글꼴의 크기도 너무 작아 영문 소문자를 위주로 작성하는 C 프로그램을 입력하고 읽기에는 가독성(readability)이 많이 떨어지는 경향이 있다. 프로그램의 가독성을 높이기 위해 글꼴(font)의 종류와 크기를 변경해 보자.

Eclipse의 메뉴 [Windows]-〉[Preferences]를 선택한다.

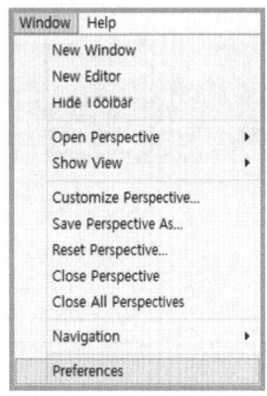

Eclipse의 사용 환경을 설정하는 Preferences 창이 나타난다. Preferences 창 왼쪽의 메뉴 목록에서 [General]-〉[Appearance]-〉[Colors and Fonts] 메뉴를 선택한다.

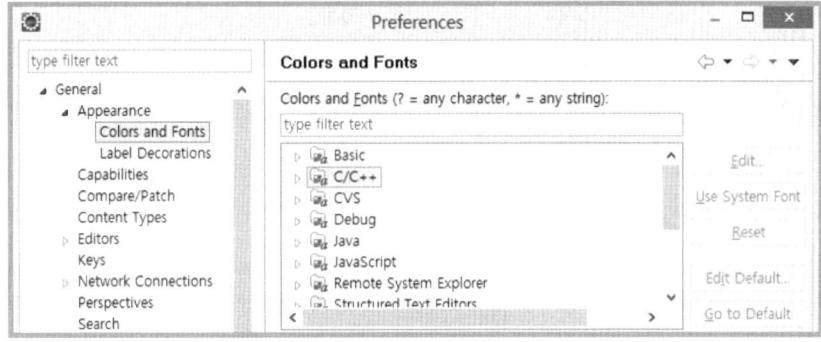

오른쪽의 [C/C++]를 확장하면 'Editor'와 'CDT Build Console Test Font'가 있다. Eclipse 편집 창에서 C/C++ 프로그램의 소스 코드를 입력할 때 사용되는 글꼴을 변경해야 하므로 'Editor' 항목을 확장하여 'C/C++ Editor Text Font ...' 항목을 클릭하고 오른쪽의 [Edit...] 버튼을 클릭한다.

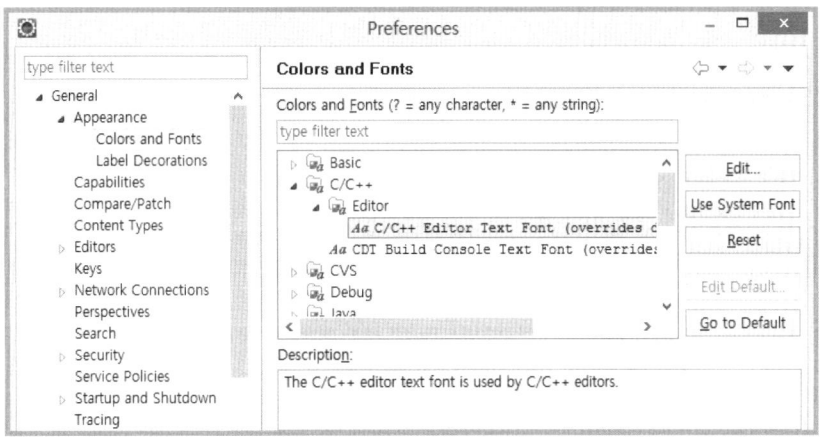

프로그램 코드를 작성할 때 보기에 적당한 글꼴의 종류와 크기를 선택하고 [확인] 버튼을 클릭한다. 참고로 '네이버'에서는 프로그램 소스 코드의 가독성을 높이기 위해 코딩 전용 글꼴로 '네이버 나눔 코딩 글꼴'을 무료로 제공하고 있다. 글꼴 파일을 다운로드하여 설치하고, 해당 글꼴을 사용해 보는 것도 좋을 것이다. 이는 독자의 몫으로 남겨 두기로 한다.

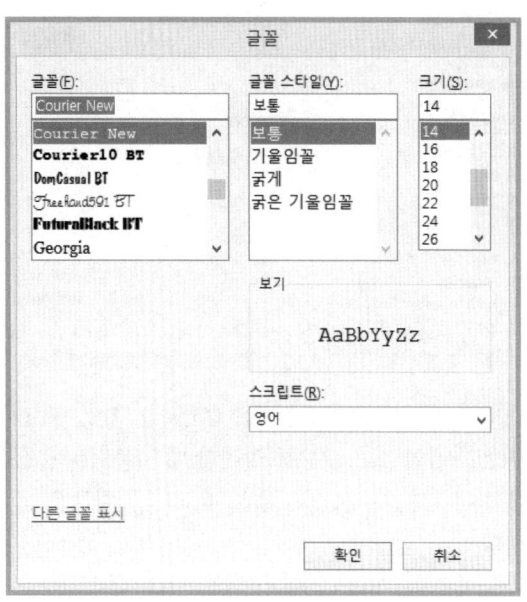

이번에는 프로그램의 실행 결과를 나타내는 콘솔 창에서 사용되는 글꼴의 종류와 크기를 변경해 보자.

현재의 Preferences 창에서 오른쪽 목록 중에서 'Debug' 항목을 확장하고, 'Console font …' 항목을 클릭하고 [Edit…] 버튼을 클릭하여 편집기 창의 글꼴을 변경할 때와 같은 방법으로 사용할 글꼴 종류와 글꼴의 크기를 선택하고 확인한다.

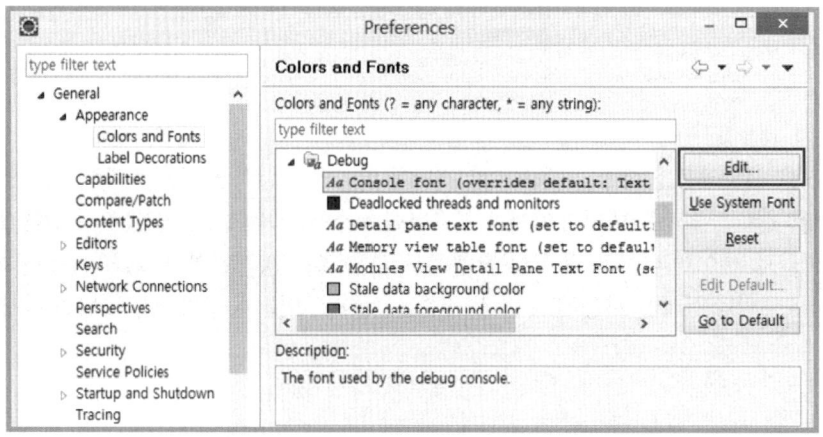

글꼴의 선택이 완료되었으면 Preferences 창 오른쪽 아랫부분의 'Preview' 영역에 표시된 내용을 확인하고 마음에 들면 [Apply] 버튼을 클릭하여 적용한다. 더 수정할 내용이 없다면 [OK] 버튼을 클릭하여 설정을 종료하면 지금까지 선택한 글꼴의 종류와 글꼴의 크기를 사용하여 프로그램 개발을 진행할 수 있다.

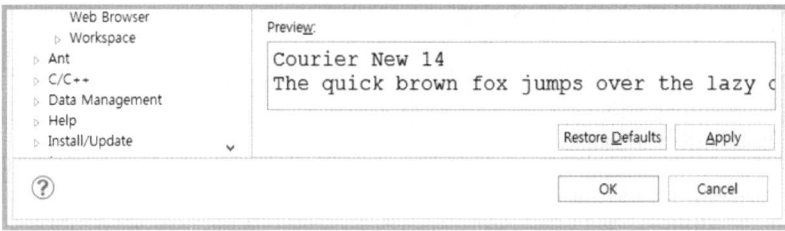

2) 행 번호 나타내기

소스 코드 편집 창에 입력하는 소스 코드의 행 번호를 보여준다면, 소스 코드 입력과 수정에 도움이 된다. 글꼴 바꾸기와 같은 방법으로 [Preferences] 메뉴에서 설정한다.

Preferences 창을 열고, 메뉴 목록에서 [General]->[Editors]->[Text Editors] 항목을 확장하고, 오른쪽의 설정 내용에서 [Show line numbers] 항목의 체크박스를 클릭하여 기능을 활성화한다. 또한, [Appearance color options:]의 항목 중 [Line number foreground]를 선택하고 'Color:' 항목을 클릭하면 표시되는 행 번호의 색상도 변경할 수 있다. 적당한 색상으로 변경하여 프로그램 개발시 도움이 될 수 있도록 해보자.

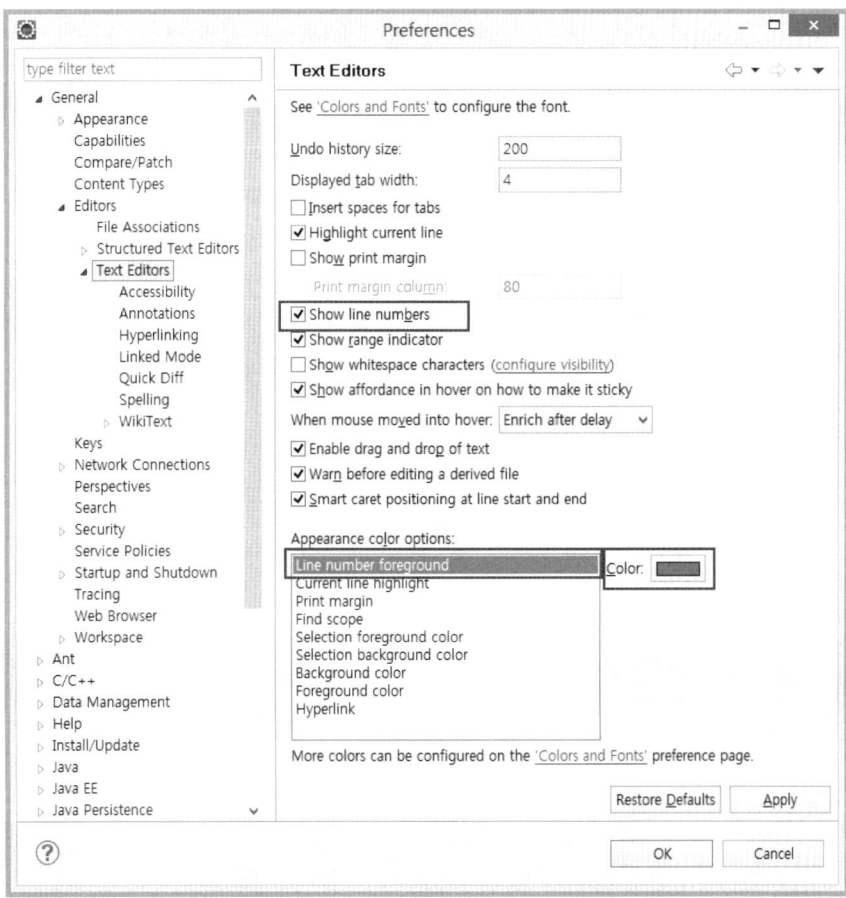

3) 들여쓰기 자동으로 정렬하기

입력된 소스 코드의 가독성을 높이기 위해 단축키 Ctrl+A를 사용하여 모든 코드를 선택하고, Ctrl+I를 입력하면 편집 창에 입력된 소스 코드에 대하여 들여쓰기를 자동으로 정렬하여 준다. 물론 Eclipse에서는 소스 코드를 입력할 때, 행 단위로 자동으로 들여쓰기가 수행된다.

프로그램 코드의 가독성을 높이기 위한 몇 가지 환경 설정에 대하여 살펴보았다.

 05   C 프로그램의 기본 구조

5.1 C 프로그램의 기본 구조 이해하기

이미 앞 장에서 간단한 프로그램을 통해 C 프로그램을 작성해 보았다. 앞 장에서 실습한 프로그램(ex_01-01.c)은 C 언어의 간결함을 확연하게 보여준다. '!!!Hello, World!!!'라는 한 줄의 문자열을 표준 출력장치(명령 창에서 실행하면 화면이 되고, Eclipse 환경에서는 Console 창이 된다.)로 출력한다는 것을 알고 있을 것이다.

소스 코드를 보면서 전체적인 C 프로그램의 구조를 살펴보자.

[실습] ex_01-01.c Hello World 출력하기

```
01: /*   The First Program   */
02: #include <stdio.h>
03: int main()
04: {
05:        printf("!!!Hello, World!!!\n");
06:        return EXIT_SUCCESS;
07: }
```

먼저 **주석(설명문)**이다. 첫 번째 줄에 적용되었지만, 주석은 행 단위로 또는 여러 행으로 이루어지는 주석을 사용할 수 있다. 주석의 내용으로는 대부분 이 프로그램이 무엇을 하는 프로그램인지를 또는 어떤 행이 무엇을 하는지 알아보기 쉽게 한글 또는 영문으로 기술하면 된다.

두 번째는 **전처리기 영역**이다. 여기서는 02번째 줄에 '#include'를 사용하였다. 함수를 시작하기 전에 함수 사용을 위한 준비 작업을 하는 영역이다.

세 번째는 **함수 영역**이다. main 함수를 포함하여, 하나 이상의 함수를 정의하여 사용할 수 있다. 앞서 C 프로그램의 특징에서도 언급되었지만, C 프로그램은 함수의 모임으로 구성된다. 함수라는 용어가 어렵게 느껴진다면 '프로그램의 한 부분'으로 이해할 수도 있다. 모든 함수는 함수의 이름(예에서는 3행)과 함수의 몸체(예에서는 4행~7행) 즉, '{'와 '}' 사이에 정의된다. '{'를 블록의 시작이라고 부르고, '}'를 블록의 종료라고 부른다. 다시 말하면 함수 블록이 함수의 몸체가 된다는 의미이다. 중요한 것은 main 함수는 반드시 존재해야 한다는 것이다.

네 번째는 **명령문**이라고 정의할 수 있다. 간단히 표현하면 C 프로그램에서 어떠한 동작을 실행하는 문장(예에서는 5행: 문자열을 출력하는 동작, 6행: 함수의 실행을 종료하는 동작)이다. 더 정확하게 말하자면 변수 선언과 또 다른 함수 호출이나 연산, 흐름 제어 등을 기술하는 영역이다. 앞으로 살펴보아야 할 내용으로 하나씩 학습해 나아갈 것이다.

5.2 C 프로그램의 확장 구조와 모듈화 이해하기

C 프로그램의 전체적인 구조에 대한 이해를 돕기 위해 앞서 살펴보았던 프로그램을 확장해 보자. 두 개의 함수를 작성하여 함수를 이용하는 방법으로 응용해 볼 것이다. 기억할 것은 **C 프로그램은 하나 이상의 함수로 구성된다**는 점이다.

다음의 실습 예제는 앞서 보았던 문자열을 출력하는 기능에서 확장하여 두 개의 숫자를 덧셈한 결과를 함께 출력하는 프로그램이다.

[실습] ex_01-02.c

```
01: #include <stdio.h>
02: #include <stdlib.h>
03:
04: int subfunc(int, int);
05:
06: int main(void) {
07:   printf("!!!Hello World!!!%d", subfunc(10, 20)); /* prints !!!Hello World!!! */
08:   return EXIT_SUCCESS;
09: }
10:
11: int subfunc(int x, int y)
12: {
13:   return x + y;
14: }
```

앞서 보았던 문자열을 출력하는 프로그램보다는 코드의 길이가 조금 더 길어지고 복잡해

보일 수 있다. 그러나 구조는 앞서 보았던 프로그램과 다르지 않다.

소스 코드를 영역별로 구분해 보면 '도입부'와 '주 처리부' 그리고 '사용자 정의 처리부'로 구분할 수 있다.

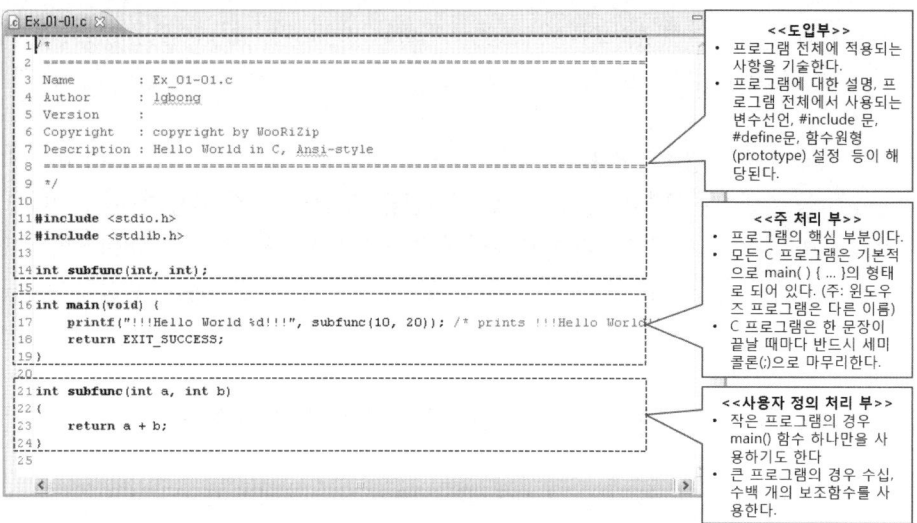

도입부에는 주석(설명문)과 전처리 문장을 포함하고 있다. 추가된 문장으로 '함수 선언문'(14행)이 있다. 'Ex_01-02.c' 프로그램은 두 개의 함수를 이용할 것이라고 했다. main 함수를 제외하고 어떤 함수를 사용할 것인지를 선언하는 문장이다. 예에서는 'subfunc'라는 이름의 함수를 사용할 것이라고 선언한 것이다.

주 처리부에는 C 프로그램에서 반드시 존재해야 하는 main 함수를 정의하고 있다. 예에서는 16행에서 main 함수의 이름을 나타내고, 16행 끝의 '{'부터 19행의 '}'까지가 main 함수 블록을 이루고 있다.

사용자 정의 처리부는 21행에서 두 번째 함수인 subfunc 함수의 이름을 나타내고, 22행부터 24행까지가 subfunc 함수 블록을 이루고 있다.

그러면 '두 번째 함수인 subfunc 함수는 어떻게 이용되고 있을까?'하는 의문이 생긴다. main 함수의 내부에서 사용되는 명령문으로 17행을 보면, 'subfunc(10, 20)' 부분을 볼 수 있다. 이 부분이 사용자 정의 함수인 subfunc 함수를 이용하도록 명령하는 부분이다.

시작부터 어렵게 느껴질 수 있지만, 표준 출력 장치에 결과를 출력하는 기능의 동작과 두 개의 숫자를 더하는 기능의 동작을 각각의 함수로 분리하여 작성한 것이다. 한 가지 고유의 기능을 수행할 수 있도록 함수를 작성하고, 작성된 함수를 이용하도록 하는 것이 C 프로그램의 기본적인 구조가 된다.

아래의 프로그램과 비교하여 각각의 함수가 갖는 기능을 비교해 보면 하나 이상의 함수를 작성해야 하는 이유를 이해할 수 있을 것이다.

[실습] ex_01-02-I.c

```
01: #include <stdio.h>
02: #include <stdlib.h>
03:
04: int subfunc(int, int);
05:
06: int main(void) {
07:   printf("!!!Hello World!!!%d", 10+20); /* prints !!!Hello World!!! */
08:   return EXIT_SUCCESS;
09: }
10:
```

'ex_01-02.c' 프로그램과 'ex_01-02-1.c' 프로그램에서 작성된 함수의 기능을 비교해 보자.

구분	ex_01-02.c	ex_01-02-1.c
main 함수	출력 기능	출력 기능과 덧셈 연산 기능
subfunc 함수	덧셈 연산 기능	해당 없음

이렇게 고유의 기능을 갖는 하나 이상의 함수를 작성하여 **함수와 함수 사이에 역할을 분담하고 하나의 함수에서 다른 함수를 이용할 수 있도록 하는 것이 C 프로그램의 구조이**며, 이를 '모듈화(Modulization)'라고 한다.

정리해보면 C 프로그램의 일반적인 구조는 다음과 같이 볼 수 있다.

```
01: // =========================================================
02: // 프로그램명/파일명/날짜/수정기록/사용법/작성자/수정자 등의 주석(comment) 부분
03: // =========================================================
04: #include <…>           // #include 시스템, 즉 컴파일러에서 제공하는 헤더 파일
05: #include "…"           // #include 사용자 정의 헤더 파일
06:
07: #define …              // #define 상수, 매크로 함수 등을 정의
08:
09: int user_function(…);   // 함수를 미리 알려주는 것으로 함수 원형(프로토타입)이라고 한다.
10: int value1, value2;    // 전역 변수 정의 - 전역 변수는 이후 자세히 다룬다.
11:
12: int main()             // 메인함수를 정의한다.
13: {                      // 메인함수의 시작을 의미하는 블록 시작 기호
```

```
14:   int value3;              // 지역 변수 정의. 지역변수는 이후 자세히 다룬다.
15:   user_function(…);        // 사용자 정의 함수 호출
16:   ……                       // 처리
17:   return EXIT_SUCCESS      // EXIT_SUCCESS는 0의 값을 정의한 상수이다.
18: }                          // 메인함수의 종료를 의미하는 블록 종료 기호
19:
20: int user_function(…)       // 사용자 정의 함수 구현
21: {                          // 사용자 정의함수 시작을 의미하는 블록 시작 기호
22:   ……                       // 사용자 정의함수 구현 내용 처리
23:   return EXIT_SUCCESS      // 함수 수행을 종료하고 호출한 곳으로 돌아간다.
24: }                          // 사용자 정의함수 종료를 의미하는 블록 종료 기호
```

5.3 C 언어 구성 요소

C 프로그램을 구성하는 기본적인 구조에 대하여 살펴보았다. 이제는 조금 더 상세하게 문장 하나하나를 구성하는 각 요소에 대하여 살펴보자.

1) 식별자 이름(Identifier Names)

C 프로그램을 개발할 때는 여러 가지 종류의 이름을 작성해야 한다. C 프로그램의 기본 구조를 살펴보면서도 확인했다. 대표적으로 함수 이름을 작성해야 한다. 이외에도 변수 이름, 라벨 이름 등 사용자가 정의해야 하는 이름을 식별자(Identifiers)라 한다. 이러한 이름 즉, 식별자는 다른 종류들과 구분되어야 하고 같은 종류라 할지라도 다른 것들과 구분되어야 하므로 자기만의 고유한 이름을 가진다. 만약 두 개의 함수가 같은 이름을 가진다면 컴파일러가 이 함수들을 구분하지 못해 정상적으로 컴파일 되지 않는다.

식별자는 사용자가 직접 정의하는 것이므로 이름을 자유롭게 붙일 수 있다. 입력하기 편리하도록 적당한 길이로 작성하는 것이 좋고, 의미를 기억하기 쉽게 만드는 것이 좋다. 또한, 식별자의 가독성을 높이기 위하여 일반적으로 CARMEL 표기법을 사용하고 있다.

예를 들면, '사용자 ID'의 의미가 있는 식별자인 경우, 단어 'user'와 'id'를 합성하여 식별자를 만들 때, 첫 번째 단어의 첫 자는 영문 소문자로 하고, 이어지는 단어는 첫 글자를 대문자로 하여 두 단어를 띄어쓰기 없이 연결하여 식별자를 'userId'로 한다. 이렇듯 단어를 연결할 때 중간중간 대문자가 나타나고 이를 낙타 등과 비교하여 CARMEL 표기법이라 한다.

식별자 이름을 만드는 기준으로 영문자와 숫자, 밑줄 등을 사용할 수 있으며 몇 가지 지켜야 할 규칙은 다음과 같다.

✓ 식별자의 첫 문자는 반드시 영문자(A~Z, a~z) 또는 밑줄(_ : UnderLine) 문자로 시작하며, 이후의 문자는 영문자, 밑줄, 숫자 중 어느 것이든 사용할 수 있지만, 공백문자와 특수문자, 한글은 사용할 수 없다.

✓ 식별자는 대문자와 소문자를 구분한다. 일반적으로 소문자를 사용하고, define 상수, Macro 등의 이름에는 주로 대문자를 사용하며, 시스템 프로그램에 사용되는 이름은 일반적으로 밑줄문자(_)로 시작된다.

✓ 컴파일러나 C 언어 규약에 정의된 예약어는 사용할 수 없다.

✓ 식별자 이름의 길이는 제한이 없으나 시스템에 따라 일정한 길이까지 같으면 같은 이름으로 인식할 수 있다. 예를 들어 8자까지만 구분한다면 식별자로 'employee_hour'와 'employee_no'는 같은 이름으로 인식한다는 점을 주의해야 한다. 이는 시스템마다 차이가 있기 때문에 시스템에서 인식하는 식별자 이름의 길이를 항상 확인해야 한다.

✓ 마이너스 기호(하이픈, hyphen)를 식별자 작성에 사용하는 경우 컴파일러가 뺄셈 연산자로 인식하는 오류가 발생할 수 있다. 따라서 하이픈 문자는 사용하지 않을 것을 권장한다.

규칙이 그다지 까다롭지 않기 때문에 일반적인 영어 단어들은 대부분 식별자로 사용할 수 있다. 다음은 식별자의 예인데 잘못된 식별자를 찾아보자.

Count, **1count**, **test-123**, **hi!Seoul**, high_234, **high···seoul**, hiSeoulFighting

---

다음 표는 사용자가 정의해야 하는 식별자의 종류를 나열한 것이다.

사용자 정의 명	종류
대상명	변수, 배열, 구조체, 함수, 포인터, 공용체, 열거체
복합형명	공용체 tag, 구조체 tag, 열거체 tag, Typedef형명
Label명	goto 문장에 분기하고자 할 경우 분기지점을 표시
Field명	구조체, 공용체
Macro명	define에 의하여 정의된 상수와 함수
File명	사용자가 지정, 생성한 파일

2) 예약어(Keyword 또는 Reserved Word)

예약어란 컴파일러 또는 C 언어 사양 정의 문서에 의해서 특수한 기능을 수행하도록 미리 정의된 식별자로 정의된 용도를 벗어나 사용자가 마음대로 사용할 수 없다. C 언어의 예약어는 다른 언어에 비해 그 개수가 적다. 기능별로 예약어를 분류하면 다음과 같다.

기능별 예약어 분류

기능		예약어
자료형		char, enum, float, int, long, short, void, union, unsigned, typedef, struct, double
제어 흐름	Loop	for, while, do, 순환 함수
	판단, 선택	if, else, switch, default, case
	이동	goto, break, continue, return
기억류		auto, extern, static, register
기타		sizeof

예약어는 C 언어의 버전에 따라서 약간의 차이가 있다. 기본 예약어 27개, C89에서는 enum, const, signed, void, 그리고 volatile을 포함해서 32개의 예약어를 제공하고 있으며, C99에서는 _Bool, _Complex, _Imaginary, inline, restrict를 포함해서 37개의 예약어를 제공하고 있다(아래 표에서 바탕이 있는 부분). C11에서는 C++의 예약어를 추가로 제공한다(아래 표에서 바탕이 없는 부분). 상세한 내용은 부록을 참고하기 바란다.

예약어 목록

auto	break	case	char	const
continue	default	do	double	else
enum	extern	float	for	goto
if	int	long	register	return
short	signed	sizeof	static	struct
switch	typedef	union	unsigned	void
volatile	while	inline	restrict	_Imaginary
_Bool	_Complex	asm	bool	catch
class	const_cast	delete	dynamic_cast	explicit
export	false	friend	mutable	namespace
new	operator	private	protected	public
reinterpret_cast	static_cast	template	this	throw
true	try	typeid	typename	using
virtual	wchar_t			

3) 주석(Comments)

주석이란 설명을 위해 삽입되는 문자열 즉, 문장이다. 컴파일러는 주석을 완전히 무시하므로 프로그램 실행에는 아무런 영향을 주지 않는다. 좀 어려운 부분이거나 추가 작업이 필요한 부분 등에 대해서는 주석으로 간단한 설명을 달아 놓으면, 소스 코드를 읽는 사람이 코드의 의미를 쉽게 파악할 수 있다.

주석은 '/*'로 시작해서 '*/'로 끝나거나 또는 '//'를 사용한다. '/* … */'은 여러 행에 걸친 주석을 처리할 때 사용하고 '//'은 해당 위치에서 행의 끝까지의 내용을 주석으로 처리할 때 사용한다. 초기의 C 컴파일러는 '/* … */'만 주석으로 인정하였지만, C++의 영향을 받아 최근 C 컴파일러들은 모두 '//'도 주석으로 인정한다. 주석은 컴파일러가 기계어로 번역하지 않는다. 즉, 어디까지나 문자열일 뿐이므로 한글이나 기호 등도 자유롭게 사용할 수 있다. 앞서 살펴본 예제 코드의 주석을 참조하면 된다.

4) 상수(Constants)

상수는 불변이며 고정된 값을 가진다. 데이터를 직접 표현한 것이다. 5, 500, 3.14 이런 것들이 상수이다. 5는 언제까지나 5일뿐 그 값이 변하지 않는다고 하여 상수라고 분류한다. 데이터를 직접 표현할 때 숫자만으로 표현하면 숫자 상수, 작은따옴표 안에 하나의 문자를 표현하면 문자 상수, 큰따옴표 안에 문자를 표현하면 문자열 상수로 상수의 성격을 구분한다. 예로 "A"는 문자열이고 'A'는 문자임을 이해하자.

상수의 종류	예
정수 상수(integer constant)	0, 17, 234, 0x17
실수 상수(floating constant)	1.0, 3.141592, 23E2
문자 상수(character constant)	'a', '\n', '+', …
열거형 상수(enumeration constant)	enum { red, blue, green }
문자열 상수(string constant)	"abc", "Hello World"

5) 연산자(Operators)

덧셈, 나눗셈 등의 계산을 지시하는 기호들을 연산자라고 한다. 연산자의 종류에는 실생활에서 많이 사용하는 +, −, *, / 같은 산술 연산자와 데이터의 크기를 비교하는 관계 연산자, 논리의 타당성을 확인하는 논리 연산자, C 언어만의 고유한 포인터 연산자 등 다양한 종류의 연산자가 있다. 연산자에 대해서는 뒤에서 상세하게 배울 것이다.

6) 구두점 (Punctuators)

자연어에는 마침표, 쉼표, 물음표, 느낌표 같은 것들이 있어서 단어와 문장을 구분하고 뜻을 좀 더 분명하게 전달하는 역할을 한다. C 언어도 마찬가지로 구성 요소를 구분하여 좀 더 분명한 의미가 있도록 하는 구두점이 있다. 쉼표, 따옴표, 괄호, 세미콜론 등이 구두점으로 사용된다. 연산자와 구두점 구문의 예는 다음과 같다.

',' 와 ';'	printf("%d", a), a = b % 7;	콤마(,)는 문장 구성 항목을 구분한다. 세미콜론(;)은 문장의 끝을 구분한다.
( )	printf("hello"); a = (25 + 2) * 3	괄호( )는 산술 연산에서 연산의 우선 순서를 지정하는 용도 등에 사용

7) 공백 문자 (White Space)

공백 문자는 각 요소를 구분 짓는 데 사용되며, 스페이스와 탭, 개행 문자(엔터 키), 공백 등이 있다. 공백 문자는 눈에 보이지 않지만, 구성 요소들을 구분하는 아주 중요한 역할을 한다. 'int num;'이라는 선언에서 'int'라는 예약어와 식별자 'num'이 공백에 의해 분리되어 있다. 만약 공백이 없다면 'intnum;'이 되므로 컴파일러는 어디까지가 예약어이고 어디서부터 식별자인지를 구분하지 못할 것이다. 공백으로 표시되는 특수문자가 사용될 경우, 컴파일 오류가 발생하고 이를 찾기 쉽지 않을 경우가 생긴다. 반드시 키보드의 스페이스바(빈칸)로 입력된 공백을 사용해야 함을 명심하자.

5.4 기본 입출력 함수

C 프로그램은 하나 이상의 함수로 구성된다고 했다. 사용자가 정의하는 함수도 있지만, C 언어에서 기본으로 제공하는 함수도 있다. 모든 C 프로그램 개발자가 작성해야 하는 기능의 함수라면 중복 개발로 시간과 노력을 낭비하는 결과를 가져올 것이다. 이러한 낭비를 막기 위해서 C 언어에서는 '라이브러리'라는 형태로 여러 가지 기능을 갖는 다양한 함수를 미리 작성하여 제공한다. 이 중 데이터를 출력하고, 입력하는 기본 함수에 대해서 알아보자.

1) printf( ) 함수

printf( ) 함수는 데이터나 메시지를 화면에 출력하기 위한 함수로 표준 입출력 헤더 파일(stdio.h)에 정의되어 있고 표준 입출력 라이브러리에 구현되어 있는 함수이다. 함수 선언(함수 원형 또는 프로토타입이라고 한다)이 되어 있는 헤더 파일과 형식 그리고 사용 예는 다음과 같다.

| 헤더 파일 : <stdio.h> |
| 함수 선언 : int printf(const char *format, ...); |
| 사용 형식 : printf("형식문자 및 문자열", 변수, 변수...); |

printf( ) 함수는 stdout(표준 출력, standard output, 화면, Eclipse에서는 Console 창)
으로 데이터를 출력한다. C 언어에서 '*format'은 '형식 지정 문자열'이라 한다. 형식 지
정 문자열은 상수 데이터 또는 '%'로 시작하는 변환 문자 등으로 구성된다. 변환 문자는
데이터의 출력 형태를 지정한다. 변환 문자의 종류와 출력 형태는 다음과 같다.

printf( ) 함수의 변환 문자 종류

코드	내용
%a	0xh.hhhhP+d 형식으로 16진수 출력한다(C99 only).
%A	0Xh.hhhhP+d 형식으로 16진수 출력한다(C99 only).
%c	인자를 char 타입의 한 문자로 출력한다.
%d	인자를 부호 있는 정수로 출력한다.
%i	인자를 부호 있는 정수로 출력한다.
%e	인자를 과학 기술 계산용 표기법으로 출력한다(소문자 e 사용).
%E	인자를 과학 기술 계산용 표기법으로 출력한다(대문자 E 사용).
%f	인자를 float이나 double형의 실수로 출력한다.
%F	인자를 float이나 double형의 실수로 출력한다(C99 only).
%g	%e와 %f 중 더 짧은 표현을 선택한다.
%G	%E와 %f 중 더 짧은 표현을 선택한다.
%o	인자를 부호 없는 8진수로 출력한다.
%s	문자열을 출력한다.
%u	인자를 부호 없는 10진수로 출력한다.
%x	인자를 부호 없는 16진수로 출력한다(소문자로 출력).
%X	인자를 부호 없는 16진수로 출력한다(대문자로 출력).
%p	포인터의 주소를 출력한다.
%n	문자수를 지정한다.
%%	% 부호를 그대로 출력한다.

사용하는 예를 들면 'printf("%i", 10);'을 main 함수의 블록 내부에 적고, 프로그램을 실
행하면 '10'이 출력된다. 그러나 'printf("%i", −10);'은 '−10'으로 출력된다. 즉 양수 일
경우는 그 부호를 표시하지 않는다.

변환 문자에서 일반적으로 가장 많이 사용되는 정수 데이터를 다루는 변환 문자열을 별도로 정리하였다.

정수를 나타내는 변환 문자

코드	내용
%d	10진수로 표현되는 정수를 출력한다.
%ld	10진수(long int)로 표현되는 정수를 출력한다.
%o	8진수로 표현되는 정수로 출력한다.
%lo	8진수(long int)로 표현되는 정수로 출력한다.
%x	16진수로 표현되는 정수로 출력한다.
%lx	16진수(long int)로 표현되는 정수로 출력한다.
%lX	16진수 표현되는 정수를 대문자로 출력한다.
%u	부호 없는 10진수로 표현되는 정수로 출력한다.

변환 문자를 사용할 때 아래의 서식 지정자를 함께 사용할 수 있다.

변환 서식 지정자

[-], [m], [.], [n], [l]

변환 서식 지정자 형식 종류는 다음과 같다.

서식 지정자	의 미	사용 예	출력 예
m	출력 필드의 최대 자리 수	printf("%10d", x);	_____52342
n	소수점 이하 자리 수	printf("%3.2f", f);	123.45
-	서식 문자를 왼쪽부터 채움	printf("%-10d", x);	52342_____
.	최대 출력 폭과 문자 수의 구분	printf("%5.2s", "abcd");	___ab
	소수점 이하 자리 수를 구분	printf("%3.2f", f);	123.45
l	인자를 long형으로 출력	printf("%ld", x);	long형 출력

변환 문자와 변환 서식 지정자는 사용 예를 사용한 코드를 하나하나 실행하여 그 결과를 대조하기 바란다.

2) scanf( ) 함수

scanf( ) 함수는 키보드로 자료를 입력하기 위한 함수로, 형식은 다음과 같다.

헤더 파일 : <stdio.h>
함수 선언 : int scanf(const char *format, ...);
사용 형식 : scanf("형식 지정 문자열", 변수1, 변수...);

scanf( ) 함수는 스트림 처리 방식의 표준 입력으로 stdin(키보드 입력)을 사용한다. 키보드로부터 입력한 자료를 형식에 맞도록 변환하여 변수의 주소에 저장한다. int, float 등의 일반 변수들은 주소를 나타내는 '&'(주소 연산자)와 같이 사용하지만, 문자열과 문자 배열 등의 포인터 변수는 '&' 연산자를 사용하지 않고 그대로 적용한다. 즉, scanf 함수의 인수 구현 방식이 포인터 형식이기 때문이다. 포인터 변수는 주소값만 가질 수 있다. 무척 어렵게 느껴질 것이다. 지금은 이 정도만 이해하자. 지금은 scanf 함수를 이용할 때 일반 변수는 이름에 '&'를 붙인다고만 기억하고 있으면 된다. 이후 포인터와 함수에서 좀 더 자세히 다루도록 한다.

지정 문자열은 printf( ) 함수와 유사하며, 키보드로 자료를 입력할 때 자료의 구분은 형식 지정에서 정해진 구분자에 의존한다. scanf( ) 함수의 형식 지정 문자열의 종류와 의미는 다음과 같다.

scanf( ) 함수의 형식 지정 문자열의 종류와 의미

코드	내용
%a	입력 데이터를 실수 값으로 읽어들인다(C99 only).
%A	입력 데이터를 실수 값으로 읽어들인다(C99 only).
%c	입력 데이터를 하나의 문자 상수로 읽어들인다.
%d	입력 데이터를 10진수로 읽어들인다.
%i	입력 데이터를 10진수로 읽어들인다.
%e	입력 데이터를 실수로 읽어들인다(float).
%E	입력 데이터를 실수로 읽어들인다(float).
%f	입력 데이터를 실수로 읽어들인다(float).
%F	입력 데이터를 실수로 읽어들인다(float).
%g	입력 데이터를 실수로 읽어들인다(float).
%G	입력 데이터를 실수로 읽어들인다(float).
%lf, %LF	입력 데이터를 실수로 읽어들인다(double, Long Double).
%o	부호 없는 8진수 정수로 읽어들인다.
%s	입력 데이터를 문자열로 읽어들인다.

%u	부호 없는 10진수 정수를 읽어들인다.
%x	부호 없는 16진수 정수로 읽어들인다.
%X	부호 없는 16진수 정수로 읽어들인다.
%p	포인터를 읽어들인다.
%n	읽어들인 문자수를 저장한다.
%[]	입력 대상 문자의 필터링한다(scanset의 지정).
%%	% 부호로 읽어들인다.

scanf( ) 함수의 형식 지정자 '%f'와 '%e', '%g' 모두 실수(float)를 입력받는 역할을 한다. double형의 배정도 실수를 읽으려면 '%lf'를 사용한다. 정수 데이터를 입력할 때 '%hd', '%hi', '%ho', '%hx', '%hu'처럼 'h' 수정자를 사용하면 short int로 자료를 입력받는다. 그리고 long형 정수를 입력받으려면 '%ld'를 사용한다.

scanf 함수를 사용할 때 형식 지정과 함께 입력받는 데이터를 필터링(조건에 맞는 데이터만 입력)할 수 있다.

scanf( ) 함수의 필터링 기능

코드	내용
%[A-Z]	대문자 A-Z 사이의 문자만 받아들이는 내용을 처리한다.
%[A-Za-z0-9]	영문자 및 숫자만 받아들인다.
%[^0-9]	숫자를 제외한 모든 문자를 받아들인다.

'123-456-789'와 같은 입력 정보에서 '-'를 제외하려면 scanf("%d%*c%d%*c%d", &x, &y, &z);에서처럼 '%*c'를 사용한다. 형식 지정 문자열을 살펴보면 '%d'는 정수로 데이터를 입력하여 저장한다. 따라서 세 개의 정수 데이터를 입력하여 저장하게 된다. 이때 정수와 정수 사이에 '%*c'는 문자가 입력은 되지만 저장하지 않는다는 의미가 된다.

간단하게 다음과 같은 코드를 입력하고 실행하여 결과를 확인해 보기 바란다. 소스 코드를 실행한 후 입력으로 '123-456-789'를 입력하면 '[123] [456] [789]'가 출력된다.

```
c Scanf_Test.c ⊠
 1 /*
 2 ============================================================
 3 Name        : Scanf_Test.c
 4 Author      : lgbong
 5 Version     :
 6 Copyright   : copyright by WooRiZip
 7 Description : Hello World in C, Ansi-style
 8 ============================================================
 9 */
10
11 #include <stdio.h>
12 #include <stdlib.h>
13
14 int main(void)
15 {
16     int x, y, z;
17
18     printf("input : ");
19     scanf("%d%*c%d%*c%d", &x, &y, &z);
20     printf("[%d] [%d] [%d]\n", x, y, z);
21
22     return EXIT_SUCCESS;
23 }
```

Eclipse에서 프로젝트를 생성하고, 소스 코드를 입력하고 컴파일하여 프로그램을 실행한 뒤에 Console 창에서 다음 그림에서와 같이 데이터를 입력하고 엔터키를 누르면 결과를 얻을 수 있다.

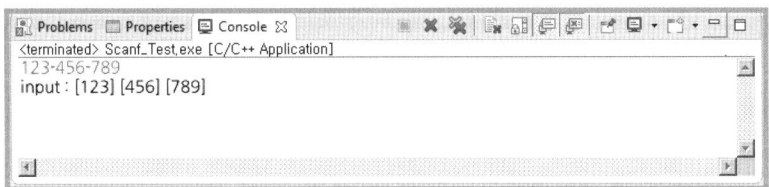

```
Problems  Properties  Console ⊠
<terminated> Scanf_Test.exe [C/C++ Application]
123-456-789
input : [123] [456] [789]
```

Console 창의 첫 줄에서 데이터를 입력하면 글자색이 녹색이다. 첫줄에(녹색으로) 표현된 '123-456-789'는 키보드 입력 내용이다. 물론 결과 값은 검은색으로 표시된다.

이 결과에서 한 가지 이상한 점을 발견하였을 것이다. 소스 프로그램의 18번 행에서 출력함수를 먼저 사용했는데 Eclipse 콘솔 창에서는 입력이 먼저 요구되고 있다. 이는 Eclipse가 명령 창에 나타나는 모든 출력 내용을 버퍼(임시 저장소)에 저장해 두고 프로그램이 종료되거나 버퍼가 꽉 차면 버퍼에 대기 중인 내용(출력된 내용)을 일괄적으로 가져와서 출력하기 때문이다.

이 문제는 Eclipse의 콘솔 창 제어에 대한 태생적 문제로 인식되고 있다. 해결하는 방법은 버퍼를 필요할 때마다 비워주면 된다. 즉, 출력함수를 수행한 후 버퍼를 비워주는 함수인 'fflush(stdout);'을 한번 호출하면 Eclipse 콘솔 창에 출력함수의 수행 내용이 소스 코드의 순서대로 출력된다. 별도의 외부 명령 창에서 실행하거나 윈도우즈 프로그램을 작성한다면 버퍼를 비워주는 함수를 호출하지 않아도 정상적으로 수행된다.

수정된 소스 코드를 확인하고, 결과를 비교해 보자.

```
int x, y, z;

printf("input : ");
fflush(stdout);
scanf("%d%*c%d%*c%d", &x, &y, &z);
printf("[%d] [%d] [%d]\n", x, y, z);
```

'printf(...);' 출력문 바로 다음에 'fflush(stdout);' 함수 사용을 추가하였다. 이는 출력 내용을 즉시 내보내라는 의미이다.

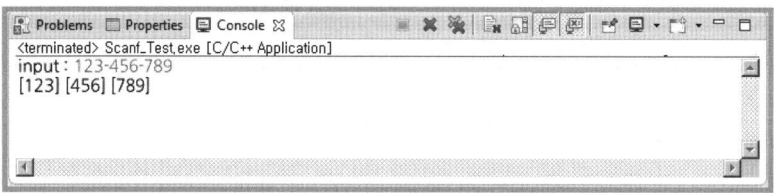

다른 예로, '10+20' 수식을 입력받고 결과를 출력하려면 다음과 같이 사용한다.

```
int a, b;
char op;

printf("Examples: 10+20[enter]");
scanf("%d%c%d", &a, &op, &b);
printf("%d %c %d = %d\n", a, op, b, a+b);
```

예제에서는 제어 문자열 사이에 어떠한 값도 없으므로 '10+20'으로 입력하여야 한다. 만약 제어 문자열 속에 다음과 같이 'scanf("%d %c %d", &a, &op, &b);'에 공백이 포함되어 있으면 scanf 함수는 입력 구분자를 공백이 포함되어 있는 것으로 처리한다. 즉, 입력을 '10␣+␣20'을 입력하여야 한다. 하지만 입력 구분자로 '|'를 사용한다면 'scanf("%d|%c|%d", &a, &op, &b);'같이 표현해야 하고 입력은 '10|+|20'으로 입력하여야 한다. 이 내용은 C 언어 심화 과정에서 다루지만, 대부분의 C 언어 책들이 scanf의 구분자를 명확하게 설명하고 있지 않아서 특별히 먼저 언급하였다.

 **컴파일 오류와 디버깅**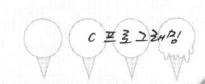

프로그램 작성이 끝나면 프로그램을 실행해 보고 잘못된 부분을 수정해야 한다. 작성한 프로그램은 잘못된 연산이나 원치 않는 오류를 발생시킬 수 있는데, 이런 부분을 프로그램의 '**버그(bug)**'라고 하고 버그를 수정하는 것을 '**디버깅(debug)**'이라고 한다.

넓은 의미에서 오류의 종류를 구분해 보면 다음과 같다.

- ✓ 오류(Error) : 오류가 하나라도 있으면 실행 파일이 생성되지 않는다.
- ✓ 경고(Warning) : 오류 발생 가능성이 있음을 알려준다. 그러나 실행 파일은 생성된다.
- ✓ 논리적 오류(Logic error : 버그) : 원하는 대로 프로그램이 작동하지 않는 경우이며, 이에 대한 오류처리 절차를 디버깅이라 한다.

오류(Error)와 경고(Warning)는 둘 다 컴파일러의 출력 창(Output)에 오류 또는 경고가 발생한 원인을 문장으로 친절하게 나타나므로 읽어 보면 어디가 어떻게 잘못되었는지를 쉽게 파악할 수 있다. 비록 영문으로 표시되지만, 자주 읽다 보면 오류 메시지만 보아도 무엇이 잘못된 것인지 쉽게 찾을 수 있는 경험치를 쌓을 수 있다. 즉, 오류 메시지를 철저하게 보는 연습은 좋은 프로그래머가 되는 첩경이라 할 수 있다.

```
01: #include <stdio.h>
02: #include <stdlib.h>
03:
04: int main()
05: {
06:     print("This is a sample program.\n");
07:     system("pause");
08:
09:     return EXIT_SUCCESS;
10: }
```

06번 행에서 표준 출력함수의 이름으로 'printf'라고 써야 하는데 끝의 'f'를 빠뜨리고 'print'라고 잘못 썼다. 이 상태에서 컴파일하면 다음과 같은 오류 메시지가 출력되며 컴파일은 실패한다.

```
21:40:20 **** Incremental Build of configuration Debug for project Ex_01-01 ****
Info: Internal Builder is used for build
gcc -O0 -g3 -Wall -c -fmessage-length=0 -o "src\\Ex_01-01.o" "..\\src\\Ex_01-01.c"
..\src\Ex_01-01.c: In function 'main':
..\src\Ex_01-01.c:16:2: warning: implicit declaration of function 'print' [-Wimplicit-
function-declaration]
gcc -o Ex_01-01.exe "src\\Ex_01-01.o"
src\Ex_01-01.o: In function 'main':
```
C:\Users\GwiBong\workspace\Ex_01-01\Debug/../src/Ex_01-01.c:16: undefined reference
to 'print'
```
collect2: ld returned 1 exit status

21:40:20 Build Finished (took 294ms)
```

위의 오류 메시지에서 "undefined reference to 'print'"의 의미는 "'print'는 정의되지 않은 참조이다."라는 뜻이다. 이 메시지를 더블클릭하면 오류가 발생한 행으로 커서가 즉시 표시된다. 'print'를 'printf'로 수정하고 다시 컴파일하면 성공적으로 컴파일 될 것이다.

이번에는 printf("This is a sample program. \n"); 문장의 끝에 있는 세미콜론(;)을 지워보자.

```
01: #include <stdio.h>
02: #include <stdlib.h>
03:
04: int main()
05: {
06:     printf("This is a sample program.\n")
07:     system("pause");
08:
09:     return EXIT_SUCCESS;
10: }
```

C 언어는 모든 명령문의 끝에 세미콜론(';')을 붙이도록 규정되어 있어, 이 기호가 빠지면 문법적인 오류(다음 ';'을 만날 때까지 한 문장으로 인식하는 오류)로 인해 역시 컴파일되지 않는다.

```
21:45:03 **** Incremental Build of configuration Debug for project Ex_01-01 ****
Info: Internal Builder is used for build
gcc -O0 -g3 -Wall -c -fmessage-length=0 -o "src\\Ex_01-01.o" "..\\src\\Ex_01-01.c"
..\src\Ex_01-01.c: In function 'main':
```
..\src\Ex_01-01.c:17:2: error: expected ';' before 'return'
..\src\Ex_01-01.c:18:1: warning: control reaches end of non-void function [-Wreturn-type]
```

21:45:03 Build Finished (took 125ms)
```

앞의 오류 메시지를 살펴보면 "expected ':' before 'return'"의 의미는 "return 문장을 만나기 전에 ';'을 기대했는데 없다"는 의미이다.

소스 코드에서 오타 등의 단순한 실수는 컴파일러가 어디가 잘못되었는지를 알려 주기 때문에 큰 문제가 되지 않는다. 하지만 개발자가 구성한 흐름에서 내용이 잘못된 논리적 오류는 큰 문제가 될 수 있다. 컴파일러가 알려 주지 않으므로 순전히 개발자의 능력에 의존해야 한다.

07 실습 따라 하기 정리

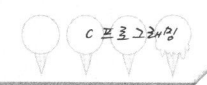

이 장에서 사용된 소스 코드를 Eclipse를 이용하여 테스트하는 과정을 정리해보았다. 반드시 실습을 통해 결과를 확인하고 익히기 바란다. "百聞以不如一見, 百見以不如一打"라 했다. 백번 듣는 것 보다는 한 번 보는 것이 나으며, 백번 보는 것 보다는 한 번 키보드를 두드려 실습해 보는 것이 낫다는 의미로 응용하여 설명한 것이다.

① Eclipse의 메뉴에서 [File]→[New]→[C Project]를 선택한다.
② 나타나는 '프로젝트 윈도우'의 'Project name'에서 C 프로젝트의 이름으로 'ex_01-01'를 입력한다.
③ 'Project type'에서 [Executable]→[Empty Project]를 선택하고 'Toolchains'에서 [MinGW GCC]를 선택한다.
④ 새 프로젝트 마법사 창에서 [Finish] 버튼을 클릭하여 프로젝트 생성을 마친다.
⑤ Project Explore에 새로 만들어진 프로젝트 'ex_01-01' 이름 위에서 마우스 오른쪽 버튼을 클릭하여 나타나는 팝업 메뉴에서 [New]→[Folder]를 클릭한다.
⑥ 'New Folder' 창의 'Enter or select the parent folder' 항목에서는 현재 프로젝트 이름을 입력하고, 'Folder name' 항목에서 'src'를 입력한 뒤에 [Finish] 버튼을 클릭한다.
⑦ Project Explore에서 확인해 보면 'ex_01-01' 프로젝트 하위에 src 폴더가 나타나는 것을 확인한다.
⑧ 'src' 폴더 이름 위에서 마우스 오른쪽 버튼을 클릭하여 [New]→[Source File]을 선택한다.
⑨ 헤더 파일을 추가하고자 한다면 ⑥, ⑦, ⑧을 반복하는데 'src'라는 폴더 이름 대신에 'include'라는 폴더 이름을 사용하고, 파일 선택은 'Header File'을 선택하여 추가한다.

⑩ 'New Source File' 창에서 'Source file' 항목에서 'ex_01-01.c'를 입력한다. 프로그램 소스 코드 파일 이름이 길다고 생각되거나 다른 이름을 사용하고 싶다면 임의로 작성하고 파일 이름의 확장자만 '.c'를 입력하면 된다. [Finish] 버튼을 클릭한다.

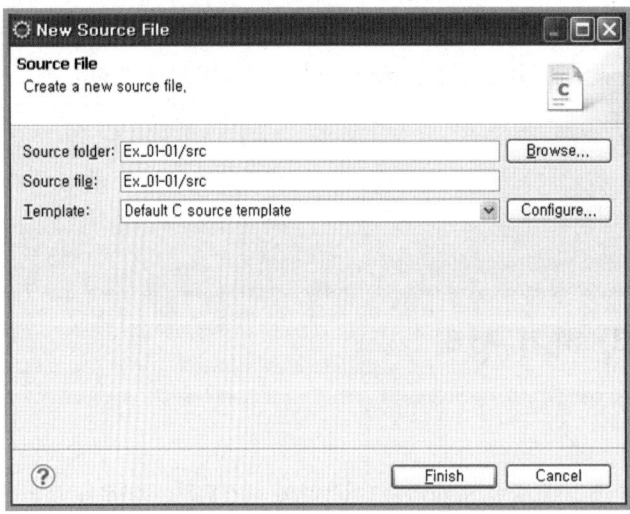

⑪ 간단한 주석과 함께 프로그램 소스 코드 파일에서 제시한 프로그램 소스 코드를 입력한다.

```c
/*
 ============================================================================
 Name        : Ex_01-01.c
 Author      : lgbong
 Version     :
 Copyright   : copyright by WooRiZip
 Description : Hello World in C, Ansi-style
 ============================================================================
 */

#include <stdio.h>
#include <stdlib.h>

int main(void)
{
    puts("!!!Hello World!!!"); /* prints !!!Hello World!!! */
    return EXIT_SUCCESS;
}
```

⑫ 입력된 소스 파일을 저장한 뒤에 컴파일(✎)하고 실행(●)한다.

⑬ Console 창에서 결과를 확인할 수 있다.

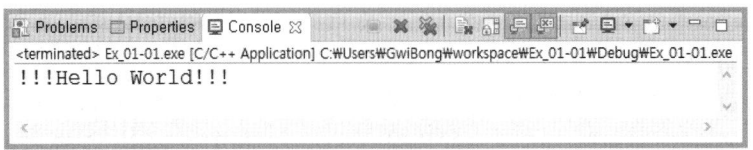

자료형(Data type)

 **개요**

자료형이란 프로그램에서 사용하는 값을 표현하는 유형(형식)을 말한다. 일반적으로 값을 표현하는 유형에는 값을 표현하는 방법에 따라 상수와 변수로 나뉘고, 값의 성격에 따라서 문자, 문자열, 정수, 실수로 분류한다. 또한, 상수는 기호 상수, 열거형, 논리값 등으로 분류를 세분화할 수 있다.

1.1 자료의 형식

프로그램에서 다루는 자료 즉, 데이터(data)는 값을 직접 표현하는 상수와 값을 이름으로 표현하는 변수로 분류한다.

■ 상수(constant)

상수는 프로그램에서 사용되는 데이터를 직접 표현하는 방법이다. 데이터의 성격에 따라 문자 상수, 문자열 상수, 정수 상수, 실수 상수 등으로 구분한다.

상수 예

구분	예	설명
문자 상수	'A', 'a'	단일 따옴표 안에 한 개의 문자를 기술한다.
문자열 상수	"C Program", "C"	이중 따옴표 안에 한 개 이상의 문자를 기술한다.
정수 상수	0, 10, -30	+ / - 기호와 10진수의 경우 0부터 9까지의 숫자로만 구성한다.
실수 상수	2.5, -0.1234	= / - 기호와 0부터 9까지의 숫자 그리고 소숫점으로 구성한다.

이외에도 사용자가 정의해서 사용하는 기호 상수, 열거형 상수 등이 있다.

■ 변수(variable)

변수는 프로그램에서 사용되는 데이터를 이름으로 표현하는 방법이다. 이름을 '변수명'이라 하고, 이는 자료를 컴퓨터 메모리에 기억시키는 기억 장소의 이름이 된다.

변수를 이해하기 위해서 변수를 구성하는 요소를 알아보자. 변수의 구성 요소를 알아보는 것은 앞으로 다룰 포인터를 이해하는 데 큰 도움이 되기 때문이다. 변수의 구성 요소를 다양하게 분석할 수 있지만, 필자는 변수의 이름(식별자: Identifier), 주소(Address), 값(Value)의 세 가지로 구분하고자 한다.

변수는 메모리의 일정 영역을 확보하고 이 영역을 사용하기 위하여 복잡하고 외우기 어려운 주소를 사용하는 대신 이름을 부여하여 접근을 쉽게 한다. 주소는 컴퓨터가 관리하고 사용하는 위치 정보이다. 값은 실제 메모리에 저장하는 상수가 될 것이다.

다음의 C 언어 문장을 예로 살펴보기로 하자.

    int i = 10;

위와 같이 선언하는 경우 상수 10을 저장하기 위한 메모리 주소(위치)가 'A0F1'이라고 가정할 때, 컴퓨터 내부의 메모리 영역을 구조를 간단하게 살펴보면 다음 그림과 같다.

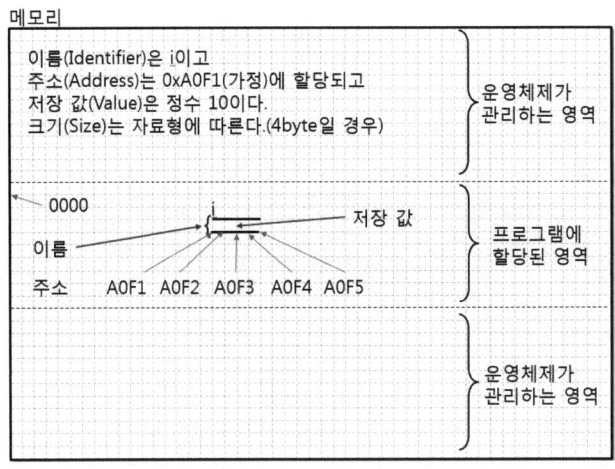

변수명은 C 표준 규약과 이를 지원하는 컴파일러에 따라 약간의 차이는 있지만, 일반적인 규칙은 다음과 같다.

■ 변수명을 만드는 규칙

  · 변수명으로 사용할 수 있는 문자는 A~Z, a~z의 영문자와 0~9의 숫자 그리고 _(밑줄) 문자이다.
  · 변수명의 첫 문자는 반드시 영문자 또는 _(밑줄)로 시작한다.
  · 변수명은 길이의 제한이 없으나 보통 31자까지만 유효하다.
  · 예약어(reserved word)는 변수명으로 사용할 수 없다.
  · 영문자의 대문자와 소문자는 구분된다.

이러한 변수명을 만드는 규칙은 꼼꼼히 기억해 두어야 한다. 초보자들이 프로그램을 작성할 때 발생하는 오류의 시작점이기 때문이다. 점 하나에 컴파일이 성공하고 실패하는 프로그램의 세계는 때때로 스트레스를 유발하기도 하지만 규칙을 잘 활용하면 프로그래머는 프로그램 세상에서의 신으로 등극할 수도 있다.

1.2 C 프로그램의 구성 요소

C 프로그램은 다음과 같은 요소로 구성된다.

요소	예
예약어(Reserve Word)	char, int, for, if, while, ...
식별자(Identifier)	변수, 배열, 함수 등의 이름
연산자(Operator)	+, -, *, /, ++, --, =, ...
상수(Constant)	값이 불변인 자료
구분 기호(Punctuator)	각 항목을 구분 짓는 기호(;, { }, ...)
공백 문자(White Space)	각 요소를 구분 짓는 기호(␣, 탭, ↵, ...)
설명문(Comment)	설명문(/* 설명 */, //설명)

1) 예약어 (Reserve Word)

예약어란 C 언어에서 그 기능과 용도가 미리 정의되어 있는 단어를 말한다. 변수명이나 함수명, 정의형 상수 등의 이름으로 사용할 수 없으며 C 프로그램의 문법을 나타내는 요소가 된다.

2) 식별자 (Identifier)

식별자는 사용자가 프로그램에서 정의하는 '이름'이다. 사용자가 정의해야 하는 이름에는 변수 이름, 함수 이름, 구조체 이름, 공용체 이름 등 여러 가지 종류가 있다. 이름을 정의할 때는 이름을 작성하는 규칙이 있으며 앞에서 설명한 "변수명을 만드는 규칙"과 같다.

3) 연산자 (Operator)

연산자는 더하기, 빼기, 곱하기, 나누기, 나머지 구하기 등의 연산을 수행하기 위해 사용된다. 특히 C 언어는 다른 언어에 비해 아주 많은 연산자가 정의되어 있어 연산자 우선순위가 매우 중요하다. 연산자 편에서 설명하는 연산자의 연산 우선순위는 꼭 기억해 두어야 한다.

4) 상수 (Constant)

C 언어에서 상수는 숫자 상수(예: 10, 3.14), 문자 상수(예: 'A', '\n'), 문자열 상수(예: "안녕?"), 사용자 정의형 상수 등이 있다. 문자 상수와 문자열 상수의 구분은 ''(단일 따옴표)와 ""(이중 따옴표)로 구분하기도 하는데 기본적으로 문자 상수는 단일 문자를 의미하고, 예외로 기능을 표시하는 메타 문자는 2개의 문자를 결합하여 하나의 문자로 표현하기도 한다. 문자열 상수는 하나의 문자가 있어도 ""(이중 따옴표)를 사용해야 한다.
C 언어에서는 문자열을 구분하기 위해 문자열의 끝에 눈에 보이지 않는 문자(null 문자라고 한다.)를 하나 더 추가한다. 즉, 문자열에 하나의 문자를 기술해도 처리 과정에서는 두 개의 문자로 인식되는 것이다.

5) 공백 문자 (White Space)

공백 문자는 각 요소를 구분 짓는데 사용되며 공란(' '), 탭( ), 엔터(Enter↵)가 있다. 공백 문자를 연속해서 사용할 때, 출력이나 입력에서 지정하는 형식으로 사용하면 각각이 하나의 문자로 인정되지만, 명령문의 구분에서는 공백이 연속으로 있어도 하나만 인정된다. C 언어로 프로그래밍할 때는 공백 문자를 잘 활용하여 프로그램의 논리적 구조가 잘 표현되도록 들여쓰기를 잘해야 한다.

Tip 좋은 프로그램 만들기

· 들여쓰기는 모든 프로그램의 가독성을 높임을 명심하자. 오류 찾기도 쉽다.
· 주 문장과 종속 문장의 관계는 항상 들여쓰기한다.
· 종속 문장이 2개 이상일 경우는 반드시 블록({ } 사용)으로 묶어야 한다.
· 한 줄에 한 문장 이상 사용하지 않는다.
· 주석은 초보자도 알아보기 쉽게 자세하게 기술한다.

좋은 프로그램 형식 예

```
 1 /*
 2 ============================================================================
 3 Name        : Type.c
 4 Author      : lgbong
 5 Version     :
 6 Copyright   : copyright by WooRiZip
 7 Description : Hello World in C, Ansi-style
 8 ============================================================================
 9 */
10
11 #include <stdio.h>
12 #include <stdlib.h>
13
14 int main(void) {
15     int i = 1;
16     int total = 0;
17
18     for(i=0; i<10; i++) {
19         printf("%d", i);
20         total = total + i;
21     }
22     printf("\n 합계=[%d]\n", total);
23
24     return EXIT_SUCCESS;
25 }
```

나쁜 프로그램 형식 예

```
1 #include <stdio.h>
2 #include <stdlib.h>
3 int main(void) {
4     int i=1; int total=0;for(i=0;i<10;i++){printf("%d", i);
5     total = total+i;});printf("\n합계 %d\n",total);
6     return EXIT_SUCCESS;
7 }
```

```
 1 #include <stdio.h>
 2 #include <stdlib.h>
 3 int main(void) {
 4 int i=1; int total=0;
 5 for(i=0;i<10;i++)
 6 {printf("%d", i);
 7 total = total+i;
 8 };
 9 printf("\n합계 %d\n",total);
10 return EXIT_SUCCESS;
11 }
```

이런 형식은 초보자들이 자주 실수하는 예를 극단적으로 표현한 것이다. 프로그램 코드의 길이가 길어질 때 블록의 시작과 종료를 알 수 없고, 논리적인 흐름을 파악할 수 없다. 즉, 가독성(readability)이 매우 떨어지는 프로그램 코드가 되어 시간이 흐른 뒤에 프로그램 코드를 수정하려고 하면 작성자 본인도 프로그램 코드를 읽기가 어려워 오류 또는 프로그램 코드를 개선하기 위한 위치를 찾기가 어려워진다.

또한, 주석이 없는 프로그램은 무엇을 수행하는 프로그램인지, 어떤 목적으로 작성된 프로그램인지를 알 수 없다.

이외에도 다양한 형식의 나쁜 예제들이 많지만 좋은 프로그램의 예처럼 가독성을 높이고 오류의 위험을 최대한 줄이는 것을 습관처럼 익혀야 한다.

 변수 선언과 유효 범위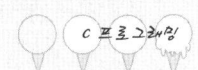

변수는 기본형과 유도형으로 나눌 수 있고 기본형에는 문자형, 정수형, 실수형, 열거형으로 나눌 수 있다. 이 중에서 정수형과 실수형, 열거형은 산술형으로 묶어서 분류하기도 한다. C 언어를 공부하는 독자라면 void, char, int, long, float, double의 특징과 표현가능한 값의 유효 범위는 반드시 기억해야 한다. 앞으로 공부하면서 추가로 익혀야 하는 것이 유도형이다. 유도형에는 배열형, 함수형, 포인터형, 구조체형, 공용체형 등이 있다.

C 언어의 자료형의 표준 분류는 다음과 같다.

자료형	기본형	형 없음		void
		문자형		char, unsigned char
		산 술 형	정수형	short, unsigned short, int, unsigned int, long, unsigned long
			실수형	float, double, long double
	유도형	열거형		enum
		배열형		[ ]
		함수형		( ) function
		포인터형		*
		구조체형		struct
		공용체형		union

인터넷이나 일부 책에서 다르게 분류하는 경우가 많지만, 필자의 경험으로는 위와 같이 분류하는 것이 더욱 정확하다고 생각한다. 기본 자료형에 대하여 하나하나 살펴보자.

2.1 형 없음(void)

형이 없는 경우는 특별한 몇몇 경우에만 사용한다. 함수의 반환 값이나, 함수의 전달 인수 등에서 인수가 없거나 반환 값이 없을 때 사용한다.

void	void main(int argc, char *argv[]) { ... } int main(void) { ... } void main(void) { ... }

void 사용의 전부를 위 코드에서 볼 수 있다. 첫 번째 사용 예제는 반환 값이 없다는 의미이고, 두 번째 사용 예제는 함수의 받는 인수가 없다는 의미이다. 마지막 사용 예제는 반환 값과 함수의 받는 인수 둘 다 없다는 의미이다. 이는 main 함수뿐만 아니라 모든 함수에 적용된다.

2.2 문자형(char)

char	선언 예) **char** **a;** // 음수를 저장할 수 있는 변수 **unsigned char** **b;** // 양수만 저장할 수 있는 변수 a 또는 b라는 변수를 문자형으로 선언한다. C 언어에서 문자는 ASCII 코드표에 대응하는 정수를 기억하는 1 Byte 크기를 가진다. 음수 허용 유효 범위) -128 ~ 127까지이다. 양수 전용 유효 범위) 0 ~ 255까지이다.

선언 예제와 유효 범위를 확인하는 프로그램을 작성하여 보자. 문자형에 음수 표현이 존재하는 이유는 문자형 변수도 정수처럼 사용할 수 있기 때문이다. 문자형을 정수형으로 사용할 때는 정수값이 문자에 대응하는 아스키 코드(Ascii Code) 테이블의 순서에 대응하는 위치 값이다. 이는 이후에 다시 다루기로 한다.

[실습] ex_02-00.c **문자와 정수의 관계**

```
01: #include <stdio.h>
02: #include <stdlib.h>
03:
04: int main(void) {
05:   char c;
06:
07:   c = 126;
08:   printf("정수 변수 i=%d\n", c);
09:   c = c + 1;
10:   printf("정수 변수 i=%d\n", c);
11:   c = c + 1;
12:   printf("정수 변수 i=%d\n", c);
```

```
13:
14:   return EXIT_SUCCESS;
15: }
```

문자형 변수 c를 선언하고 초기값으로 126을 입력하였다. 126이 출력됨을 08번 행으로 확인을 하고 09번 행에서 1을 더하였다. 다음 값은 당연히 127일 것이다. 이를 확인하려는 문장이 10번 행이다. 11행으로 다시 1을 더하면 유효 범위가 127임을 생각할 때 다음 수는 어떻게 표현될 것인가를 확인하는 프로그램이다. 결론은 음수의 최댓값인 -128을 가리킨다. 부호 비트를 포함하여 모든 비트가 1일 경우 -128이 되는 것이다. 다시 1씩 증가한다면 -127을 거쳐 0까지 진행되고 다시 증가하여 127까지 진행하는 과정이 반복된다. 문자형 변수이지만 유효 범위에 대한 값은 정수 값이므로 정수 값을 출력하는 '%d' 형식 지정자를 사용하였다.

unsigned를 사용한다면 부호 비트를 양수 표현에 사용하므로 현재 최대값의 2배를 계산하면 된다. 즉 0에서 255까지이다. 255 다음 수는 0이다.

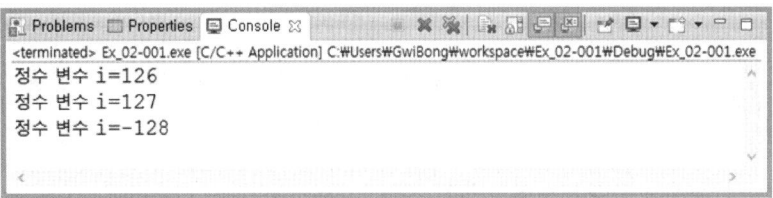

문자형에는 특별한 의미가 있는 문자 상수가 있다. 이를 확장 문자열(escape sequence)이라 한다. 확장 문자열은 다음과 같다.

확장문자열	ASCII	문자	기능
'\a'	0x07(7)	BEL(beep sound)	벨(bell) 소리를 낸다.
'\b'	0x08(8)	BS(Back Space)	한 문자 앞으로 이동
'\f'	0x0c(12)	FF(Form Feed)	다음 장으로 페이지를 넘긴다.
'\l'	0x0a(10)	LF(Line Feed)	다음 줄의 현재 위치로 이동(Line Feed)
'\r'	0x0d(13)	CR(Carriage Return)	현재 행의 선두로 이동(복귀)
'\n'	-	CR+LF	다음 줄의 선두로 위치를 이동한다(New Line)
'\t'	0x09(9)	HT(Horizontal Tab)	일정한 값(tab)만큼 수평 이동
'\\'	0x5c(92)	\(backslash)	역슬래시(\)를 출력한다.
'\''	0x27(39)	'(single quote)	'를 출력한다.
'\"'	0x22(34)	"(double quote)	"를 출력한다.
'\?'	0x3f(63)	?(question mark)	?를 출력한다.
'\ooo'	0ooo	any	1~3자리의 8진수

'\xhhh'	0Xhhh	any	1~3자리의 16진수
'\Xhhh'	0Xhhh	any	1~3자리의 16진수
'\0'	0x00(0)	null	아무런 동작도 하지 않음
'%%'		percent	%를 출력한다.

확장 문자열에서 표현된 '\'('역 슬래시'로 읽는다.)는 '₩' 표현과 같다. 이는 한글 코드를 설정하면서 '\' 문자에 원화 표현 문자('₩')를 넣었기 때문이다. 일본에서 엔화 표현 문자를 넣기 위해 사용한 방법을 생각 없이 가져온 결과이다.

확장 문자열은 'printf(...);' 함수 또는 'scanf(...);' 함수 등에서 유용하게 사용되므로 표준 입출력 함수에서 다시 다룰 것이다.

문자형 변수를 정의하고 다양한 형식으로 출력하는 프로그램을 실습해 보자.

[실습] ex_02-01.c '*' 문자의 출력 형태 비교

```
01: #include <stdio.h>
02: #include <stdlib.h>
03:
04: int main()
05: {
06:     char a = '*';
07:
08:     printf("* = %d\n", a);
09:     printf("* = %o\n", a);
10:     printf("* = %x\n", a);
11:     printf("* = %c\n", a);
12:
13:     return EXIT_SUCCESS;
14: }
```

01번 행은 'stdio.h'라는 파일의 코드 내용을 현재 프로그램에 포함한다. 즉 소스 코드를 미리 작성하여 두고 포함 파일(include file)로 선언하면 현재 코드에서 작성한 것과 같은 의미가 된다. 이를 헤더 파일이라고 한다.

04번 행은 주함수인 'main' 함수를 선언한다. 반환 값이 없음을 의미하는 'void'를 사용할 수도 있으나 C11부터는 반환 값을 int 형식으로 사용할 것을 권장하고 있다. 'main' 뒤에 소괄호 시작문자('(')와 소괄호 끝 문자(')')의 사이에 아무런 표현이 없다는 것은 매개변수 또는 인수가 없음이다. 즉, 매개변수가 없고 정수형의 반환 값을 요구하는 'main' 함수를 선언하였다.

'main'이라는 함수의 의미는 C 언어에서 주 진입점을 의미하는 특별한 함수명이다. 'main' 함수가 없으면 스스로 시작되는 프로그램을 작성할 수 없다.

05번 행의 '{'는 블록의 시작을 의미하는 표현으로 'main' 함수 블록의 시작을 의미하게 된다.

06번 행은 문자형 변수 'a'를 선언하고 초기 저장 값으로 '*'을 저장하여 둔다는 문장이다.

08번 행의 출력문은 변수 'a'에 저장된 값인 '*'를 10진수로 출력한다는 의미로 ASCII 코드 테이블의 위치 값을 10진수로 표현한다.

09번 행은 8진수로 '*'의 ASCII 코드 테이블 위치 값을 출력한다.

10번 행은 16진수로 '*'의 ASCII 코드 테이블 위치 값을 출력한다.

11번 행은 문자로 '*'를 출력한다. 이는 '*' 그대로 출력을 의미한다. 즉 문자로 출력한다는 의미다.

13번 행은 'return 0;'으로 대체하여도 된다. 이는 프로그램 실행이 성공했다는 의미의 반환 값으로 0을 사용한다.

14번 행의 '}'는 블록의 끝을 의미한다. 여기서는 'main' 함수 블록의 종료를 의미한다. 즉 프로그램의 종료이기도 하다.

이후 정리에서는 중복되는 설명은 될 수 있는 대로 생략하도록 하겠다.

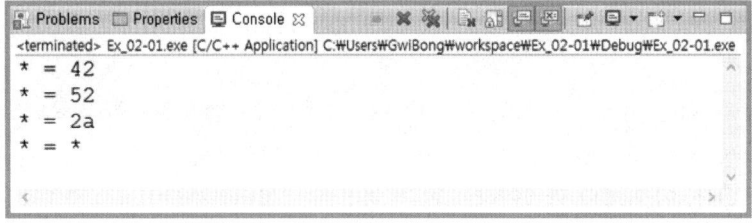

문자 변수에 값을 저장하고 화면에 출력해 보는 프로그램을 실습해 보자.

[실습] ex_02-02.c 문자 변수 출력

```
01: #include <stdio.h>
02: #include <stdlib.h>
03:
04: int main(void)
05: {
06:    char a = 'A', b = 'B', c = '0', d = '9';
07:    char e = 69,  f = 70,  g = 54,  h = 48;
08:
09:    printf("%5c%5c%5c%5c \n", a, b, c, d);
10:    printf("%-5d%5d%-5d%5d \n", a, b, c, d);
11:    printf("%5c%5c%5c%5c \n", e, f, g, h);
12:
13:    return EXIT_SUCCESS;
14: }
```

06번 행에서 문자형 변수를 선언하고 각 변수에 문자 상수값을 저장한다.

07번 행에서 문자형 변수를 선언하고 각 변수에 10진수 값을 저장한다.

09번 행~11번 행의 출력문에서 '%5c'와 '%5d'를 각각 4번 사용하여 4개 변수의 값을 출력한다. '%5c'에서 5는 문자를 출력하기 위해 5칸을 확보한다는 의미이다. 기본적으로 확보된 자리의 오른쪽을 기준으로 정렬하여 출력된다. printf 함수에서 형식 지정자에 '−' 부호를 함께 사용하면 확보된 자리의 왼쪽을 기준으로 정렬하여 출력된다. 즉, 출력 위치의 정렬 기준을 반대로 하는 의미가 있다.

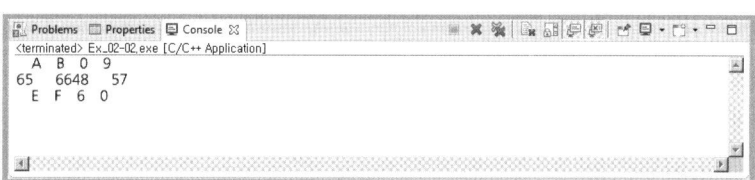

다음 예제 프로그램을 통해 확장 문자열(escape sequence)을 사용해 보자.

[실습] ex_02-03.c 이스케이프 시퀀스(escape sequence)의 사용 예

```
01: #include <stdio.h>
02: #include <stdlib.h>
03:
04: int main(void) {
05:     int i = 0;
06:
07:     printf("\t 개념은 예제를 통하여 확인하자 !!! \n");
08:
09:     while(i<=10) {
10:         printf("%d", i++);
11:         printf("\a");
12:         printf("\b");
13:         printf("\n");
14:     }
15:
16:     return EXIT_SUCCESS;
17: }
```

09번 행은 반복문이다. 이러한 반복문은 뒤에 자세히 설명할 것이므로 지금은 "아하, 이런 것이 반복문이구나..."하는 정도로만 기억해 두기 바란다. 'i<=10'은 조건식이며 블록 시작 문자('{')가 같은 줄에 있는 것은 'C99'에서부터 권장하는 표현 형태이다. 여기서 'while' 문장을 주 문장이라 하고 블록('{...}') 안에 있는 문장을 '종속 문장'이라고 한다. 즉 출력문장 4개가 모두 'while' 문의 '종속 문장'이 된다. '종속 문장'을 주 문장보다 뒤쪽으로 밀어서 기술하는 표현을 '들여쓰기'라고 한다.

10번 행의 출력문에서 매개변수 'i++'는 'while' 반복문이 한번 수행될 때마다 변수 'i'의 값이 1씩 증가한다. 'while' 문장에서 변수 'i'의 값이 10보다 작거나 같은 경우는 비교 결과가 참값이 되므로 'while' 블록이 반복되지만, 변수 'i'의 값이 11이 되면 비교 결과가 거짓이 되어 'while' 문은 반복을 중단하게 된다.

조금 더 자세히 살펴보자. 'printf("%d", i++);'에서 'i++'는 후위 연산자로 '%d'에 값을 먼저 출력하고 1을 증가한다. 즉, 처음에는 0을 출력하고 1을 증가한 상태에서 다음 문장을 수행하고 while 문을 반복한다. 결과는 0부터 10까지 4개의 종속 문장으로 문자 값을 출력하고, 변수 'i'의 값이 11이 되면 프로그램의 실행을 종료하게 된다.

다음의 출력 결과에서 'ㅁ'는 이스케이프 시퀀스(escape sequence) 제어 코드의 기능, 즉 \a와 \b의 기능이지만 Eclipse의 콘솔 창에서는 기능을 수행하지 못하고 특수문자로 표현된 결과이다.

생성된 실행 파일을 명령 창에서 실행하면 비프음이 출력된다. 즉, 제어코드의 기능이 실행되는 것을 확인할 수 있다. 명령 창을 실행하여 'workspace\Ex_02-03\Debug' 디렉터리로 이동하고, 'Ex_02-03.exe' 프로그램을 실행해 보자.

2.3 정수형(int)

정수형이란 소수점을 포함하지 않는 숫자 데이터를 말한다. 정수형 데이터는 10진수 (decimal), 2진수(Binary), 8진수(octal)와 16진수(hexadecimal) 표현을 사용할 수 있다.

자료형에서 분류되는 정수 변수의 선언과 표현 가능한 데이터의 유효 범위는 다음과 같다. 변수 선언에서 공통으로 적용되는 signed라는 예약어는 생략할 수 있다. 즉 'int i;'는 'signed int i;'와 동일하다. 또 하나 더 유념해야할 것은 여기서 표현하는 바이트란 8비트로 구성되는 정보의 표현 단위라는 것이다. 8비트로 구성되므로 다음과 같이 변수에서 표현 가능한 데이터의 유효 범위를 유추할 수 있다.

2^7	2^6	2^5	2^4	2^3	2^2	2^1	2^0
= 128	64	32	16	8	4	2	1

각 비트에 1이 있는 위치의 값을 더하면 저장되는 값을 계산할 수 있다. 모든 비트가 1일 경우

$$128 + 64 + 32 + 16 + 8 + 4 + 2 + 1 = 255$$

이고 128이 있는 위치(왼쪽 첫 번째 비트)를 부호 비트로 사용한다면 1일 경우 음수가 되고 0일 경우 양수가 된다. 나머지 비트를 더하면 다음과 같다.

$$64 + 32 + 16 + 8 + 4 + 2 + 1 = 127$$

특히 정수형은 이 구조를 기억해야 한다. 실수형은 지수부와 가수부가 나누어지므로 계산 방법이 달라진다.

자료형	표현 범위(16비트)	표현 범위(32비트 컴퓨터)
short 부호 있는 단정수형	2 byte $(-2^{15} \sim 2^{15}-1)$ $(-32768 \sim 32767)$	2 byte $(-32768 \sim 32767)$
unsigned short 부호 없는 단 정수형	2 byte $(0 \sim 65535)$	2 byte $(0 \sim 65535)$
int 부호 있는 정수형	2 byte $(-2^{15} \sim 2^{15}-1)$ $(-32768 \sim 32767)$	4 byte $(-2^{31} \sim 2^{31}-1)$ $(-2147483648 \sim 2147483647)$
unsigned int 부호 없는 정수형	2 byte $(0 \sim 65535)$	4 byte $(0 \sim 4294967295)$
long 부호 있는 장정수형	4 byte $(-2^{31} \sim 2^{31}-1)$ $(-2147483648 \sim 2147483647)$	4 byte $(-2147483648 \sim 2147483647)$
unsigned long 부호 없는 장정수형	4 byte $(0 \sim 4294967295)$	4 byte $(0 \sim 4294967295)$

'int 형의 크기는 몇 바이트입니까?'라는 질문을 하면 대부분 '4바이트입니다.'라는 대답을 듣게 된다. 예전에는 2바이트였는데 말이다. 그래서 필자는 '틀렸습니다.'라고 말을 하면 대부분 어리둥절하게 된다. 컴퓨터의 주소체계를 이해하고 있지 않은 결과이다. 하드웨어적으로 16비트 주소를 사용한다면 운영체제도 16비트를 사용하는 것이 일반적이다. 이때 int 형의 크기는 기본 주소 크기인 16비트로 2바이트가 된다. 32비트 컴퓨터를 넘어서 64비트 컴퓨터 시대에는 int 형의 크기가 8바이트가 될 것이다. 즉 크기는 항상 프로그래머가 sizeof( ) 함수를 사용하여 확인하여야 한다. 그럼 위의 물음에 어떤 답이 모범적일까? 모범 답안은 이렇다. '**이 환경에서는 4바이트입니다.**'

8비트를 기준으로 수의 순환을 이해하여 보자.

0	0	0	0	0	0	0	0	= 0

0 0 0 0 0 0 0 **1** = 0+1=1

0 0 0 0 0 0 **1 0** = 1+1=2

0 0 0 0 0 0 **1 1** = 2+1=3

⋮

0 **1 1 1 1 1 1 1** = 126+1=127

1 1 1 1 1 1 1 1 = 127+1=-128

1 1 1 1 1 1 1 0 = -128+1=-127

다음 1을 더하는 경우 결과 값에 대한 비트 연산을 생각해보자. 11111101이 되어 -126으로 변하게 된다. 이런 방법으로 덧셈은 비트 순환이 일어난다. 정수형의 선언 예제와 유효 범위를 확인하는 프로그램을 작성하여 보자.

[실습] ex_02-04.c 정수 유효 범위 확인 예제

```
01: #include <stdio.h>
02: #include <stdlib.h>
03:
04: int main(void) {
05:     short s;
06:     int i;
07:     long l;
08:
09:     s = 32766;
10:     printf("정수형 변수 s = %d\n", s);
11:     s = s + 1;
12:     printf("정수형 변수 s = %d\n", s);
13:     s = s + 1;
14:     printf("정수형 변수 s = %d, short 크기 = %d바이트\n", s, sizeof(s));
15:
16:     i = 2147483646;
17:     printf("정수형 변수 i = %d\n", i);
18:     i = i + 1;
19:     printf("정수형 변수 i = %d\n", i);
20:     i = i + 1;
21:     printf("정수형 변수 i = %d, int 크기 = %d바이트\n", i, sizeof(i));
22:
23:     l = 2147483646;
24:     printf("정수형 변수 l = %ld\n", l);
25:     l = l + 1;
```

```
26:        printf("정수형 변수 l = %ld\n", l);
27:        l = l + 1;
28:        printf("정수형 변수 l = %ld, long 크기 = %d바이트\n", l, sizeof(l));
29:
30:        return EXIT_SUCCESS;
31: }
```

문자형과 동일한 패턴을 보이고 있다. 주목할 것은 long을 출력하려면 형식 지정자가 '%ld'라는 점이다. unsigned를 사용한다면 부호 비트를 정수 표현에 사용하므로 현재 최대값의 2배를 계산하면 된다. 위의 프로그램을 수정하여 확인해 보기 바란다.

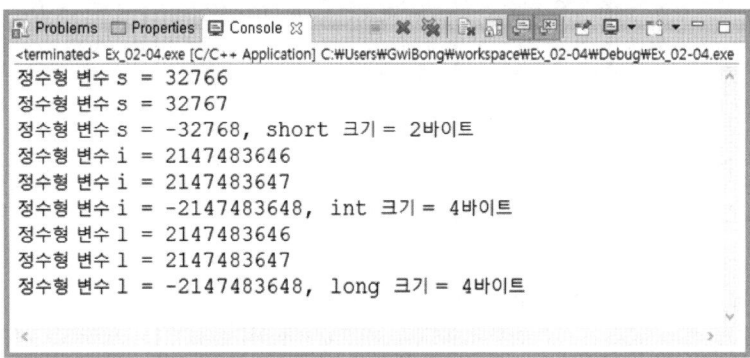

정수형의 크기는 현재 사용하는 컴파일러인 MinGW의 gcc가 short는 2바이트, int는 4바이트, long은 4바이트 크기로 메모리를 차지함을 알 수 있다. 예전에 출시된 시스템 또는 컴파일러는 short가 2바이트, int가 2바이트 long이 4바이트 경우도 있다. 또한, short는 1바이트로 char와 같은 크기를 지원하는 시스템 또는 컴파일러가 있으므로 크기를 항상 확인하고 프로그램에 임하는 것이 좋다.

크기 확인은 sizeof(...); 함수를 호출하면 반환 값으로 제공되는 정수값을 출력하면 알 수 있다. 즉, sizeof( ) 함수의 반환 값이 해당 성격의 변수가 차지하는 메모리의 크기가 된다.

[실습] ex_02-05.c 정수형 데이터의 선언과 출력 예

```
01: #include <stdio.h>
02: #include <stdlib.h>
03:
04: int main(void)
05: {
06:     short int a, b, hab1, d, e, hab2;
07:     int g, h, hab3;
08:
09:     a = 3, b =7;
10:     d = 10000, e = 20000;
11:     g = 2147483647, h = 1;
12:
13:     hab1 = a + b;
14:     hab2 = d + e;
15:     hab3 = g + h;
16:
17:     printf("%d + %d = %d\n", a, b, hab1);
18:     printf("%d + %d = %d\n", d, e, hab2);
19:     printf("%d + %d = %d\n", g, h, hab3);
20:
21:     return EXIT_SUCCESS;
22: }
```

19번 행의 출력 문장에서 변수 g와 h를 덧셈한 결과인 hap3의 값을 예측하여 보자. '2147483648'이라고 생각한다면 프로그램을 실행해보기 바란다. 진행하면서 답을 찾아 보기로 하자.

```
Problems  Properties  Console
<terminated> Ex_02-05.exe [C/C++ Application] C:\Users\GwiBong\workspace\Ex_02-05\Debug\Ex_02-05.exe
3 + 7 = 10
10000 + 20000 = 30000
2147483647 + 1 = -2147483648
```

2147483648을 대입할 수는 없지만 2147483647에 +1을 하는 것은 오류가 없다. 그러나 결과 값은 정수 순환의 법칙을 따르므로 −2147483648이 되어 원래 의도한 값이 나올 수 없다.

[실습] ex_02-06.c : int형과 unsigned형의 예

```
01: #include <stdio.h>
02: #include <stdlib.h>
03:
04: int main()
05: {
06:     short int n;
07:     unsigned short un;
08:
09:     n = -32767;
10:     un = n;
11:
12:     printf("      정수형 n  = %d \n", n);
13:     printf("부호 없는 정수형 un = %u \n", un);
14:
15:     return EXIT_SUCCESS;
16: }
```

06번 행에서 short형으로 선언된 변수에 '−32768'보다 작은 '−32769'를 입력하면 컴파일러는 경고 메시지를 출력한다. Eclipse에서는 이를 다음과 같이 표현한다.

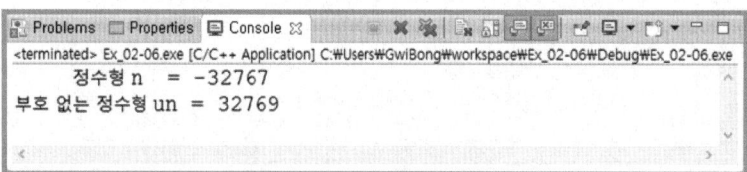

경고는 실행 결과를 보장할 수 없다는 의미일 뿐 실행 프로그램 자체가 생성되지 않는 것은 아니다. 즉 실행 파일이 만들어지고 실행도 가능하다.

```
Problems  Properties  Console ⅩⅩ
<terminated> Ex_02-06.exe [C/C++ Application] C:\Users\GwiBong\workspace\Ex_02-06\Debug\Ex_02-06.exe
      정수형 n  = -32767
부호 없는 정수형 un = 32769
```

2.4 실수형(float)

실수형 표현 방법을 알기 위해서는 먼저 수의 범위를 생각해보자 우리가 익히 알고 있는 수의 범위는 다음과 같을 것이다.

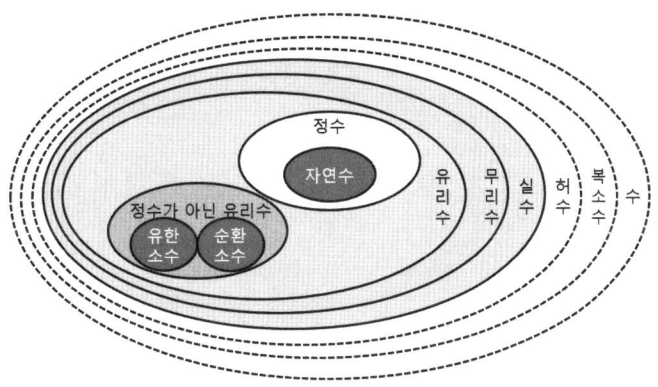

이러한 수의 범위를 모두 컴퓨터에서 표현한다는 것은 매우 어려운 문제일 것이다. 예를 들어 1에서 10까지의 사이에 있는 정수의 개수는 2, 3, 4, 5, 6, 7, 8, 9로 8개가 될 것이다. 즉, 범위를 정하면 개수를 파악할 수 있다. 그러나 정수 전체의 개수를 파악하기는 어렵다. 그 수가 어디까지인지 알 수 없으므로 무한대라고 정의한다.

사람들이 계산할 수 있는 유한한 범위 내에서 수를 계산하고 사용하는 것이다. 이러한 이유로 정수의 유효 범위가 존재하는 것이다.

그렇다면 실수는 어떠할까? 실수 역시 위 그림에서 보듯이 유한하지 않다. 0과 1 사이에는 실수의 개수가 무한대이다. 이를 컴퓨터의 2진수로 표현하고자 할 때 오차 범위를 허용하지 않으면서 유효 범위를 넓히려고 한다면 매우 어려운 문제가 될 것이다. 컴퓨터를 설계한 사람들은 이 점에서 오차 범위의 정밀도를 포기하는 대신 유효 범위를 넓히는 쪽으로 선택하였다.

그렇다면 실수를 표현하는 비트 구조는 어떻게 이루어지는지 살펴보자.

float형의 비트 구조
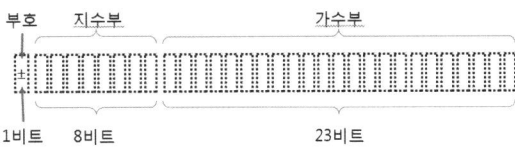

double형의 비트 구조
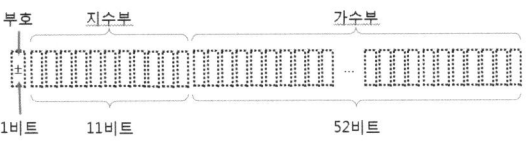

float 자료형의 크기는 32비트로 4바이트로 구성되고, double은 64비트로 8바이트로 구성되어 있으나 값의 표현 방법은 float와 double이 같다.

추가로 설명하면, 가수부는 값의 형태를 그대로 유지하고 지수부는 10의 지수 승으로 값의 크기를 표현한다. 실수 1234.322를 부동 소수점으로 표현하면 $1.234322*10^3$으로 표현할 수 있으며 프로그램에서의 표현은 1.234322e+003으로 표현한다. 그러면 가수는 1234322이고 지수는 3이다.

부동 소수점 표현 방식이란 고정 소수점 표현 방식에 대비되는 의미로, 부동 즉 떠서 움직이는 소수점이라는 의미이다. 이동 또는 가변 등의 좋은 말을 두고 부동이라고 한 것은 IT 도입 초기의 아픈 역사 때문이다. 당시 영어 문서를 번역하기보다는 이미 번역되어 있는 일본식 번역을 그대로 따라 했기 때문이다.

부동소수점 방식으로 실수를 저장하면 훨씬 더 큰 수를 표현할 수 있고 정밀도도 높아지게 된다. 왼쪽 첫 번째 비트는 MSB(Most Significant Bit)라고 하며 항상 부호 비트이다. 이 비트가 0이면 양수, 1이면 음수가 된다. 이런 실수 표현법은 C 언어뿐만 아니라 IEEE745에 기술된 국제 표준이고, 이 표준은 모든 언어가 공통으로 사용하고 있다.

float	선언 예) **float f;** // 음수를 저장할 수 있는 변수 f라는 변수를 실수형으로 선언한다. 크기는 컴파일러에 따라 다르다. 4Byte 크기로 정의한다. 유효 범위) 10^{-37} ~ 10^{38}까지이다. 정밀도) 소수점 이하 6자리까지이다.
double	선언 예) **double d;** // 음수를 저장할 수 있는 변수 d라는 변수를 실수형으로 선언한다. 크기는 컴파일러에 따라 다르다. 8Byte 크기로 정의한다. 유효 범위) 10^{-308} ~ 10^{308}까지이다. 정밀도) 소수점 이하 15자리까지이다.
long double	선언 예) **long double ld;** // 음수를 저장할 수 있는 변수 ld라는 변수를 실수형으로 선언한다. 크기는 컴파일러에 따라 다르다. 12Byte 크기로 정의한다. 유효 범위) 10^{-4931} ~ 10^{4932}까지이다. 정밀도) 소수점 이하 18자리까지이다.

유효 자리 수는 소수점 이하 숫자의 정밀도를 나타내는 범위인데 이를 측정하는 프로그램을 작성하여 보자.

[실습] ex_02-07.c : 실수형 정밀도 확인하기(float형)

```
01: #include <stdio.h>
02: #include <stdlib.h>
03:
04: int main(void) {
05:     int i;
06:     float f = 0;
07:
08:     for(i = 0; i < 100; i++)
09:             f = f + 0.1f;
10:
11:     printf("Result = %f", f);
12:
13:     return EXIT_SUCCESS;
14: }
```

08번 행의 'for(...)' 문장은 반복문으로 이 문장에서는 100번을 반복하라는 의미이다. 이는 반복문에서 다룰 내용이므로 지금은 '이러한 것도 있구나.' 정도로만 생각하자.

09번 행에서 숫자 상수 뒤에 'f'를 붙인 것은 기술된 숫자 상수가 float 형임을 명시하는 것이다. 이를 생략하고 숫자 상수만 적으면 기본 형식을 double로 인식하게 된다. 실수로 표현되는 숫자 상수 뒤에 'l'을 붙이면 long double이다.

11번 행의 '%f'는 고정 소수점을 출력하는 형식 지정자이다. 부동 소수점으로 표현하고자 한다면 '%e'를 사용해야 한다.

중요한 것은 0.1을 100번 더하면 10이 나와야 한다는 것이다. 산수이니까 누구나 이해할 것이다.

결과는 충격적이게도 10.000002가 나온다. 10이 나와야 하지만 뒤에 0.000002가 추가되었다. 바로 이 내용이 실수 오차라는 것이다. 즉, 정밀도를 고려해야 한다는 의미가 된다.

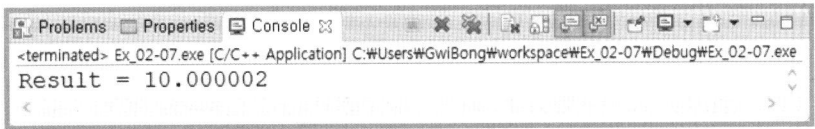

정밀도를 높이기 위하여 위 프로그램에서 float를 double로 바꿔보자.

[실습] ex_02-08.c : 실수형 정밀도 확인하기(double형)

```
01: #include <stdio.h>
02: #include <stdlib.h>
03:
04: int main(void) {
05:     int i;
06:     double d = 0;
07:
08:     for(i = 0; i < 100; i++)
09:             d = d + 0.1f;
10:
11:     printf("Result = %f", d);
12:
13:     return EXIT_SUCCESS;
14: }
```

결과를 보면, float형보다는 double형 변수를 사용할 때 오차 없이 정확한 값이 출력됨을 알 수 있다.

```
Problems   Properties   Console ⊠
<terminated> Ex_02-08.exe [C/C++ Application] C:₩Users₩GwiBong₩workspace₩Ex_02-08₩Debug₩Ex_02-08.exe
Result = 10.000000
```

[실습] ex_02-09.c : 실수형 데이터 출력 형태

```
01: #include <stdio.h>
02: #include <stdlib.h>
03:
04: int main()
05: {
06:     float fa = 3.14;
07:     float fb = -2.34567e2;
08:     double dc = 2.345;
09:     double dd = -0.5e-5;
10:
11:     printf(" %%f형태 : fa = %f, fb = %f \n", fa, fb);
12:     printf("          dc = %f, dd = %f \n", dc, dd);
13:     printf(" %%e형태 : fa = %e, fb = %e \n", fa, fb);
14:     printf("          dc = %e, dd = %e \n", dc, dd);
15:
16:     return EXIT_SUCCESS;
17: }
```

수행 결과는 다음과 같다. 소스 코드를 바탕으로 진행 과정을 머릿속에 그려보자.

```
🖳 Problems  📄 Properties  🖥 Console ⊠       ⬛ ✖ 🔆 | 🔳 🔳 🔳 🔳 | 🔳 🖳 ▾ 📄 ▾ ▾ ▾
<terminated> Ex_02-09.exe [C/C++ Application] C:\Users\GwiBong\workspace\Ex_02-09\Debug\Ex_02-09.exe
%f형태 : fa = 3.140000, fb = -234.567001
          dc = 2.345000, dd = -0.000005
%e형태 : fa = 3.140000e+000, fb = -2.345670e+002
          dc = 2.345000e+000, dd = -5.000000e-006
```

조금 더 익숙해지기를 원한다면 변수에 대입하는 값을 조정하여 보자. 작은 값에서 큰 값으로 실수 값에서 정수 값으로 다양한 변화를 수행하여 보는 것이 숙련의 지름길이다.

2.5 열거형(enum)

열거형은 데이터가 가질 수 있는 모든 값을 미리 열거하여 정의하는 자료형으로 사용자 정의형이다. 예약어 typedef와 같이 사용할 수 있고, enum이라는 예약어를 사용하여 정의할 수도 있다.

예약어 enum을 사용하여 다음과 같은 형식으로 열거형을 정의한다.

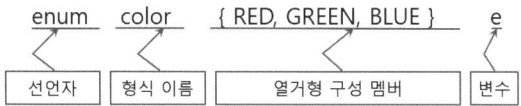

		enum	color	{ RED, GREEN, BLUE }	e
		선언자	형식 이름	열거형 구성 멤버	변수

위의 예에서는 세 가지 색상의 이름을 열거된 자료로 정의하고 있다. 먼저 열거형을 정의한다는 의미의 예약어 enum을 기술하고, 두 번째로 열거형 형식의 이름을 정의한다. 세 번째로 '{'와 '}'를 사용하여 정의하려는 열거형 자료의 멤버를 나열하고 마지막으로 열거형 변수명을 정의한다.

enum 자료형을 정의하는 형식을 보자. 열거형 변수 선언은 두 가지 방법이 있는데 공용체, 구조체와 동일하게 열거형을 정의만 하고 변수는 나중에 선언하는 방법과 정의와 동시에 변수를 선언하는 방법이 있다.

enum	선언	예1) **enum**	**color** {red, blue, green} e;
		예2) **enum** 　　　**enum**	**color** {red, blue, green}; **color** e;
	e라는 변수를 열거형으로 선언한다. 크기는 컴파일러에 따라 다르다. 일반적으로 int 크기인 4Byte 크기로 정의한다. 유효 범위) 원소의 개수 및 지정 값에 따른다.		

열거형 변수는 구성 요소에 관계없이 전체적으로 정수형 크기를 가진다. emum은 선언자이고 'color'는 형식 이름이다. 형식 이름은 구성 요소 리스트(열거형 멤버 목록)를 가

질 수 있고 이러한 구성 요소를 선별하여 담을 수 있는 변수명을 정의할 수 있다. 변수명
은 구성 요소 리스트 중 하나를 취하여 그 값을 가지게 된다.

열거형의 구성 요소는 값을 특별히 언급하지 않는 한 '0'부터 시작하는 구성 요소의 순서
번호 값을 가지며, 중복되지 않도록 하여 '1'씩 증가한다. 즉, 이 예에서는 'RED'가 '0'의
값을 가지고 'BLUE'는 '1'의 값을 'GREEN'은 '2'의 값을 자동으로 가지게 된다. 원하는
값을 가지도록 하려면 중복을 피하여 임의로 지정할 수 있다.

임의 값을 지정하려면 다음과 같이 정의한다.

        enum color { RED=10, BULE, GREEN=30} e;

위와 같이 정의하면 열거형 자료의 구성 요소 RED는 10으로 정의되고, BLUE는 자동으
로 11이 지정된다. GREEN은 물론 30으로 정의된다. 즉, 값을 지정하지 않으면 앞의 값
더하기 1이 된다. BLUE를 20으로 지정하려면 직접 지정해야 한다.

[실습] ex_02-l0.c : enum 사용 방법

```
01: #include <stdio.h>
02: #include <stdlib.h>
03:
04: int main(void) {
05:        int i;
06:        enum color { red, green, blue, black } e;
07:
08:        for(i=0; i<5; e=i, i++) {
09:           if(e == red) printf("적색입니다.\n");
10:           else if (e == green) printf("녹색입니다.\n");
11:           else if (e == blue) printf("청색입니다.\n");
12:           else if (e == black) printf("흑색입니다.\n");
13:     }
14:        printf("enum 크기=%d", sizeof(e));
15:
16:        return EXIT_SUCCESS;
17: }
```

if 조건문과 for(...) 반복문 역시 '지금은 이러한 것이 있구나.!' 정도만 생각하자. 들여쓰
기는 눈여겨 보아야 한다.

'for(i=0; i<5; e=i, i++) {'의 문장을 visual studio 10에서는 컴파일 오류가 발생한다.
이를 해결하기 위해서는 이 문장을 'for(i=0; i<5; e=(enum color)i, i++) {'와 같이 수정
한다. 이는 visual studio 10에서 적용되는 문법이 좀 더 엄격하기 때문으로 판단된다.

```
Problems  Properties  Console ⅔      ✖ ✖  ▤ ▤ ▤ ▤  ▤ ▤ ▾ ▤ ▾ ▤ ▤
<terminated> Ex_02-10.exe [C/C++ Application] C:\Users\GwiBong\workspace\Ex_02-10\Debug\Ex_02-10.exe
적색입니다.
녹색입니다.
청색입니다.
흑색입니다.
enum 크기=4
```

[실습] ex_02-II.c : 열거형의 예

```
01: #include <stdio.h>
02: #include <stdlib.h>
03:
04: enum aadd {aa=3, bb, cc=9, dd} k1, k2, k3, k4;
05: enum eehh {ee, ff, gg, hh} k5, k6;
06:
07: int main()
08: {
09:    k1 = aa;
10:    k2 = bb;
11:    k3 = cc;
12:    k4 = dd;
13:    k5 = ee;
14:    k6 = hh;
15:
16:    printf("k1 = %d, k2 = %d, k3 = %d \n", k1, k2, k3);
17:    printf("k4 = %d, k5 = %d, k6 = %d \n", k4, k5, k6);
18:
19:    return EXIT_SUCCESS;
20: }
```

실행 결과는 다음과 같다. 소스 코드를 바탕으로 진행 과정을 머릿속에 그려보자. enum 에서 정의된 항목이 숫자처럼 사용되고 있음을 알 수 있다.

```
Problems  Properties  Console ⅔      ✖ ✖  ▤ ▤ ▤ ▤  ▤ ▤ ▾ ▤ ▾ ▤ ▤
<terminated> Ex_02-11.exe [C/C++ Application] C:\Users\GwiBong\workspace\Ex_02-11\Debug\Ex_02-11.exe
k1 = 3, k2 = 4, k3 = 9
k4 = 10, k5 = 0, k6 = 3
```

2.6 const 한정자

변수의 값을 고정하여 사용자가 실수로 다시 지정하는 것을 방지하기 위해서 사용하는 예약어이다.

const 한정자는 상수로 선언할 때 사용하며, const로 선언한 한정자 변수는 선언 이후에 변경할 수 없다. 수정되면 안 되는(Read-Only의 특성이 있는) 시스템의 중요한 데이터는 const 한정자를 이용하여 변수로 선언하고 프로그램의 오동작으로 데이터가 변경되는 것을 사전에 막도록 한다.

const	const float pi = 3.14159; const month = 12;.

[실습] ex_02-12.c : const 한정자의 예

```
01: #include <stdio.h>
02: #include <stdlib.h>
03:
04: int main()
05: {
06:     const float pi = 3.14159;
07:     const int month = 02;
08:     printf("pi=%f month=%d\n", pi, month);
09:
10:     pi = 3.141594;      /* const로 선언된 변수의 값을 변경하려는 시도로 오류 */
11:     month = 12;         /* const로 선언된 변수의 값을 변경하려는 시도로 오류 */
12:     printf("pi=%f month=%d\n", pi, month);
13:
14:     return EXIT_SUCCESS;
15: }
```

수행 결과는 다음과 같다. 컴파일 과정에서 오류를 표시하고 실행 프로그램이 만들어지지 않는다.

```
Problems  Properties  Console ⅹ
CDT Build Console [Ex_02-12]
13:56:37 **** Incremental Build of configuration Debug for project Ex_02-12 ****
Info: Internal Builder is used for build
gcc -O0 -g3 -Wall -c -fmessage-length=0 -o "src\\Ex_02-12.o" "..\\src\\Ex_02-12.c"
..\src\Ex_02-12.c: In function 'main':
..\src\Ex_02-12.c:20:2: error: assignment of read-only variable 'pi'
..\src\Ex_02-12.c:21:2: error: assignment of read-only variable 'month'

13:56:37 Build Finished (took 120ms)
```

Eclipse에서는 마우스를 오류 위치로 가져가면 다음과 같이 읽기 전용 변수임을 표현한다.

```
pi = 3.141594;    /* const로 선언된 변수의 값을 변경하려는 시도로 오류 */
month = 12;       /* const로 선언된 변수의 값을 변경하려는 시도로 오류 */
printf("pi=%f month=%d\n", pi, month); ⊗ assignment of read-only variable 'month'
```

03 자료의 형 변환(data type conversion)

프로그래밍에서 다양한 자료형의 데이터를 섞어서 연산하는 경우 자료형이 자동으로 변경되는 경우와 사용자가 직접 자료형을 변경하여 기술해야 하는 경우가 있다.

3.1 묵시적 형 변환(implicit type conversion)

자료형의 우선순위에 따라 자동으로 자료형이 변환되는 것이다. 우선순위는 데이터의 표현 범위가 넓은 방향으로 적용된다.

예를 들어 '1.1 + 1'의 연산을 수행해 보자. '1.1'은 실수형(double) 상수이고, '1'은 정수형(int) 상수이다. 컴퓨터는 원래 서로 다른 자료형의 연산은 직접 수행할 수 없다.

서로 다른 자료형의 연산을 수행할 수 있게 하려고 데이터 표현 범위가 작은 자료형의 자료를 큰 자료형의 자료로 변환하여 같은 자료형으로 만든 뒤에 연산을 수행하도록 하는 기능을 부여한다. 이를 묵시적 형 변환(implicit type conversion)이라 한다.

묵시적 변환을 지원하는 자료형의 변한 크기를 순서로 나열하면 다음과 같다.

---

char $\Rightarrow$ short $\Rightarrow$ int $\Rightarrow$ long $\Rightarrow$ float $\Rightarrow$ double $\Rightarrow$ long double

---

작은 형에서 큰 형으로 대입될 경우는 묵시적 형 변환이 일어난다. 즉, 자동으로 형 변환된 값이 대입된다.

[실습] ex_02-14.c : 자료형의 크기 확인

```
01: #include <stdio.h>
02: #include <stdlib.h>
03:
04: int main()
05: {
06:         printf("char = %d Bytes\n", sizeof(char));
07:         printf("short = %d Bytes\n", sizeof(short));
08:         printf("int = %d Bytes\n", sizeof(int));
09:         printf("long = %d Bytes\n", sizeof(long));
10:         printf("float = %d Bytes\n", sizeof(float));
11:         printf("double = %d Bytes\n", sizeof(double));
12:         printf("long double = %d Bytes\n", sizeof(long double));
13:
14:         return EXIT_SUCCESS;
15: }
```

변수를 선언 없이 자료형의 크기만 'sizeof(...);' 함수를 이용하여 크기를 출력하는 코드
이다.

3.2 명시적 변환(explicit conversion)

서로 다른 성격의 데이터를 혼합하여 사용할 때 cast 연산자를 이용하여 강제로 즉, 사용
자가 직접 다른 자료형으로 변환하는 것이다.

cast 연산자를 사용하여 묵시적으로 변환되지 않는 형을 강제로 변환하는 예를 프로그램
을 통해 실습해 보자.

[실습] ex_02-15.c : 산술형 변환의 예

```
01: #include <stdio.h>
02: #include <stdlib.h>
03:
04: int main()
05: {
06:    int a, b, c;
07:    long e;
08:    float d = 30.1;
09:
10:    a = 23.9 + 23.3;
11:    b = (int) 23.9 + (int)23.3;
12:    c = (int) (23.9 + 23.3);
13:    e = (long) (d + 2.9 + a);
14:
15:    printf("a=%d, b=%d, c=%d, e=%1d\n", a, b, c, e);
16:
17:    return EXIT_SUCCESS;
18: }
```

11번 행부터 13번 행까지는 강제로 데이터의 자료형을 변환하고 있다. 11행은 실수형 자료를 정수형으로 변환하여 덧셈 연산을 수행하고, 12번 행과 13번 행은 덧셈 연산을 수행한 뒤에 그 결과 값을 int 또는 long형으로 변환하는 것이다.

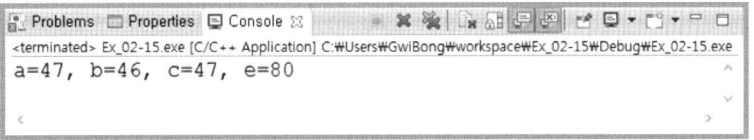

10번 행에서는 묵시적인 형 변환을 수행하였지만, 11행과 12행에서는 연산 결과의 의미를 다시 살펴볼 필요가 있다. 11행에서처럼 각 실수 값에 대한 (int)로의 명시적 형 변환을 하면 소수점 이하가 없어진 상태로 덧셈이 일어난다. 즉, 23 + 23 = 46이 된다. 그러나 만약 덧셈 결과를 (int)로 명시적 형 변환을 한다면 23.9 + 23.3 = 47.2로 47이라는 값을 가지게 된다. 이처럼 형 변환을 할 때는 결과 값에 대한 책임이 필요하다.

13번 행에서 연산 과정은 d가 float형이고, 2.9는 double형이다. 이를 연산한 결과는 double로 33.0이 된다. 이 결과와 int형인 a의 값 47과 연산을 한다. 즉 이 연산에서 묵시적 형 변환이 두 번 일어난다. 연산의 결과는 double형이 되므로 long형 변수 e에 저장하기 위하여 명시적 형 변환을 수행하도록 캐스팅 연산인 '(long)'을 사용하였다.

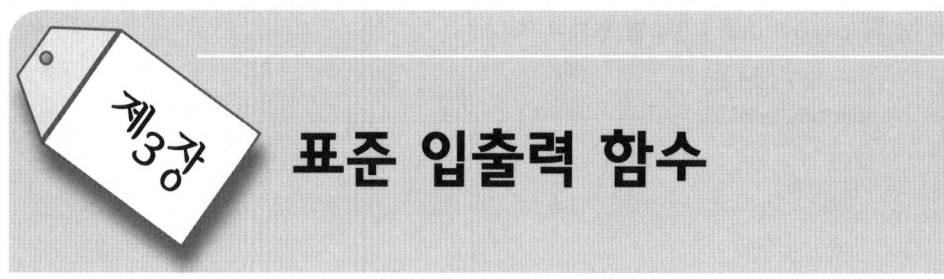

표준 입출력 함수

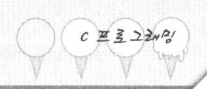

01 개요

컴퓨터에서 입출력이란 바이트(byte)들의 연속된 흐름으로 처리한다. 이러한 바이트들의 연속된 흐름을 스트림(stream)이라고 한다. 스트림이라는 개념을 도입한 것은 다양한 입출력 제어 방법을 일관된 하나의 방법으로 통일하는 효과를 제공한다. 즉 어떠한 장치이든지 바이트 단위로 입출력이 이루어질 수 있도록 한 것이다.

유닉스, 리눅스 등의 운영체제에서는 모든 장치를 파일 시스템에 연결하고 이를 스트림으로 처리하여 장치와 장치 간에 데이터를 주고 받는다. 모바일 기기에서 사용되는 안드로이드 역시 리눅스 시스템을 근간으로 하고 있기 때문에 같은 입출력 시스템 방법을 사용하고, 애플사의 iOS 역시 유닉스를 근간으로 하고 있어 입출력 방식이 동일하다.

컴퓨터에서 프로그램을 사용하여 데이터를 처리 과정을 살펴보면 개략적으로 다음과 같은 절차를 수행한다.

① 입력을 처리하는 프로그램이 준비되어 있다면 처리할 데이터를 입력한다.
② 컴퓨터에서 실행되는 프로그램이 연산장치를 이용하여 처리 과정을 수행한다.
③ 처리한 결과를 출력 프로그램에서 준비한 형식으로 출력한다.

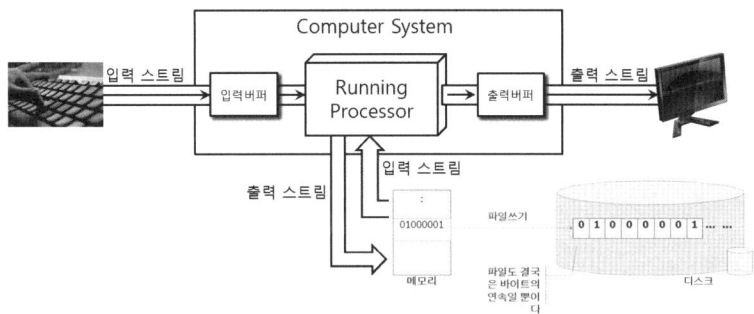

C 언어에는 표준 입출력 장치를 이미 준비하여 두고 이를 사용할 수 있는 표준 입출력 함수를 호출하는 방식이다. 표준 입력장치는 'stdin'이며 표준 출력장치는 'stdout'이다. 추가로 표준 오류를 출력하는 스트림이 있는데 이를 'stderr'이라고 한다. 이들 3개를 묶어서 표준 입출력 3대 스트림이라고 한다.

1.1 표준 입출력 장치

입력 : stdin의 기본 설정은 키보드(keyboard)이다. 그러나 다른 장치들로 변경할 수도 있다. 즉, 마우스, 카메라, 태블릿, 스캐너, 저장 매체인 디스크 등이 있다. 사실 요즘은 입출력 장치의 구분이 점점 모호해지는 추세이다. 키보드로 입력하지만, 입력을 유도하는 내용을 키보드로 출력하는 경우도 있다.

출력 : stdout의 기본 설정은 모니터(monitor)이다. 이 또한 다른 장치들로 변경할 수 있다. 대표적으로 프린터를 지원하는 운영체제에서는 프린터(stdprn)를 포함한다. 간과하기 쉬운 디스크도 출력 스트림을 사용하는 장치이다.

오류 : stderr의 기본 설정은 모니터이다. 시스템에서 작업을 처리하는 도중에 발생하는 오류 내용을 모니터로 출력한다. 표준 출력 스트림과 중복되지만, 기본 출력 장치를 프린터로 변경할 수 있다. 결과는 모니터로 보고 오류는 프린터로 출력하도록 구분하여 처리할 수 있다. 그러나 요즘 개인용 컴퓨터에서는 프린터를 상시 출력이 가능하도록 활성화하지 않으므로 그리 자주 사용되지 않는다. 개발자들이나 가끔 '2>'를 사용하여 표준 오류를 파일에 저장하여 확인하는 정도일 것이다.

1.2 표준 입출력 함수

표준 입출력 함수는 "stdio.h"로 명명된 헤더 파일에 함수 선언(프로토타입, prototype, 함수 원형이라고 부르기도 한다.)이 정의되어 있으며, 구현된 소스 코드는 제공하지 않는다. 다만 컴파일된 라이브러리인 "stdlib.lib"를 제공하고 있다. 이는 사용자가 헤더 파일을 'include'(포함 처리)하고, 컴파일 후 링크 과정에서 라이브러리를 링크하여 실행 프로그램을 만드는 방식이다.

표준 입출력 함수로 많이 사용되는 몇 가지 함수는 다음과 같다.

구분	함수명	설명
표준 입력	scanf( )	형식 지정을 통한 표준 입력
	getchar( )	문자 표준 입력
	gets( )	문자열 표준 입력
표준 출력	printf( )	형식 지정을 통한 표준 출력
	putchar( )	문자 표준 출력
	puts( )	문자열 표준 출력

〈stdio.h〉 파일 이름의 정의는 표준 입출력 헤더 파일(STandarD Input Output Header file)의 줄임이다. 본 교재에서 설치한 MinGW 설치 경로의 'include' 폴더에 'stdio.h' 파일이 있다. Eclipse에서 'stdio.h' 파일을 열어보면 다음과 같은 소스 코드로 작성되어 있음을 알 수 있다.

C:\MinGW\include\stdio.h 파일 확인하기(설치 경로를 바꾸지 않았을 경우)

마이크로소프트사의 Visual Studio를 설치했다면 'stdio.h' 파일의 경로는 'C:\Program Files (x86)\Microsoft Visual Studio 11.0\VC\include'가 된다. '11.0'이란 Visual Studio Version 번호이다. 64비트 운영체제는 'C:\Program Files\Microsoft Visual Studio 11.0\VC\include'가 된다.

표준 입출력 함수

2.1 printf( ) 함수

지금까지 사용된 예제 프로그램의 실습에서 가장 많이 본 함수가 아닐까 싶다. 'printf( )'는 표준 출력 스트림을 수행하는 표준 출력 함수이다. 구성이 상당히 탄탄한 프로그램으로 불편함이 없이 모든 가능한 출력 형식을 소화할 수 있다.

헤더 파일 : stdio.h

함수 선언 : int printf(char *format, ...);

사용 형식 : int printf("형식 문자열", 인수1, 인수2, ...)

함수 원형에서 첫 번째 인수인 'char *format'은 형식 문자열을 정의하는 인수이다. 두 번째 인수는 '...'으로 표현되어 있다. 이는 C 언어에서 인정하는 유일한 가변 인수 형식이다. C++에서나 사용할 수 있는 가변 인수를 이미 C 언어에서는 사용하고 있었다. 가변 인수란 인수의 개수를 지정하지 않고 임의의 개수를 사용할 수 있다는 의미이다. 형식 문자열에 지정한 형식 문자열의 개수에 따라 인수를 추가해주면 순서에 맞게 대응하여 처리되는 구조이다.

형식 문자열(format string)은 다음과 같은 특징을 갖는다.

① 데이터의 출력 형식을 제어하고, 출력하는 역할을 한다.
② 이중 인용 부호(")로 묶어서 표현한다.
③ 단순 문자, 형식지정 문자, 이스케이프 시퀀스(escape sequence) 제어문자로 구성된다.
④ 형식 지정 문자를 제외한 보통 문자들은 그대로 출력한다.
⑤ 함수의 수행 결과는 정수형(int)으로 반환된다. 특별히 함수의 수행 결과를 받아주는 변수가 없으면 무시된다.

[실습] ex_03-01.c : 단순 문자열의 출력

```
01: #include <stdio.h>
02: #include <stdlib.h>
03:
04: int main(void)
05: {
06:     printf("안녕?!  C-언어야, 지금부터 함수를 시작해보자.\n");
07:     printf("두번째 줄\r");
08:     return EXIT_SUCCESS;
09: }
```

06번 행의 'printf(…)'는 함수이다. 형식 지정 문자열에서 '\n'은 이스케이프 제어문자로 '\r' + '\l'의 기능을 수행한다. 즉 현재 행의 선두로 이동('\r')하고, 다시 출력 위치를 다음 행으로 이동('\l')하는 제어문자이다. 새로운 행의 선두에서부터 다음 문자를 출력할 준비를 한다.

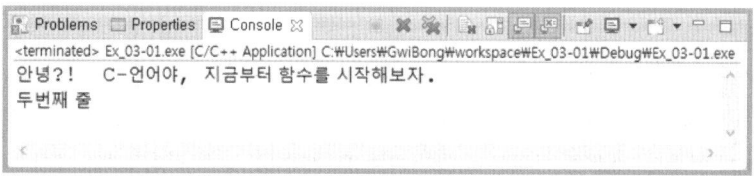

'\n'의 'n' 대신에 'r' 문자로 바꾸어서 테스트해보고, 'l'(L의 소문자) 문자로 바꾸어서 테스트해보라. 결과는 직접 작성한 프로그램을 실행하여 눈으로 확인하는 것이다.

조금 더 깊은 곳으로 안내한다면 이는 ASCII CODE TABLE에 정의되어 있는 제어문자로 '\r'은 'CR(Carriage Return)'로 정의된 '0x0D'의 값이며, '\l'은 'LF(Line Feed)'로 정의된 '0x0A'의 값이다.

 파일 형식

파일의 형식은 일반적으로 3가지가 있다.

　첫 번째로 Microsoft 계열의 MS-DOS, Windows 등으로 분류되는 Windows 형식

　두 번째로 유닉스, 리눅스로 대표되는 UNIX 형식

　세 번째로 Apple사의 MAC 형식

UNIX 형식의 개행(새로운 행)의 정의와 Windows 형식의 개행(새로운 행)의 정의가 다르다. UNIX 계열의 개행(새로운 행)은 'CR' 만으로 이루어져 있고, Windows 계열은 'CR+LF'로 이루어져 있다. 간단한 텍스트 파일을 NotePad++(GNU 라이선스 정책을 따르는 무료 소프트웨어)로 16진수 보기를 사용하여 비교해보자.

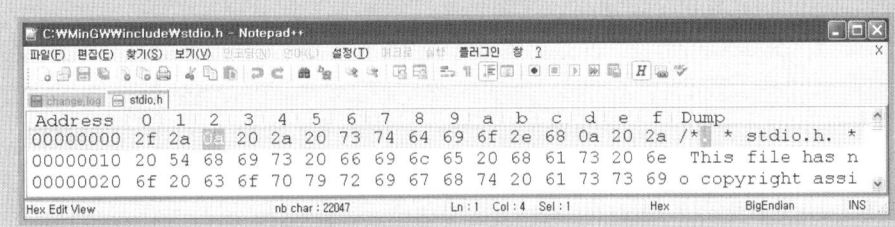

UNIX 계열의 형식으로 만들어진 'stdio.h' 헤더 파일의 첫 번째 줄의 내용은 '/*'이다. 세 번째 칸에 '0a'가 있음을 알 수 있고, 이어서 공백 문자인 '20'이 나타난다. 즉 두 번째 줄의 시작이 공백이다.

Windows 계열에서 작성된 같은 내용의 'stdio.h' 헤더 파일을 확인해 보자.

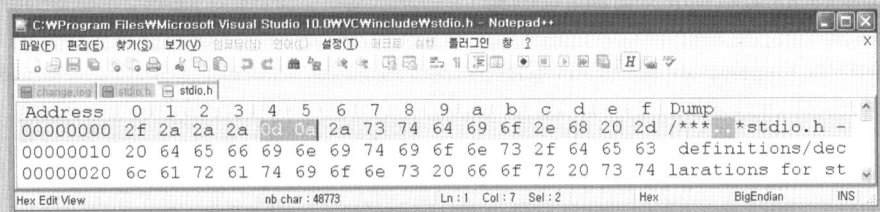

Visual Studio에서 제공하는 'stdio.h' 헤더 파일의 첫 번째 줄은 '/***'이다. 즉 4번째 칸부터 보면 '0d' 다음에 '0a'가 있음을 알 수 있다. 즉, 'LF'와 'CR'을 사용하여 행을 구분한다. 이러한 이유로 UNIX 계열의 텍스트 파일을 Windows 메모장에서 읽어보면 정리가 되어 있지 않고 헝클어져 보인다. 이를 변환하는 방법도 많지만 NotePad++, 또는 UltraEdit, EditPlus 등에서 자동 또는 수동으로 보기를 지원하고 있다.

예제 'ex_03-01.c'에서 '\r'을 Windows 용 MinGW로 컴파일하고 실행해 보면 '\n'과 같은 결과가 나오는 것이 이와 같은 이치이다.

※ Notepad++는 'http://notepad-plus-plus.org/download/v6.3.html'에서 다운로드할 수 있다. 물론 공짜이다. 소스 코드도 공개되어 맘에 안 들면 수정하여 사용할 수 있다. 공부하고자 하면 도전해보자.

※ NotePad++에서 16진수 코드를 보려면 플러그인으로 'HexEditor_0_9_5_UNI_dll.zip' 파일을 다운로드하여 'plugin' 폴더에 넣으면 된다.

Eclipse에서 16진수 편집기 사용하기

Eclipse에서 16진수 코드를 보려고 한다면 'EHEP' 플러그인을 설치하면 된다. 플러그인 파일을 다운로드할 수 있는 주소는 'http://ehep.sourceforge.net'이다.

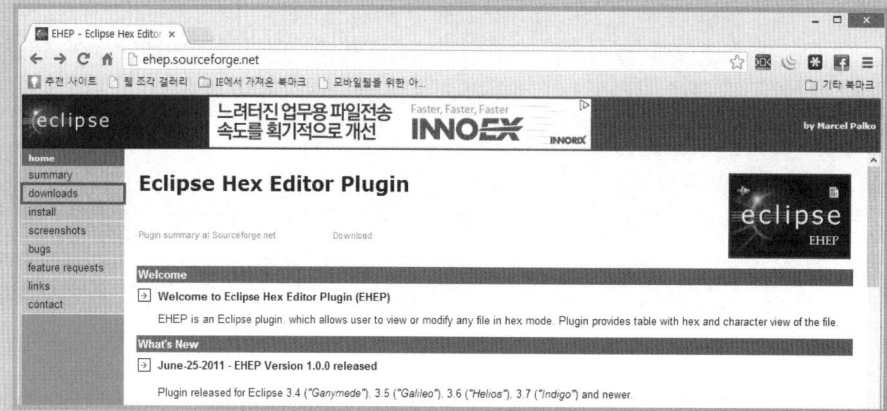

왼쪽 메뉴에서 [downloads]를 선택한다.

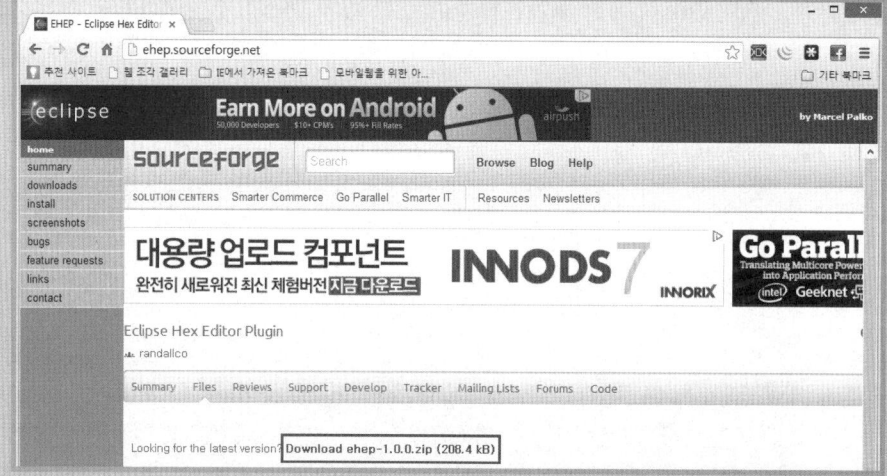

중앙 하단의 'Download ehep-1.0.0.zip(208.4 kB)'를 클릭하면 다운로드가 진행된다. 적당한 폴더에 저장하고 압축을 푼다. 압출이 풀린 폴더를 열어보면 features와 plugins 폴더, 그리고 site.xml이 보일 것이다.

해당 폴더와 파일을 Eclipse가 설치된 폴더로 복사한다. 폴더명이 중복된다는 안내 메시지가 나오면 덮어쓰기를 선택하여 준다. Eclipse를 종료하였다가 다시 실행하면 16진수(Hex) 코드 편집기를 사용할 수 있다.

16진수(Hex) 편집기인 EHEP를 사용하는 방법은 다음과 같다.

① 프로젝트 익스플로러 창에서 소스 코드를 마우스 오른쪽 버튼을 클릭하여 나타나는 팝업 메뉴에서 [Open With]-[Other...] 메뉴를 선택한다.

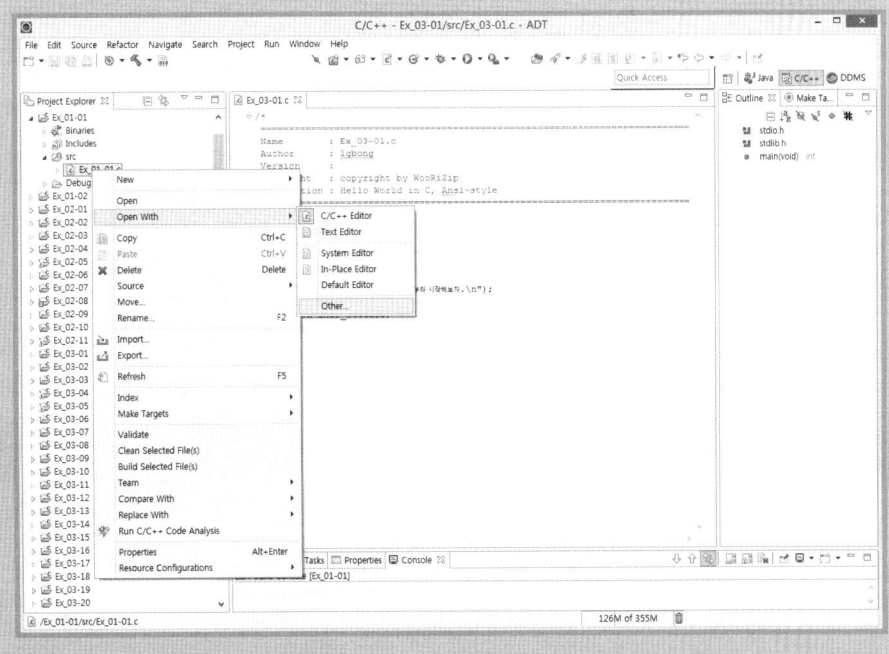

② 새로 나타나는 [Editor Selection] 창에서 아래로 스크롤하여 'Hex Editor'를 선
택한다.

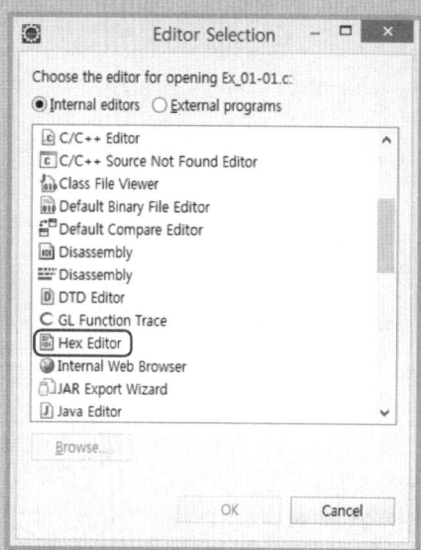

③ 다음 그림과 같이 소스 코드의 내용이 16진 형식으로 변경되어 보이는 것을 확인
할 수 있다.

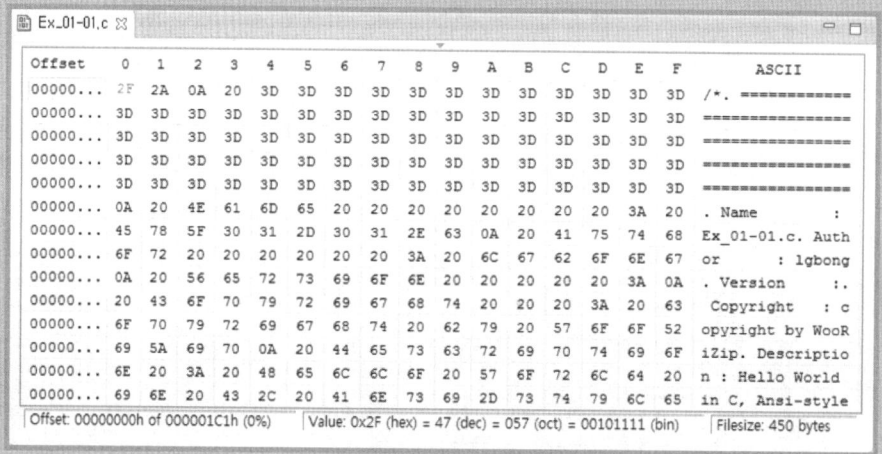

또한, ASCII CODE의 정보는 'http://www.ascii-code.net/'에서 제공한다. 실행
코드는 16진수 코드 보기로 확인하여 보면 '0A' 코드가 자주 있음을 알 수 있다. 이
는 개행(새로운 행) 표현이다.

MS−Windows 계열에서 개행은 '0D0A'이고 유닉스 또는 리눅스 환경의 개행은 '0A'
이다. Eclipse는 유닉스 또는 리눅스 환경을 기본으로 표방하므로 16진수 편집기에
서도 '0D0A'가 아닌 '0A'만 표현되었다.

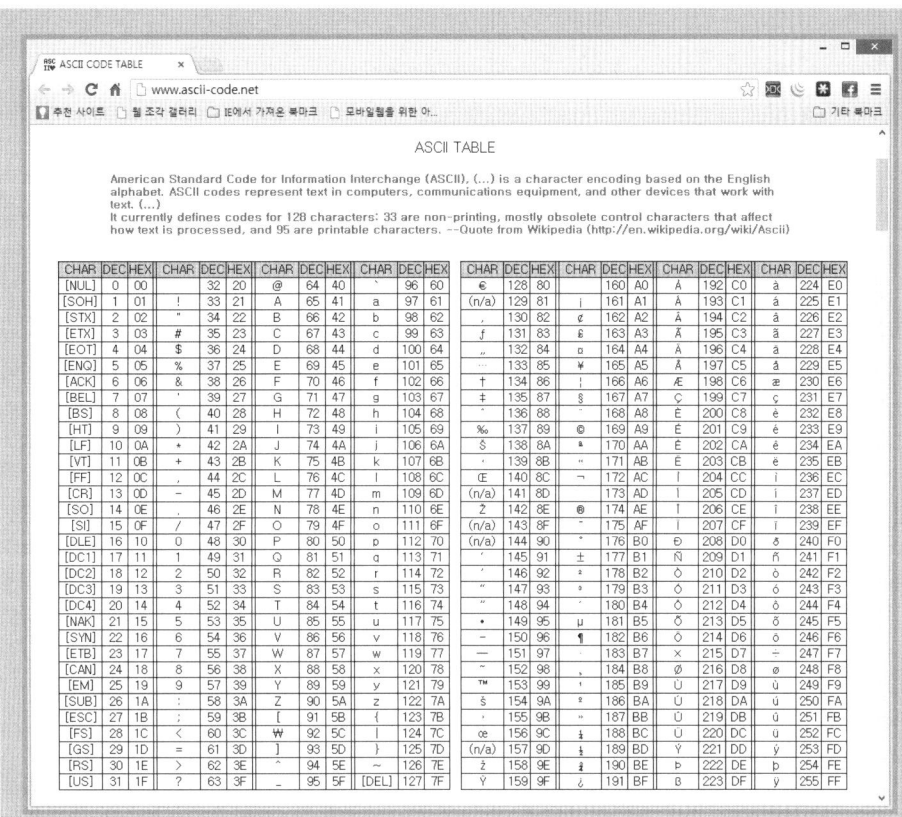

왼쪽이 표준 아스키 코드이고, 오른쪽이 확장 아스키 코드이다. 모두 256개의 코드
가 있다.

형식 지정 문자의 사용 방법은 다음과 같다.

"%[flags][width][.precision][h | l | L] type"

'flags'는 하나의 문자로 출력의 정렬과 부호, 공백, 8진수, 10진수, 16진수 출력 등을 지정한다.

다음은 flags(플래그) 문자의 종류와 기능을 정리한 표이다.

문자	기능
-	출력 데이터를 왼쪽부터 채우고 남으면 공백(left justification) 명시가 없으면 오른편으로 정렬(justification)된다.
+	수치일 경우 부호를 붙여 출력한다.
#	8진수와 16진수 앞에 0, 0x, 0X를 부가하여 출력한다.
공백	음수는 -부호를, 양수나 0은 공백으로 출력한다.

'width'는 필드 폭으로 데이터가 출력되는 자리의 크기를 지정할 수 있다. 출력 값이 차지하는 자릿수가 지정된 필드 폭보다 작으면 나머지는 공백으로 채운다. 만약 출력 문자 개수가 필드 폭보다 크다면 필드 폭은 무시되고 출력 문자의 개수 그대로 출력한다. 'flag'가 0으로 지정되어 있으면 자릿수가 남을 때 빈 공백을 0으로 채우는 효과가 있다. 예를 들어 03, 013, 020 등이다.

다음은 width(폭) 지정자의 종류와 기능을 나타내는 표이다.

문자	기능
n	출력할 자릿수를 확보한다. 출력 값이 n보다 작을 경우 플래그 문자 '-'가 주어지면 우측이, 그렇지 않으면 좌측이 공백으로 채워진다.
0n	출력 값이 n보다 작은 경우 좌측부터 0이 채워진다.
*	인수 리스트에 정수 값을 지정한다.

'.precision'은 정밀도로 문자와 정수, 실수 데이터를 처리하는 방법이 다르다.

문자열일 경우는 정밀도가 지정하는 문자 개수만큼만 출력하지만, 문자를 출력할 때는 의미가 없다.

정수일 경우는 필드 폭(width)에 대비하여 정수가 출력될 공간을 확보하게 된다. 예를 들어 '10.5'라고 하면 필드 폭으로 10자리를 확보하고, 확보된 자리 중 5자리에 정수를 출력하라는 의미가 된다. 출력할 정수 데이터의 자릿수가 5자리를 넘어가면 정밀도는 무시되고 나머지 공간만 확보하지만 5보다 작은 자릿수일 경우는 5자리를 확보하여 정수 데이터를 출력한다. 그러나 전체 10자리를 확보하도록 지정하였기 때문에 정수 데이터를 출력할 때 정밀도는 아무런 의미가 없다.

실수 데이터를 출력할 때 정밀도는 소수점 이하의 자릿수를 지정한다. 예를 들어 '10.3'이면 전체 필드이 폭은 10이고 소수점 이하이 자릿수가 3으로 출력된다. 즉 정수 부분은 6개가 되고 '.'이 하나이고 소수 자리가 3개이다.

정밀도 지정자의 종류와 기능은 다음과 같다.

문자	기능
.n	n개의 문자 또는 소수점 이하 n 자릿수가 출력된다. 출력 값이 n 이상이면 잘리거나 반올림된다.
.0	d, i, o, u, x, X형에 대해서는 1로 설정되고, e, E, f형은 소수점이 출력되지 않는다. 출력 값이 0인 경우는 아무것도 출력되지 않는다.
*	인수 리스트에 정수 값을 지정한다.

[h|l|L]은 입력 크기와 인수 유형 수정자로 'h'는 16진수 출력을, 'l' 또는 'L'은 long 타입의 수를 출력할 때 지정한다.

입력 크기와 인수 유형 수정자는 다음과 같다.

문자	기능
h	short int형으로 정수형(d, i, o, u, x)과 함께 사용한다.
l(L)	정수형(d, i, o, u, x)과 함께 사용하면 long int형으로, 실수형(e, f, g)과 함께 사용하면 double형으로 크기가 변경된다.

type에 해당하는 출력 형식 지정 문자열의 종류와 기능은 다음과 같다.

문자	입력 인수의 형	출력 형식
%d	정수형	부호 있는 10진 정수
%i	정수형	부호 있는 10진 정수
%u	정수형	부호 없는 10진 정수
%ld	긴 정수형	부호 있는 긴 10진 정수
%lu	긴 정수형	부호 없는 긴 10진 정수
%o	정수형	부호 없는 8진 정수
%x	정수형	부호 없는 16진수 정수, 소문자 출력(a, b, c, d, e, f)
%X	정수형	부호 없는 16진수 정수, 대문자 출력(A, B, C, D, E, F)
%f	실수형	고정 소수점 형식. 예) 12.0000
%e	실수형	부동 소수점 형식. 예) 1.2e+01
%E	실수형	부동 소수점 형식. 예) 1.2E+01
%g	실수형	값과 정밀도에 따라 e나 f 중 한 형태로 출력한다.
%G	실수형	값과 정밀도에 따라 E나 F 중 한 형태로 출력한다.
%c	문자형	1개의 문자
%s	문자열 포인터	null('\0') 문자까지의 문자열(string)을 출력한다.
%p	정수형(주소형식)	포인터 형식으로 출력
%%	인수 없음	%문자가 출력된다.

'%ld'와 '%lu'를 제외하고 모두 형식 지정자 문자가 단일 문자인데 이 두 형식은 'l'의 부호가 추가되어 있다. 이는 입력 크기를 지정하는 인수 유형 수정자이다.

[실습] ex_03-02.c : 출력 형태 비교(정수)

```
01: #include <stdio.h>
02: #include <stdlib.h>
03:
04: int main(void) {
05:        int i = 1234;
06:
07:        printf("%d\n", i);          /* 10진 정수의 출력 */
08:        printf("%o\n", i);          /* 8진 정수의 출력 */
09:        printf("%x\n", i);          /* 16진 정수의 출력 */
10:        printf("%10d \n", i);       /* 우측을 기준으로 출력 */
11:        printf("%-10d\n", i);       /* 좌측을 기준으로 출력 */
12:        printf("%+10d\n", i);       /* 수치 앞에 부호 */
13:        printf("%010d\n", i);       /* 수치 앞의 공백을 0으로 채움 */
14:        printf("%+010d\n", i);      /* 부호포함 공백을 0으로 채움 */
15:
16:        return EXIT_SUCCESS;
17: }
```

결과와 비교하여 꼼꼼히 이해하자. 숫자와 부호를 적절히 조절하면 잘 정렬된 출력 양식을 얻을 수 있다.

```
Problems   Properties   Console ಐ
<terminated> Ex_03-02.exe [C/C++ Application] C:\Users\GwiBong\workspace\Ex_03-02\Debug\Ex_03-02.exe
1234
2322
4d2
      1234
1234
      +1234
0000001234
+000001234
```

[실습] ex_03-03.c : 출력 형태 비교(실수)

```
01: #include <stdio.h>
02: #include <stdlib.h>
03:
04: int main(void) {
05:        float f = 3.14159;
06:
07:        printf("%f\n", f);          /* 실수의 출력 */
08:        printf("%10.3f\n", f);      /* 전체 10자리, 소수 3자리 출력 */
09:        printf("%-10.3f\n", f);     /* 좌측기준 (소수이하 반올림) */
10:        printf("%+10.3f\n", f);     /* 부호 출력 */
11:        printf("%010.3f\n", f);     /* 공백을 0으로 */
12:        printf("%+010.3f\n", f);    /* 공백을 0으로 */
13:
14:        return EXIT_SUCCESS;
15: }
```

실수형 데이터를 출력할 때 사용할 수 있는 형식 문자열의 경우의 수를 표시하였다. 이를 이해하기 위해서는 형식 문자열 사이의 필드 폭과 정밀도, 부호를 조정하면서 다양한 형식을 직접 수행해보고 결과를 비교하는 것이다.

```
 Problems  Properties  Console 
<terminated> Ex_03-03.exe [C/C++ Application] C:\Users\GwiBong\workspace\Ex_03-03\Debug\Ex_03-03.exe
3.141590
      3.142
3.142
    +3.142
000003.142
+00003.142
```

[실습] ex_03-04.c : 출력 형태 비교(문자)

```
01: #include <stdio.h>
02: #include <stdlib.h>
03:
04: int main(void) {
05:     char c = 'A'
06:
07:     printf("%c\n", c);        /* 문자 출력 */
08:     printf("%10c\n", c);      /* 우측을 기준으로 */
09:     printf("%-10c\n", c);     /* 좌측을 기준으로 */
10:     printf("%010c\n", c);     /* 좌측을 기준으로 */
11:
12:     return EXIT_SUCCESS;
13: }
```

이해를 돕기 위하여 문자형의 형 변환 경우의 수를 몇가지 표시하였다. 10번 행은 경고가 발생하지만 0을 앞에 채우고 출력한다.

```
 Ex_03-04.c 
 Name        : Ex_03-04.c

  #include <stdio.h>
  #include <stdlib.h>

int main(void) {
    char c = 'A';

    printf("%c\n", c);          /* 문자 출력 */
    printf("%10c\n", c);        /* 우측을 기준으로 */
    printf("%-10c\n", c);       /* 좌측을 기준으로 */
    printf("%010c\n", c);       /* 좌측을 기준으로 */

    return EXIT_SUCCESS;
}
```
'0' flag used with '%c' ms_printf format [-Wformat]
Press 'F2' for focus

결과는 다음과 같다.

```
Problems  Properties  Console ⊠        ✕ ⚒ 🗋 🗐 🖃 🖾  🗗 ☐ ▾ 🗋 ▾ ▭ 🗆
<terminated> Ex_03-04.exe [C/C++ Application] C:\Users\GwiBong\workspace\Ex_03-04\Debug\Ex_03-04.exe
A
          A
A
000000000A
```

[실습] ex_03-05.c : 출력 형태 비교(문자열)

```
01: #include <stdio.h>
02: #include <stdlib.h>
03:
04: int main(void) {
05:       char *s = "ABCD"
06:
07:       printf("%s\n", s);              /* 문자열의 출력 */
08:       printf("%010s\n", s);           /* 우측을 기준으로 빈칸에 0을 채움*/
09:       printf("%10s\n", s);            /* 우측을 기준으로 */
10:       printf("%-10s\n", s);           /* 좌측을 기준으로 */
11:       printf("%10.03s\n", s);         /* 우측을 기준으로 3자리만 */
12:       printf("%-10.03s\n", s);        /* 좌측을 기준으로 3자리만 */
13:
14:       return EXIT_SUCCESS
15: }
```

문자열을 출력할 때 사용하는 형식 지정 문자열의 몇 가지 경우의 수를 표시하였다. 11번 행과 12번 행에서는 포맷 형식이 불완전하다는 경고가 나온다. 이는 C 언어의 표준이 변화해 왔기 때문으로 출력 자체가 무시되지 않는다. 정밀도가 3자리이므로 문자열의 앞에서부터 3자리까지만 출력한다.

문자열 출력 형식에서는 데이터가 우선이 아니라 형식이 우선한다. 숫자 출력에서는 형식보다 값이 우선하였다.

결과는 다음과 같다.

```
Problems  Properties  Console ⊠        ✕ ⚒ 🗋 🗐 🖃 🖾  🗗 ☐ ▾ 🗋 ▾ ▭ 🗆
<terminated> Ex_03-05.exe [C/C++ Application] C:\Users\GwiBong\workspace\Ex_03-05\Debug\Ex_03-05.exe
ABCD
000000ABCD
      ABCD
ABCD
       ABC
ABC
```

마지막으로 출력문의 형식 지정 문자열을 이용하는데 정수 상수를 지정할 경우를 생각해보자, 정수 상수 즉, 숫자를 직접 다루는 경우 이는 정수형일 것이다. 그렇다면 이 정수상수의 크기는 얼마일까? 다음 소스 코드를 보자.

[실습] ex_03-06.c : 출력 형태 비교(부호 없는 정수 Overflow)

```
01: #include <stdio.h>
02: #include <stdlib.h>
03:
04: int main()
05: {
06: printf("%d\ / %u \n", 65535, 4294967296 );            /* overflow */
07: printf("%ld / %lu\n", 4294967295L, 4294967295L);      /* overflow */
08:
09: return EXIT_SUCCESS;
10: }
```

06번 행에서 '4294967296'으로 지정하면 0의 값이 나온다. 이는 상수 숫자의 데이터 성격이 'unsigned int'라는 것을 보여 준다. 07번 행의 의미는 '%ld'가 부호 있는 정수 출력형식임을 보여주고 있고, '%lu'는 부호 없는 정수 출력 형식임을 보여 주고 있다.

```
Problems  Properties  Console
<terminated> Ex_03-06.exe [C/C++ Application] C:₩Users₩GwiBong₩workspace₩EX_03-06₩Debug₩Ex_03-06.exe
65535 / 0
-1 / 4294967295
```

위 결과를 실수 상수로 수정해보자 결과를 유추하는 데 필요한 실수를 소스 코드에서 얼마까지 지정할 수 있을까? 이 문제는 독자 여러분들이 생각해 보기 바란다.

2.2 scanf( ) 함수

키보드 입력을 처리하는 함수 중에 대표적인 함수이다. 'scanf( )'는 키보드뿐만 아니라 표준 입력으로 설정된 모든 입력 장치로부터 바이트 단위로 표준 입력 스트림을 수행하는 표준 입력 함수이다. 'scanf( )'의 일반적인 형태는 다음과 같다.

헤더 파일 : stdio.h
함수 선언 : int scanf(char *format, ...);
사용 형식 : int scanf("형식 문자열", 인수1, 인수2, ...)

함수 선언의 첫 번째 인수의 'char *format'은 형식 문자열을 정의하는 인수이다. 두 번

째 인수인 '...'는 가변 인수 형식이다. C++에서나 사용할 수 있는 가변 인수를 이미 C 언어에서는 사용하고 있었다. 가변 인수란 인수의 개수를 지정하지 않고 임의의 개수를 사용할 수 있다는 의미이다. 형식 문자열에서 지정한 형식 문자열의 개수에 따라 인수를 추가해주면 순서에 맞게 대응하여 처리되는 구조이다.

키보드(keyboard)로부터 형식 문자열에 따라 데이터를 읽어 인수로 지정하는 기억장소인 인수1, 인수2, …의 주소(address)에 저장하는 입력 함수이다. 일반 변수는 주소연산자(&)를 붙여야 하고 포인터 변수는 포인터 연산자('*') 없이 그대로 사용하면 된다. 포인터 변수는 그 자체가 주소를 가지고 있기 때문이다. 일반 변수는 값을 가지고 있기 때문에 주소를 알려 주어야 한다. 이는 'scanf( )' 함수를 구현할 때 매개변수를 포인터로 선언하였기 때문이다.

형식 문자열(format string)의 특징
  ① 데이터의 입력 형식을 제어하고, 입력하는 역할을 한다.
  ② 이중 인용 부호(")로 묶어서 표현한다.
  ③ 단순 문자, 형식 지정 문자, 이스케이프 시퀀스(escape sequence) 제어문자로 구성된다.
  ④ 형식 지정 문자를 제외한 보통 문자들은 그대로 출력한다.
  ⑤ 함수의 수행결과는 정수형(int)으로 반환된다. 특별히 받아주는 변수가 없으면 수행 결과는 무시된다.

scanf(...)의 형식 지정은 키보드 또는 표준 입력장치로 입력할 데이터의 입력 형식을 지정할 때 사용한다. 인수는 콤마(,)로 구분하고 일반 변수명 앞에는 주소 연산자(&)를 붙여서 사용하며, 포인터 변수명은 주소 연산자를 붙이지 않고 사용한다. 이는 scanf(...) 함수가 인수를 포인터로 처리하기 때문이다.

"%[*][width][h | l | L] type"

'%'로 시작하는 첫 번째 '*'은 지정 금지 문자이다. 해당 입력 필드를 무시하고자 할 때 사용한다. 두 번째는 필드 폭을 지정하는 것으로 printf( )와 같은 방식을 취한다. 인수 유형 수정자는 지정된 인수 형식을 바꿀 때 사용한다. 정리하면 다음과 같다.

  ① 지정 금지 문자([*])
  입력 필드의 지정 금지 문자로 해당하는 입력 필드를 저장하지 않고 무시할 때 사용한다.
  ② 필드 폭([width]) 지정자
  입력 데이터의 최대 문자 수를 지정한다.
  ③ 인수 유형 수정자([h | l | L])

인수 유형 수정자의 종류

기호	기능
h	정수형(d, i, o, u, x)에 대해 short int형으로 변환한다.
l	정수형(d, i, o, u, x)과 함께 사용하면 long int형으로, 실수형(e, f, g)과 함께 사용하면 double형으로 변환한다.
L	실수형(e, f, g)에 대해 long double로 변환한다.

④ 입력 형식 문자열

문자	인수의 형	입력 데이터
%d	int *arg	부호 있는 10진 정수
%D	long *arg	부호 있는 long형 10진 정수
%u	unsigned int *arg	부호 없는 10진 정수
%U	unsigned long *arg	부호 없는 long형 10진 정수
%o	int *arg	8진 정수
%O	long *arg	long형 8진 정수
%x	int *arg	부호 없는 16진수 정수
%X	long *arg	부호 없는 long형 16진수 정수
%f	float *arg	부동 소수점 수
%e	float *arg	부동 소수점 수
%E	float *arg	부동 소수점 수 (대문자)
%g	float *arg	부동 소수점 수
%G	float *arg	부동 소수점 수 (대문자)
%i	int *arg	10진수 형식, 0(zero)으로 시작하면 8진수, 0x, 0X로 시작하면 16진수
%I	long *arg	10진수 형식, 0(zero)으로 시작하면 8진수, 0x, 0X로 시작하면 16진수
%c	char *arg	하나의 문자(공백 문자 포함)
	char arg[]	문자로 이루어진 배열
%s	char arg[]	문자열
	char arg[]	문자열 검색
[search-set]	%[abc]	입력 필드에서 a, b, c의 문자만 입력 받는다.
	%[^abc]	입력 필드에서 a, b, c 외의 문자를 입력 받는다.
	%[0-9]	0에서 9까지의 숫자만 입력 받는다.
	%[A-Z]	대문자만 입력 받는다.
	%[0-9a-z]	10진수와 소문자를 받는다.
	%[A-FT-Z]	A~F, T~Z의 모든 대문자를 받는다.
%	%[+0-9A-Z-]	문자, +, -, 0~9, A~Z까지의 문자를 받는다.

[실습] ex_03-07.c : scanf( ) 수치 입력

```
01: #include <stdio.h>
02: #include <stdlib.h>
03:
04: int main(void) {
05:        int jeong1, jeong2, jeong3;
06:        float sil1, sil2, sil3, sil4;
07:
08:        scanf("%d %o %x", &jeong1, &jeong2, &jeong3);
09:        scanf("%e %f %e %f", &sil1, &sil2, &sil3, &sil4);
10:
11:        printf("%d %d %d\n", jeong1, jeong2, jeong3);
12:        printf("%d %o %x\n", jeong1, jeong2, jeong3);
13:        printf("%e %e %f %f\n", sil1, sil2, sil3, sil4);
14:
15:        return EXIT_SUCCESS;
16: }
```

08번과 09번 행에서 입력을 받고 11번 행부터 13번 행까지가 입력 내용을 출력한다.

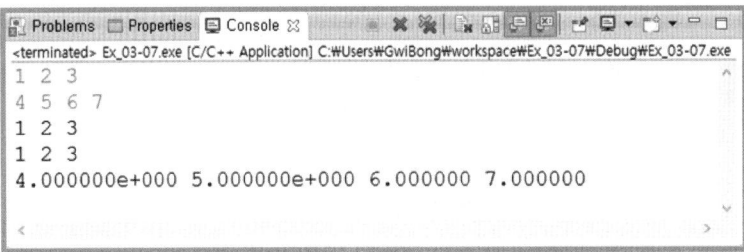

결과 화면은 콘솔 출력 창이다. 표준 입력도 이곳에 입력하면 된다. 첫 두 줄이 입력한 값이고, 세 번째 행부터 다섯 번째 행까지는 출력 함수(printf( ))에서 출력한 값이다. Eclipse에서는 입력 값과 출력 값의 색상이 달라 서로를 구분할 수 있지만, MS-DOS 명령 창에서는 색상 구분이 없다.

[실습] ex_03-08.c : scanf( )의 문자 입력

```
01: #include <stdio.h>
02: #include <stdlib.h>
03:
04: int main(void) {
05:        char munja;
06:
07:        printf("문자입력 =>");
08:        scanf("%c", &munja);
09:        printf("문자출력 => %c, %d\n", munja, munja);
10:
11:        return EXIT_SUCCESS;
12: }
```

'munja'라는 변수는 단일 문자를 저장할 수 있는 일반 변수이므로 08번 행에서 주소 연산자(&)를 사용하여야 한다. 09번 행에서는 표준 입력장치로부터 입력된 값을 문자('%c')와 10진수('%d', 이때는 ASCII CODE TABLE의 해당 값의 위치를 10진수로 표현한 값)를 출력한다.

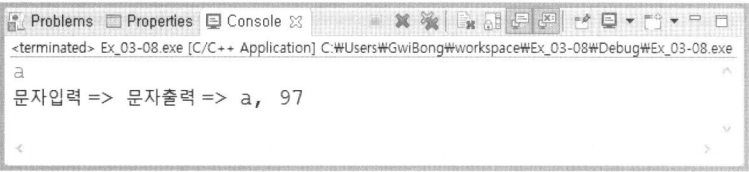

Eclipse의 아쉬운 점이라면 표준 입력 처리가 우선한다는 것이다. 위 결과 화면에서처럼 출력 문장의 '문자입력=>'이 먼저 출력되고 입력을 받을 수 있어야 하지만 입력을 먼저 요구하고 있다. 입력 이후에 출력 문장들이 이어서 나오는 것은 입출력 버퍼를 정확히 제어하지 않은 결과이다. 아래의 명령 창의 결과와 비교한다면 명확히 알 수 있다.

Eclipse 콘솔 창의 버그를 수정하자.

Eclipse는 프로그램이 실행되는 동안 명령 창의 출력 내용을 버퍼에 담아 두었다가 종료와 더불어 버퍼의 내용을 일괄적으로 가져와서 콘솔 창에 출력한다. 이런 이유로 출력 내용이 보이지 않고 먼저 입력 데이터를 하나씩 모두 입력을 하고 프로그램 수행이 종료되면 버퍼의 내용과 함께 입력 내용을 포함하여 출력한다.

우리가 원하는 것은 즉시성이다. 순서대로 출력문을 보고 입력문을 수행하고자 한다면 어떻게 하여야 할까 고민하게 된다. 그렇다고 Eclipse의 버그를 수정하는 것은 우리가 할 수 있는 범위 밖의 일이다.

콘솔 창의 문제를 해결하는 방법으로 출력 함수를 수행한 후 버퍼를 비워주는 함수인 'fflush(stdout);'를 호출하면 Eclipse 콘솔 창에 출력 함수의 수행 결과가 즉시 출력된다. 즉 Elipse와 함께 C 프로그램을 개발할 때는 출력 함수를 수행하면 버퍼를 비워주는 함수를 한 번 호출하는 일을 더 해야 하는 단점이 있다.

[실습] ex_03-08.c : 수정된 scanf( )의 문자 입력

```
01: #include <stdio.h>
02: #include <stdlib.h>
03:
04: int main(void) {
05:      char munja;
06:
07:      printf("문자입력 => ");
08:      fflush(stdout);
09:      scanf("%c", &munja);
10:      printf("문자출력 => %c, %d\n",munja, munja);
11:
12:      return EXIT_SUCCESS;
13: }
```

08번 행에 'fflush(stdout);' 함수 호출을 추가하였다. 이는 07번 행에 있는 출력 문장의 수행 내용을 명령 창 버퍼에서 비우라는 의미가 된다. 즉 Eclipse 콘솔 창으로 결과를 표시하게 된다. 'fflush(stdout);' 함수는 'scanf(...);' 함수를 사용하여 연속으로 입력받고자 할 때의 버그도 해결할 수 있다. 이는 뒤에서 다시 살펴볼 것이다.

수정되기 전과 수정된 이후를 비교해보면 그 차이를 확연히 알 수 있다. 그러나 이러한 꼼수 말고 진정한 콘솔 창이 하루빨리 나오기를 기대해본다.

[실습] ex_03-09.c : scanf( )의 문자와 문자 연결 입력

```
01: #include <stdio.h>
02: #include <stdlib.h>
03:
04: int main(void) {
05:      char munja1, munja2;
06:
07:      printf("문자입력 => ");
08:      fflush(stdout);
09:      scanf("%c%c", &munja1, &munja2);
10:      printf("문자출력 => [%c] [%c]\n", munja1, munja2);
11:
12:      return EXIT_SUCCESS;
13: }
```

09번 행에서 '%c%c'로 '%c'와 '%c' 사이에 어떠한 문자도 없이 연속으로 되어 있으면 구분자가 없다는 뜻이며 공백(' ')을 기본 구분자로 인정한다. 그러나 여기서 의도하는 것은 공간 구분 없이 연속해서 입력하라는 의미이다.

```
Problems  Properties  Console ⌗
<terminated> Ex_03-09.exe [C/C++ Application] C:₩Users₩GwiBong₩workspace₩Ex_03-09₩Debug₩Ex_03-09.exe
문자입력 => sd
문자출력 => [s] [d]
```

기본 구분자는 얼마든지 다른 것으로 변경할 수 있다. 예를 들어 '%c %c' 대신에 '%c#%c'를 지정하게 되면 입력할 때 'a#a'로 입력해야 한다. '%d|%d'로 지정하였다면 '10|20'으로 입력을 한다. 이러한 구분자 변경 프로그램을 직접 만들어보자 'Ex_03-09.c'를 수정하면 간단하게 만들어 볼 수 있다.

문자를 2개 이상 입력하면 어떠한 결과가 나올까? 그 결과는 다음과 같다.

[실습] ex_03-10.c : scanf( )의 예외 문자 입력

```
01: #include <stdio.h>
02: #include <stdlib.h>
03:
04: int main(void) {
05:     char a, b, c;
06:
07:     printf("문자입력 => ");
08:     fflush(stdout);
09:     scanf("%c", &a);
10:     scanf("%c%*c%c", &b,&c);
11:     printf("문자출력 => [%c] [%c] [%c]\n", a, b, c);
12:
13:     return EXIT_SUCCESS;
14: }
```

08번 행은 Eclipse 콘솔 버그를 피하기 위함이다. 10번 행에서 '%c%*c%c'를 주목하자. '%*'은 해당 위치의 문자를 제외하는 효과가 있다. 09번 행을 수행할 때 입력 데이터로 '1'을 입력하고 Enter 키를 입력했다. 즉 '1Enter'가 된다. 하나의 문자만 저장하므로 변수 'a'는 '1'을 저장하고 버퍼에는 Enter가 남아있게 된다. 결국 'b'에는 의도하지 않은 Enter 문자가 저장되고, 'c'는 다음 줄에서 입력하는 두 번째 문자가 저장된다.

```
Problems  Properties  Console ⌗
<terminated> Ex_03-10.exe [C/C++ Application] C:₩Users₩GwiBong₩workspace₩Ex_03-10₩Debug₩Ex_03-10.exe
문자입력 => 1
234
문자출력 => [1] [
] [3]
```

이를 해결하는 방법은 두 가지이다.

첫 번째 방법은 프로그램 작성에서 의도하지 않는 내용이지만 Enter없이 연속하여 입력하는 방법이다.

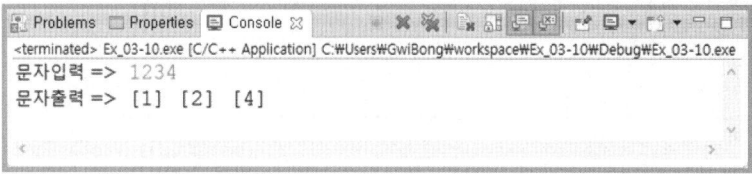

```
Problems    Properties    Console 
<terminated> Ex_03-10.exe [C/C++ Application] C:\Users\GwiBong\workspace\Ex_03-10\Debug\Ex_03-10.exe
문자입력 => 1234
문자출력 => [1] [2] [4]
```

두 번째 방법으로는 소스 코드에서 9행과 10행의 scanf( )와 scanf( ) 함수 사이에 'fflush(stdin)'을 호출하는 것이다.

[실습] ex_03-l0.c(수정) : scanf( )의 예외 문자 입력
     ex_03-l0.c에 fflush( ) 추가

```
07:     printf("문자입력 => ");
08:     fflush(stdout);
09:     scanf("%c", &a);
10:     fflush(stdin);
11:     scanf("%c%*c%c", &b,&c);
12:     printf("문자출력 => [%c] [%c] [%c]\n", a, b, c);
```

10번 행에서 'fflush(stdin)' 함수를 수행하면 8번 행의 'scanf( )' 함수에서 키보드 입력할 때 입력되는 Enter 키는 버퍼에서 삭제되어 다음 입력인 11번 행의 'scanf( )'에 대입되는 현상을 막아 준다. 즉 키보드에서 입력할 때 표준입력 장치의 버퍼에 남아 있는 값을 깨끗하게 비워주라는 의미이다.

```
Problems    Properties    Console 
<terminated> Ex_03-10.exe [C/C++ Application] C:\Users\GwiBong\workspace\Ex_03-10\Debug\Ex_03-10.exe
문자입력 => 1
234
문자출력 => [1] [
] [3]
```

두 번째 입력의 '3'이 반영되지 않음은 '%*c'의 영향이다. 즉, '%*c'는 해당 문자열을 처리하지 않고 건너뛰는 효과가 있다. 프로그램이 의도한 것과 같이 입출력됨을 알 수 있다.

[실습] ex_03-11.c : scanf( )의 문자열 입출력

```
01: #include <stdio.h>
02: #include <stdlib.h>
03:
04: int main(void) {
05:     char ban, name[10];
06:     int jumsu;
07:
08:     scanf("%c %s %d", &ban, name, &jumsu);
09:     printf("%c반 %s는 %d점 입니다.\n", ban, name, jumsu);
10:
11:     return EXIT_SUCCESS;
12: }
```

08번 행과 09번 행의 name 변수는 배열 변수로 주소연산자('&')를 붙이지 않는다. C 언어에서 배열 변수는 배열의 대표명(배열명)으로서 포인터 변수와 같이 주소를 기억하는 변수이기 때문이다. 차이점으로 배열의 대표명(배열명)은 지정된 주소를 변경할 수 없다. 물론 포인터는 저장된 주소를 변경할 수 있다. 포인터와 배열에 대하여서는 뒤에서 자세히 다루도록 한다.

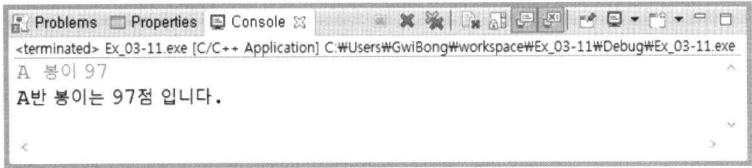

문장을 입력받아 특정 단어의 빈도를 계산하는 프로그램을 살펴보며 'scanf( )' 함수 사용을 응용해 보자.

이 프로그램은 'scanf( )' 함수를 사용하여 공백으로 분리되는 문자열, 즉 문장을 입력받는 방법을 찾는 데 있다.

[실습] ex_03-12.c : scanf( )의 문장 처리 입출력

```
01: #include <stdio.h>
02: #include <stdlib.h>
03: #include <string.h>
04:
05: int main(void)
06: {
07:        char str[100], cmp[3]="is", ret[3]=" ";  // ret는 공백 2칸으로 초기화
08:        int i, length, count = 0;
09:
10:        printf("문자열을 입력하시오(특정단어 = is):");
11:        fflush(stdout);
12:        scanf("%[^\n]s", str);    // 개행 문자 즉, ('\n')을 제외('^')하고 입력을 받는다.
13:
14:        length = strlen(str);
15:
16:        for(i = 0; i < length; i++) {
17:                ret[0] = str[i];
18:                ret[1] = str[i+1];
19:                if (!strcmp(ret, cmp))
20:                        count++;
21:        }
22:        printf("is는 총 %d번 나왔습니다.\n", count);
23:
24:        return 0;
25: }
```

06번 행에서 ret를 공백 2칸으로 초기화를 한 것은 ret의 세 번째 칸에 NULL('\0') 값을 넣어 쓰레기 값(garbage, 메모리에 남아 있는 찌꺼기 값)에 의한 오류를 방지하고자 하는 기법이다. 공백 2칸은 NULL 문자를 포함하는 문자열이기 때문이다.

문제 해결의 핵심은 12번 행에 있다. 'scanf( )' 함수는 기본 구분자로 공백을 가진다고 앞서 언급하였다. 문장에는 공백이 반드시 존재하게 되는데 공백을 구분자로 인식하지 않도록 하려면 이를 무시하고 입력을 받으면 된다. 사용자는 문장을 입력하지만, 프로그램에서는 개행 문자('\n')를 구분자로 갖는 문자열로 입력받게 된다.

```
Problems  Properties  Console ☒
<terminated> Ex_03-12.exe [C/C++ Application] C:₩Users₩GwiBong₩workspace₩Ex_03-12₩Debug₩Ex_03-12.exe
문자열을 입력하시오(특정단어 = is):asdf is dfgh is fhj is 123
input = [asdf is dfgh is fhj is 123]is는 총 3번 나왔습니다.
```

 **문자 입출력 함수**

문자 단위로 입력을 수행하는 함수로 getchar( ) 함수와 getc( ), getch( ), getenv( ), getche( ) 함수를 제공하고 있으며 이들 함수는 미세한 차이들이 있다.

문자 단위로 출력을 수행하는 함수로 putchar( ) 함수와 putc( ), putch( ), putenv( ) 함수가 있다.

3.1 getchar( ) 함수

헤더 파일 : stdio.h
함수 선언 : int getchar(void)
사용 방법 : int i; 　　　　i = getchar( );

getchar( ) 함수는 표준 입력 장치인 키보드(keyboard)에서 입력하는 문자를 읽는다. 키보드 입력을 제한하지 않는다. 인수가 필요 없으므로, 인수가 있어야 할 위치인 괄호( ) 속은 비워 둔다. 함수의 반환 값이 정수형으로 키보드로 입력한 값의 아스키코드 표를 기준으로 하는 정수 값이다.

3.2 putchar( ) 함수

헤더 파일 : stdio.h
함수 선언 : int putchar(int c)
사용 방법 : int c = 65; 　　　　putchar(c);

putchar( ) 함수는 인수로 주어진 값에 대응하는 문자 하나만을 표준 출력장치로 정의된 장치(기본은 모니터(monitor))로 출력한다. 출력한 값을 반환 값으로 제공하므로 출력 후 출력된 문자를 지정한 변수에 저장하여 확인할 수 있다.

[실습] ex_03-I3.c : getchar( ), putchar( ) 사용

```
01: #include <stdio.h>
02: #include <stdlib.h>
03:
04: int main(void)
05: {
06:        int c;
07:
08:        c = getchar( );
09:        putchar(c);
10:
11:        return EXIT_SUCCESS;
12: }
```

기본적인 getchar( ), putchar( ) 사용법이다. 08번 행에서 grtchar( ) 함수를 호출하여
입력된 결과를 변수 c에 저장하고, 09번 행에서 putchar( ) 함수로 변수 c의 내용을 출력
하였다. 'getchar( )' 함수는 몇 개의 문자가 입력되든지 따지지 않고 무조건 첫 번째 문
자 하나만 선택하여 입력으로 처리한다.

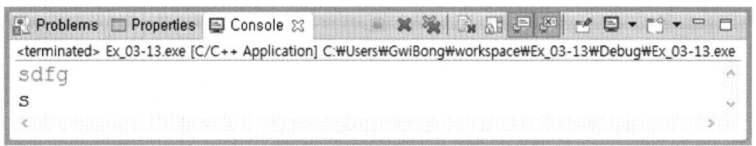

[실습] ex_03-I4.c : 영문자의 대문자를 소문자로 바꾸기

```
01: #include <stdio.h>
02: #include <stdlib.h>
03:
04: int main(void)
05: {
06:        int c;
07:
08:        while((c=getchar()) != EOF) {
09:                if('A' <= c && c <= 'Z')
10:                        putchar(c + 32);
11:                else
12:                        putchar(c);
13:        }
14:
15:        return EXIT_SUCCESS;
16: }
```

08번 행에서 while은 이후 반복문에서 다룰 문장이다. 'getchar( )' 함수에서 반환하는
값을 정수형 변수 c에 저장하고 그 결과 값이 EOF(End Of File)가 아닐 때까지 반복한다

는 의미이다. 즉 EOF 값과 동일한 값이 입력되면 반복문이 종료된다. 반복문 내에서는 입력 문자를 하나씩 받아 대문자일 경우 소문자로 변환하는 기능을 수행한다. 이러한 기능은 C 언어에 준비되어 있는 함수인 upper( ) 함수의 기능과 동일하다.

향후 이러한 간단한 기능들을 자주 소개할 예정이다. 프로그램을 실행하고, Eclipse 콘솔 창에서 문자열을 입력하는 도중에 "언제까지 입력해야 하지?" 하는 의문이 들 것이다. 걱정하지 말고 입력하고 싶은 만큼 입력을 하고 엔터를 누른 다음 키보드에서 Ctrl+Z를 누르면 결과가 출력된다. 즉 EOF를 입력하는 방법으로 Ctrl 키와 Z 키를 같이 누르는 것이다.

```
Problems  Properties  Console  ✕
<terminated> Ex_03-14.exe [C/C++ Application] C:\Users\GwiBong\workspace\Ex_03-14\Debug\Ex_03-14.exe
SDSDsdlfkgjs;toihj123456sfghklj/.;[]SDLFGKHJD
sdsdsdlfkgjs;toihj123456sfghklj/.;[]sdlfgkhjd
```

뒤에 함수를 설명할 때 다시 자세히 다루겠지만 여기서는 소개되는 실습 프로그램들을 독립된 함수로 변환하는 예제를 간단하게 소개하고자 한다. 지금은 main( ) 함수에서 구현한 코드를 함수로 바꿀 수 있구나! 정도로만 이해하자.

[실습] ex_03-15.c : ex_03-14.c를 toUpper( ) 함수로 구현

```c
01: #include <stdio.h>
02: #include <stdlib.h>
03:
04: int toUpper( int );
05:
06: int main(void)
07: {
08:     int c;
09:
10:     while((c = getchar()) != EOF) {
11:         putchar(toUpper(c));
12:     }
13:
14:     return EXIT_SUCCESS;
15: }
16:
17: int toUpper(int arg)
18: {
19:     if('a' <= arg && arg <= 'z')    return(arg - 32);
20:     else                            return(arg);
21: }
```

'ex_03-14.c' 프로그램을 사용자 함수로 변환하였다. 'ex_03-14.c' 프로그램은 대문자를 소문자로 바꾸는 내용이지만 ex_03-15.c 프로그램은 소문자를 대문자로 바꾸도록 수정하였다. 이는 대문자에 32를 더하면 소문자가 되고 소문자는 32를 빼면 대문자가 되는 원리만 이해하면 쉽게 이해될 것이다.

main( ) 함수를 빼면 toUpper( ) 함수만 남게 되는데 이를 컴파일만 하면 'toUpper.obj' 파일이 생성된다. 이렇게 생성한 파일은 다른 프로그램에서 toUpper( )를 호출하도록 하고 실행 프로그램을 만들 때 같이 링크를 지정하여 주면 동일한 수행을 한다. 이러한 방법이 복잡할 때는 해당 소스 코드를 프로그램에 직접 적어 넣어도 된다.

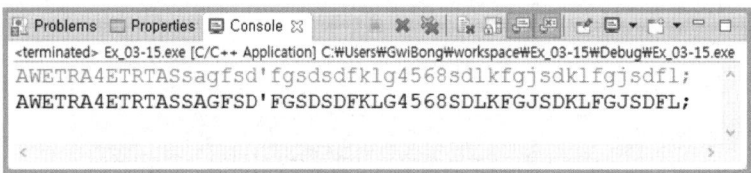

3.3 getc( ) 함수

입력 스트림에서 한 문자를 읽어 온다. 읽은 후에는 스트림의 파일 포인터를 1 증가시켜 다음 읽을 문자를 받을 준비를 한다.

헤더 파일 : stdio.h
함수 선언 : int getc(FILE *stream)
사용 방법 : int c;   c = getc(stdin);

'FILE *stream'은 별도로 정의하여 사용할 수도 있고, 표준 입력 장치인 stdin으로 정의되어 있는 스트림을 사용할 수 있다. 일반적으로 키보드 입력을 사용할 때는 stdin을 사용한다.

[실습] ex_03-16.c : getc( ) 함수의 사용법

```
01: #include <stdio.h>
02: #include <stdlib.h>
03:
04: int main(void)
05: {
06:      int i
07:
08:      printf("계속 진행 할까요? [Y/N] _\b");
09:      fflush(stdout);
10:      i = getc(stdin);
11:      printf("%c를 입력하셨습니다\n", i);
12:
13:      return EXIT_SUCCESS;
14: }
```

표준 출력장치로 아스키코드의 65번째 문자를 출력한다. 'stdin'을 파일 스트림으로 정의하면 콘솔 입력을 읽어들이는 기능을 수행한다. 즉 키보드 입력인 셈이다.

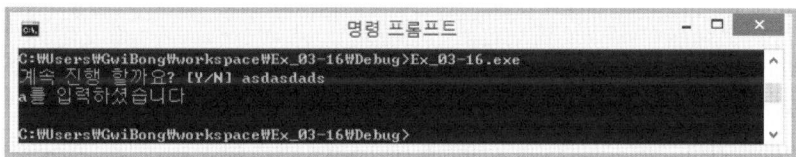

'ㅁ'가 출력되는 것은 MS-DOS 명령 창에서 한 칸 뒤로 이동하는 '\b'가 Eclipse에서 지원되지 않아서 나타나는 것이다. 출력보다 입력이 먼저 처리되는 경우와 동일한 현상이다. Eclipse 콘솔 창이 빨리 개선되기를 희망한다.

MS-DOS 명령 창에서는 정상 동작한다. 그러나 결과 화면에서 보듯이 키보드에서 여러 문자가 눌러지는 현상을 막지는 못한다. 여러 문자가 눌러지는 것이 표현은 모두 되지만 Enter 키를 누르면 입력받는 것은 문자 한 개다.

3.4 putc( ) 함수

스트림으로 문자 인수 c를 출력한다. 출력 후에 파일 포인터는 1 증가하여 다음 출력을 기다리도록 한다.

헤더 파일 : stdio.h
함수 선언 : int putc(int c, FILE *stream);
사용 방법 : int c = 65;   putc(c, stdout);

'stdout'이라는 파일 스트림은 사용자가 별도로 파일 이름을 지정하여 사용할 수도 있다. 이는 파일 입출력에서 다루도록 한다.

[실습] ex_03-I7.c : putc( ) 함수의 사용법

```c
01: #include <stdio.h>
02: #include <stdlib.h>
03:
04: int main(void)
05: {
06:     int i = 65;
07:
08:     putc(i, stdout);
09:
10:     return EXIT_SUCCESS;
11: }
```

표준 출력장치인 'stdout'으로 아스키코드의 65번째 문자를 출력한다. 'stdout'을 파일 스트림으로 정의하면 파일에 저장하는 기능을 수행한다. 즉 파일에 저장하는 출력인 셈이다. 파일 입출력에서 자세히 다루도록 한다.

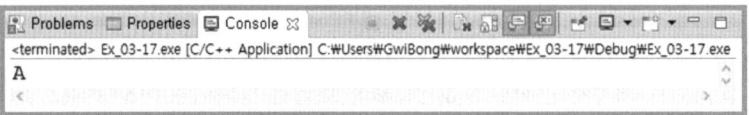

3.5 getch( ) 함수

헤더 파일 : conio.h
함수 선언 : int getch(void);
사용 방법 : int c;   c = getch( );

키보드로부터 하나의 문자만 입력 받는다. 입력 즉시 다음 문장으로 진행한다. 이러한 기능은 사용자의 입력 대기 프롬프트나 선택을 요구할 때 사용하면 좋다. 다른 특징으로는 입력하는 문자가 화면에 나타나지 않는다.

[실습] ex_03-18.c : getch( ) 함수의 사용법

```
01: #include <stdio.h>
02: #include <stdlib.h>
03: #include <conio.h>
04:
05: int main(void)
06: {
07:         int i = 0;
08:
09:         printf("Are you sure ? \n");
10:         i = getch();
11:         printf("Input key is %d\n", i);
12:
13:         return EXIT_SUCCESS;
14: }
```

getch( ) 함수는 〈conio.h〉 헤더 파일에 함수 원형이 정의되어 있으므로 〈conio.h〉 헤더 파일을 include해야 경고 메시지가 나오지 않고 정상으로 동작한다. Eclipse에서 명령 프롬프트 창과 같은 기능을 구현하는 데 한계로 보인다.

'a' 키를 입력한 경우의 결과 화면이다. 'a'를 문자로 출력하지 않고 정수형으로 출력하였으므로 아스키코드에서 해당하는 위치의 정수 값을 출력한 것이다. 단일 문자로 하나 이상의 문자는 입력되지 않는다.

3.6 putch( ) 함수

헤더 파일 : conio.h
함수 선언 : int putch(int c);
사용 방법 : int c; 　　　　　 c = putc(ch);

〈conio.h〉에 함수 원형이 정의되어 있는 putch( ) 함수는 문자를 출력하는 함수로 반환 값은 출력한 값이다.

[실습] ex_03-I9.c : putch( ) 함수의 사용법

```
01: #include <stdio.h>
02: #include <stdlib.h>
03: #include <conio.h>
04:
05: int main(void)
06: {
07:         int i = 65;
08:
09:         putch( i );
10:
11:         return EXIT_SUCCESS;
12: }
```

putch( ) 함수의 반환 값은 출력한 문자 값이며, Eclipse의 버그로 의심되는 현상으로 콘솔 창에서는 문자가 출력되지 않는 버그가 있어서 확인할 수 없다. MS-DOS 명령 창에서 결과를 확인하자.

3.7 getche( ) 함수

헤더 파일 : conio.h	
함수 선언 : int getche(void);	
사용 방법 : int c; c = getche( );	

'getche( )' 함수는 문자를 입력하면, 입력한 문자를 화면에 표시하고 다음 수행 상태로 진행한다.

getch( )가 키보드 입력 문자를 화면에 표시하지 않는 대신에 getche( )는 화면에 문자를 표시하는 기능이 추가되어 있다. 함수 이름의 끝에 'e'가 'echo'의 뜻이다.

[실습] ex_03-20.c : getche( ) 함수의 사용

```
01: #include <stdio.h>
02: #include <stdlib.h>
03: #include <conio.h>
04:
05: int main(void)
06: {
07:        int i;
08:
09:        printf("Are you sure ? ");
10:        i = getche();
11:        printf("\nInput key is %c\n", i);
12:
13:        return EXIT_SUCCESS;
14: }
```

11번 행의 출력 문장 앞에 '\n'을 넣어 주지 않으면 출력문의 결과가 10행에서 입력하는 데이터 뒤쪽으로 연속해서 출력된다. 이는 엔터키를 기다리지 않기 때문에 나타나는 현상으로 보기 좋게 만들려고 '\n'을 먼저 넣어 준 것이다. 사소한 작업이지만 사용자를 배려하는 마음으로 프로그램을 작성하는 것이 좋다. 이 함수 역시 Eclipse 콘솔 창에서는 무한 대기 상태로 빠져버리는 버그가 있다.

3.8 getenv( ) 함수

현재 MS-DOS 명령 창에서 설정되어 있는 환경변수를 읽어오는 함수이다.

헤더 파일 : stdlib.h
함수 선언 : char *getenv(const char *name);
사용 방법 : char name[100]; 　　　　　　name = gettenv("PATH");　　// PATH 환경 변수를 읽어 오기

지정된 환경변수를 찾지 못하면 NULL 값을 반환한다.

[실습] ex_03-2l.c : getenv( ) 함수의 사용

```c
01: #include <stdio.h>
02: #include <stdlib.h>
03: #include <conio.h>
04:
05: int main(void)
06: {
07:     char *path;
08:
09:     path = getenv("PATH");
10:     printf("PATH = %s\n", path);
11:
12:     return EXIT_SUCCESS;
13: }
```

환경변수에 'PATH'라는 환경변수가 존재할 것이다. 만약에 PATH = (null)이라고 나온
다면 환경변수를 설정하지 않았기 때문이다.

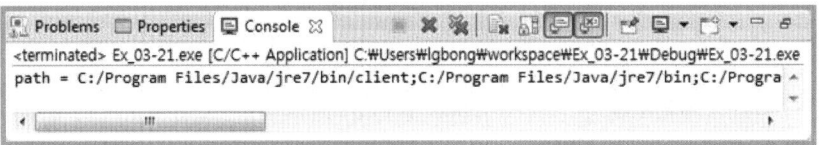

3.9 putenv( ) 함수

MS-DOS 명령 창에서 실행되는 환경변수를 추가하는 함수이다. 주어지는 문자열은 새
로운 환경변수를 정의하는 문장 형식을 유지해야 하고 대소문자는 상관이 없다. "환경변
수명=지정문"의 형식이다. 환경 변수명이 이미 존재하면 지정된 경로명으로 수정하고,
지정문이 없으면 해당 환경변수의 값을 제거하는 효과가 있다. 지정문은 경로명이 될 수
도 있으며, 프로그램에서 요구하는 정의 값이 될 수도 있다.

헤더 파일 : stdlib.h
함수 선언 : int putenv(const char *path);

사용 방법 : putenv("PATH=");   // 환경변수 PATH를 제거
        putenv("JAVA_HOME=C:\Program Files\java\jdk_1.7.10\");   // 자바 홈 설정

이 기능은 명령 창의 환경변수는 현재 프로그램에서만 유효하고 프로그램이 끝나면 원래
환경 값으로 되돌아간다. 주의 사항은 지정하고자 하는 지정문을 변수로 선언했을 경우
는 전역변수 또는 정적변수로 선언하는 것이 좋다. 지역변수 또는 동적변수를 이용하여
할당하는 경우 이 변수가 해제되었을 때 예기치 못한 오류가 발생할 수 있다. 반환 값은
성공이면 '0'이고 실패이면 '-1'을 반환한다.

[실습] ex_03-22.c : putenv( ) 함수의 사용

```
01: #include <stdio.h>
02: #include <stdlib.h>
03: #include <conio.h>
04:
05: int main(void) {
06:        static char str[] = "PATH=C:\\;C:\\.";
07:        char *path;
08:
09:        path = getenv("PATH"); printf("PATH = %s\n", path);
10:        putenv( str );
11:        path = getenv("PATH"); printf("PATH = %s\n", path);
12:
13:        return EXIT_SUCCESS;
14: }
```

06번 행의 문자열에 '\'가 연속해서 2번 있는 것은 이스케이프 시퀀스 제어문자를 사용하지 않으려는 의도이다. '\'를 한 번만 사용하게 되면 "\;"이 되어 인식할 수 없는 제어문자라는 경고가 나오게 되고 정상적인 설정 값이 설정되지 않는다. 즉, "\\"는 '\' 하나의 문자로 처리한다.

09번 행에서 putenv(str)을 수행하기 전에 현재 상태의 PATH를 읽어 확인한다.
10번 행에서 PATH 값을 설정하고, 11번 행에서 변화된 PATH 값을 출력하여 확인한다.

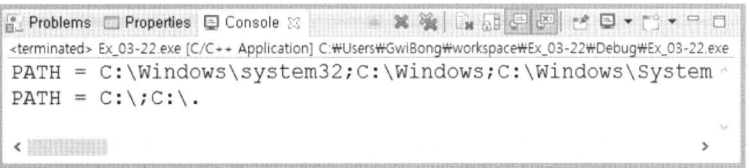

이렇게 변경된 PATH 값은 이 프로그램이 실행되고 있는 환경에서만 유효하다. 즉 이 프로그램이 종료되면 PATH 값은 원래 설정되어 있는 값으로 되돌아간다.

 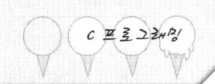

문자열 입출력 함수

4.1 gets( ) 함수

헤더 파일 : stdio.h		

함수 선언 : char *gets(char *s);		

사용 방법	포인터 변수	배열 변수
	char *str; char *gets(char *str);	char arr[128]; char *gets(char arr);

개행(새로운 행) 문자('\n')를 만날 때까지 공백('space', 'tab')을 포함한 모든 문자열을 입력받아 str이 가리키는 기억 장소 버퍼에 저장한다. 개행 문자는 [Enter] 키를 입력하면 자동으로 '\0'(null)로 처리된다. str을 배열로 선언한다면, 가리키는 기억 장소의 크기는 문자열의 끝을 의미하는 NULL 문자('\0')를 고려하여 입력 문자의 수보다 하나 많게 확보해야 한다. 반환되는 값은 문자열이 저장된 위치의 포인터 값이다.

[실습] ex_03-23.c : gets( ) 함수의 사용

```
01: #include <stdio.h>
02: #include <stdlib.h>
03: #include <conio.h>
04:
05: int main(void)
06: {
07:     char buf[128];
08:
09:     printf("문자열 입력 : ");
10:     fflush(stdin);
11:     gets( buf );
12:     printf("입력된 문자열 = %s\n", buf);
13:
14:     return EXIT_SUCCESS;
15: }
```

07번 행에서 적당한 크기의 입력 값을 저장할 변수를 배열로 선언한다.

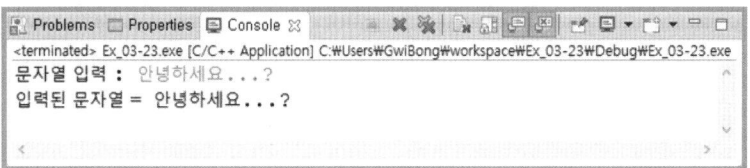

4.2 puts( ) 함수

헤더 파일 : stdio.h		
함수 선언 : int puts(const char ∗s);		
사용 방법	포인터 변수	배열 변수
	char ∗str = "안녕하세요."; puts(str);	char str[] = "안녕하세요."; puts(str);

표준 출력장치인 모니터로 문자열의 끝을 의미하는 NULL 문자('\0')를 만날 때까지의 문
자열을 출력하는 함수이다. 일반적으로 문자열 끝에 있는 NULL 문자('\0')는 개행 문자
('\n')로 자동 변환되므로 문자열에 '\n'을 추가하지 않는 것이 좋다.

함수의 반환 값은 함수의 수행 성공과 실패 여부를 되돌려 준다. puts( ) 함수 수행에 성
공하면 0을, 실패하면 −1을 되돌려 준다.

[실습] ex_03-24.c : puts( ) 함수의 사용

```
01: #include <stdio.h>
02: #include <stdlib.h>
03: #include <conio.h>
04:
05: int main(void)
06: {
07:      char buf[] = "안녕하세요. 문자열입니다.";
08:
09:      printf("문자열 : ["); puts( buf ); printf("]\n");
10:
11:      return EXIT_SUCCESS;
12: }
```

printf( ) 함수는 개행 문자를 지정하지 않으면 새로운 행으로 진행하지 않는다. 이를 비
교하기 위하여 09번 행에 추가하여 확인할 수 있도록 하였다. puts( ) 함수를 이용할 때
는 문자열의 끝을 의미하는 NULL 문자('\0')가 개행 문자로 변경된 것을 확인할 수 있다.

[실습] ex_03-25.c : gets( )와 puts( ) 함수의 응용

```
01: #include <stdio.h>
02: #include <stdlib.h>
03:
04: int main()
05: {
06:        char buf[100];
07:
08:        puts("문자열 입력 : _\a");
09:        fflush(stdout);
10:        if (gets(buf) != NULL)
11:                printf("\n문자열 출력 : [%s]\n", buf);
12:
13:        return EXIT_SUCCESS;
14: }
```

08번 행의 '\a'는 벨소리를 들려주는 것으로 윈도우즈 환경에서는 동작하지 않는다. 10 번째 행에서 gets( ) 함수는 지속해서 키보드 입력받다가 Enter 키가 입력되면 문자열 끝에 \0'을 추가하고 입력받은 문자열을 배열 변수인 buf에 저장한다. 이러한 이유로 일부 C 언어 책에서 이를 '\n'을 NULL로 표현하기도 한다. 하지만 필자가 앞서 scanf( )에서 밝혔듯이 절대로 '\n'은 NULL이 아니다. 다만 gets( ) 함수가 '\n'을 만나면 입력을 그만 받게 하고 문자열 끝에 \0'을 추가하는 기능을 수행할 뿐이다.

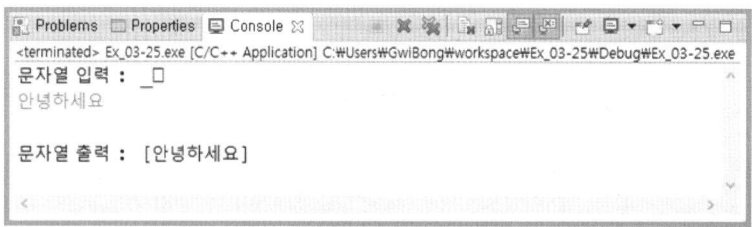

출력문을 puts( ) 함수를 사용하지 않고 printf( ) 함수를 사용한 것에 주목하여야 한다.

다음 예제를 보자. 문자열로 문자 20자를 입력한다고 가정을 하고 배열의 20번째에 '\0' 이 아닌 '\n'으로 임의 수정한다면 이상한 결과가 나온다. 이러한 예상하지 못하는 값의 출력을 쓰레기 값(garbage)이라고 한다. 이는 시스템이 메모리를 사용한 결과에 따라 달라지므로 독자 여러분도 직접 수행을 해보아야 이해가 빠를 것이다. 출력 범위를 보기 위해서 앞뒤로 '[', ']'를 추가하여 가시적으로 볼 수 있도록 '[%s]'로 처리하였다.

```
08:        puts("문자열 입력 : _\a");
09:        fflush(stdout);
10:        if (gets(buf) != NULL)
11:                buf[20] = '\n';
12:        printf("\n문자열 출력 : [%s]\n", buf);
```

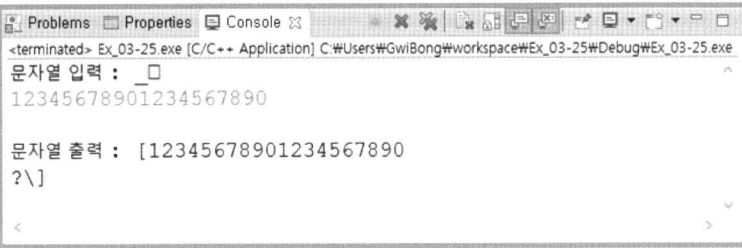

printf( ) 함수에서 사용되는 '%s' 형식 문자열은 '\0'을 만날 때까지 메모리 지정 영역에서 데이터를 읽어오기 때문에 정확히 20개를 입력하고 배열의 20번째(C 언어 배열 첨자는 0부터 시작한다.)에 있는 '\0'을 '\n'으로 대체하였다. 결과는 다음 '\0'을 만날 때까지 데이터를 읽어오므로 개행(새로운 행)을 포함하여 이상한 문자가 출력되고 있다.

MS-DOS 명령 창에서 화면 제어하기

1. 화면의 위치를 제어하는 gotoxy( ) 함수 구현하기

예전에 볼랜드사에서 출시한 turboc 컴파일러에서 지원하던 화면 위치 제어 함수인 gotoxy(int x, int y); 함수는 표준에 포함되지 못하고 사라진 아쉬운 함수이다. 이는 윈도우즈가 나오면서 빛을 보지 못한 함수라고 판단된다. 여기서 gotoxy( ) 함수를 구현해보고자 한다.

현재 프로그램을 개발하고 실행하는 환경이 예전 MS-DOS 환경이 아닌 윈도우즈 환경에서 가상으로 MS-DOS 환경을 지원하는 형식이므로 윈도우즈를 지원하는 함수의 도움이 필요하다.

[실습] Ex_gotoxy.c : gotoxy( ) 함수 만들기

```
01: #include <windows.h>          // SetConsoleCursorPosition(), GetStdHandle() 함수 가져오기
02: #include <stdio.h>
03: #include <stdlib.h>
04:
05: void gotoxy(int x, int y);     // 모든 함수에서 (main()함수 포함)
06:                                // 이 함수를 사용할 수 있도록 함수원형을 선언한다.
07:
08:
09: int main(void)
10: {
11:     system("cls");             // 화면 먼저 지우기
12:     gotoxy(15, 10);            // 현재 커서의 위치를 가로 15, 세로 10 으로 이동
```

```
13:        printf("* (15, 10)");         // 문자열 출력
14:
15:        return EXIT_SUCCESS;
16: }
17:
18:                                       // gotoxy( ) 함수를 구현한다.
19: void gotoxy(int x, int y)
20: {
21:        COORD Pos = {x - 1, y - 1};
22:
23:        SetConsoleCursorPosition(GetStdHandle(STD_OUTPUT_HANDLE), Pos);
24: }
```

12번 행에서처럼 gotoxy( ) 함수를 호출하는 것으로 화면 위치 이동을 하게 된다. 이 함수는 화면의 위치만 이동하면 되므로 반환 값이 없다. 반환 값이 없다는 의미로 함수의 타입을 void로 선언하였으므로 함수에서 return 문장을 사용하지 않는다.

위와 같이 Eclipse의 콘솔 창에서는 화면이 제어되지 않는다. 아마도 콘솔 창이 말 그대로 타이프라이터(typewriter) 기능만 수행하는 의미로 만들어진 듯하다.

이 출력 화면에서 보듯이 '*'가 출력 되는 위치가 전체 화면에서 10번째 줄 15번째 칸에서 출력되었다. system("cls"); 함수는 MS-DOS 명령어 또는 실행 프로그램을 실행할 수 있도록 하는 함수이다. system("cls") 함수를 호출하여 화면을 깨끗이 지

우고, 출력을 수행하여 좀 더 명확하게 위치를 확인할 수 있도록 하였다. "cls" 대신에 "dir"이라는 문자열로 바꾸면 명령 창에서 "dir"을 입력한 것과 같은 결과가 출력된다.

2. 특수키 입력을 인식하는 Ex_kbd.c 구현하기

방향키와 ESC 키 등을 인식할 수 있는 특수키 제어 프로그램을 작성하여 본다. 키보드에서 입력되는 키의 값은 크게 두 가지로 분류된다. 첫 번째는 기본키이고, 두 번째는 확장키이다.

[실습] Ex_kbd.c : 확장키 확인하기

```
01: #include <stdio.h>
02: #include <windows.h>
03: #include <conio.h>
04:
05: int main()
06: {
07:     int ch;                          // 키보드 입력 값 저장
08:     while(1) {
09:         ch = getch();
10:         printf("첫 번째 키 값 = [%d]\n", ch);
11:         if(ch == 224) {              // 확장키 판별하기
12:             ch = getch();            // 확장키이면 이후 값을 한 번 더 받기
13:             printf("두 번째 키 값 = [%d]\n", ch);
14:         }
15:     }
16:     return EXIT_SUCCESS;
17: }
```

08번 행의 'while(1)'은 무한 반복문이다. 반복문에 대해서는 뒷장에서 자세히 다룰 것이므로 여기서는 이러한 반복문이 있구나! 정도로 이해하면 될 것이다. 이 반복문을 종료하기 위해서는 Ctrl+C를 입력하여도 종료되지 않는다. 이는 getch( )의 기능과 while(1) 문의 결합 기능 때문이다. 프로그램을 강제로 종료하고자 한다면 Ctrl 키와 Pause 키를 누르면 된다. 이 프로그램을 실행하여 각각의 키를 눌러보자. 어느 키가 기본키이고 확장키인지를 확인할 수 있을 것이다.

응용해 보자 화면을 다 지운 후에 화면 가운데 '*'을 출력하고, 화살표 키를 누를 때마다 '*'을 이동하면서 출력하면 사각형 그림을 그리듯이 움직일 수 있다.

[실습] Ex_kbd-app.c : 확장키 응용하기

```
01. #include <stdio.h>
02. #include <stdlib.h>
03. #include <windows.h>
04. #include <conio.h>
05.
06. void gotoxy(int, int);              // 변수명을 지정하지 않아도 된다.
07.
08. int main()
09. {
10.     int x = 40, y = 12;             // 화면 중앙 위치
11.     int ch;                         // 키보드 입력 값 저장
12.
13.     system("cls");                  // 화면 지우기
14.     while(1) {
15.         gotoxy(x, y);
16.         printf("*");
17.         ch = getch();
18.
19.         if(ch == 224) {             // 확장키 판별하기
20.             ch = getch();           // 확장키이면 이후 값을 한번 더 받기
21.             if(ch == 72)            // 방향키 ↑
22.                 y = y - 1;
23.             else if(ch == 80)       // 방향키 ↓
24.                 y = y + 1;
25.             else if(ch == 75)       // 방향키 ←
26.                 x = x - 1;
27.             else if(ch == 77)       // 방향키 →
28.                 x = x + 1;
29.         }
30.     }
31.
32.     return EXIT_SUCCESS;
```

```
33: }
34:
35: void gotoxy(int x, int y)
36: {
37:      COORD Cur;
38:
39:      Cur.X = x;
40:      Cur.Y = y;
41:
42:      SetConsoleCursorPosition(GetStdHandle(STD_OUTPUT_HANDLE), Cur);
43: }
```

확장키는 기본적으로 224의 값을 먼저 제공하고, 기본키는 0의 값을 먼저 제공한다. 이때 기본키일 경우 먼저 제공되는 0 값은 무시된다. 따라서 224의 값이 입력되는지를 검사하면 확장키가 입력되었는지를 알 수 있다. 확장키 각각의 키값은 독자 여러분이 직접 입력하여 그 값을 기록하여 두고 사용하는 것이 바람직하다. 참고로 윈도우즈의 헤더 파일인 'windows.h'에는 이 키들이 정의되어 있지만, MS-DOS 상태를 위주로 사용하는 C 언어에는 확장키가 정의되어 있지 않다.

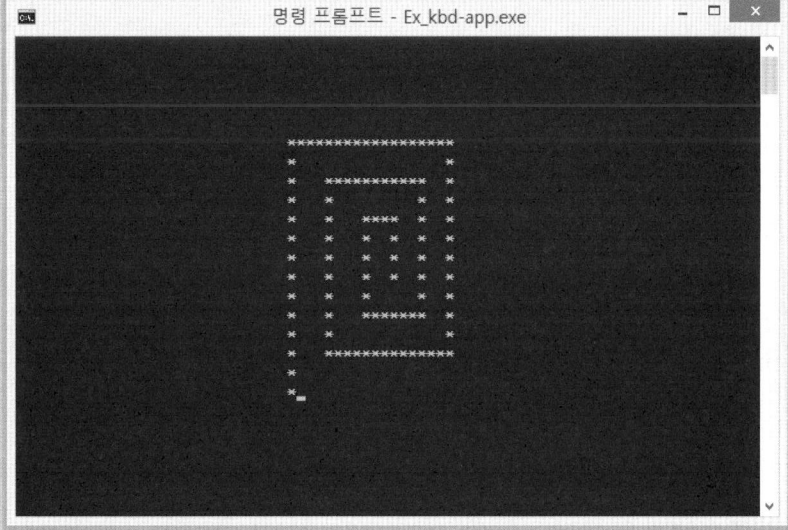

여기서 프로그램을 종료하기 위해서는 (Ctrl)+(Pause) 키를 입력하여야 종료가 된다. 프로그램을 실행하여 방향키를 눌러서 그림을 그려보자. 한 가지 단점이 있는데 그것은 좌표의 위치가 x축으로 80을 넘을 경우와 y축으로 24를 넘을 경우이다. 이때는 화면의 제어가 엉뚱하게 바뀔 수 있는데 이를 해결하는 방법은 다음과 같다. 즉, '*'이 화면 끝으로 이동하면 더는 그 방향으로 이동하지 못하게 하는 것이 핵심이다.

기존 코드	수정 코드

``
if(ch == 72)
        y = y - 1;
else if(ch == 80)
        y = y + 1;
else if(ch == 75)
        x = x - 1;
else if(ch == 77)
        x = x + 1;
``
	``
	if(ch == 72 && y > 0)
	        y = y - 1;
	else if(ch == 80 && y < 24)
	        y = y + 1;
	else if(ch == 75 && x > 0)
	        x = x - 1;
	else if(ch == 77 && x < 79)
	        x = x + 1;
	``

논리곱(&&) 연산을 사용하여 명령 창의 좌상단 좌표(0,0)와 우하단 좌표(79,24)를 넘지 않도록 한다. 이는 if(ch == 72 && y > 0)가 72(방향키 위쪽)이면서, y가 0보다 클 때만 y의 값을 1 감소시키고, else if(ch == 80 && y < 24)가 80(방향키 아래쪽)이면서, y가 24보다 작을 때만 y 값을 증가시키면 해결되는 것이다. 이 부분은 논리곱 연산을 활용하는 것이다. 그리고 '*'의 출력이 계속 남지 않고 '*' 하나만 움직이는 형태를 만들고자 하면 직전 위치에 공백(' ')을 추가로 출력하여 주면 '*' 하나만 계속 움직이는 모습을 연출할 수 있다.

기존 코드	수정 코드

``
if(ch == 224) {
        ch = getch();
        if(ch == 72)   // 방향키 ↑
``
	``
	if(ch == 224) {
	        ch = getch();
	
	        if(ch == 72 || ch == 80 ||
	         ch == 75 ||ch == 77) {
	                gotoxy(x, y);
	                printf(" ");
	        }
	
	        if(ch == 72) // 방향키 ↑
	``

논리합을 사용하는 코드로 '*'을 지우는 공백(' ')을 출력하는 코드를 추가하는 것이다.

연산자(Operator)

01 연산자 개요

연산자(Operator)란 주어진 피연산자(Operand)에 대해 정의된 산술적인 처리를 수행하도록 하는 기호를 말한다. C 언어는 다양한 연산자를 제공하며 이러한 연산자는 기계 코드(machine code)와 1대 1 대응을 이루고 있어 실행 속도가 빠르다는 특징이 있다.

연산자와 우선순위와 결합 규칙

대분류	소분류		연산자	결합방향	우선순위
일차식	우선(primary)		( ), [ ], →, .(dot)	→	
단항연산자	단항		-, ~, !, *, &, ++, --, sizeof( ), cast	←	
이항연산자		승제	*, /, %		
		가감	+, -		
		시프트(shift)	<<, >>		
	관계연산자	비교	<, <=, >, >=	→	
		등가	==, !=		
		비트 AND	&		
		비트 OR	^		
		비트 XOR	|		
		논리 AND	&&		
		논리 OR	||		
삼항연산자	조건		e1 ? e2 : e3		
대입연산자	선 연산 후 대입		*=, /=, %=, +=, -=, <<=, >>=, &=, ^=, |=	←	
순차연산자	순차		,(comma)	←	
대입	최종 대입		=		

동일 우선순위에서는 T 코스를 따라 연산을 수행한다. T 코스란 좌측 우선으로 출발하여 아래로 진행을 한다는 수행 구조를 말한다.

언젠가는 앞의 표를 모두 암기하여야 한다. 그러나 처음에는 모두 암기하기 어려우므로 최소한 아래의 우선순위와 결합 방향은 반드시 암기해 두어야 한다.

1 순위 :	함수, 배열, 포인터, 구조체 { ( ), [ ], ->, . }	→
2 순위 :	단항 연산자 { *, &, !, ~, ++, --, - }	←
3 순위 :	산술 연산자 { *, / }, { +, - }	→
4 순위 :	비교 연산자 { <, <=, ==, != 등 }	→
5 순위 :	논리 연산자 { && }, { || }	→
6 순위 :	대입 연산자 { =, +=, -= 등 }	←

단항 연산자(unary Operator)란 하나의 연산자에 피연산자(Operand)가 하나인 것을 뜻한다. 즉, 하나의 피연산자를 대상으로 연산자에 정의된 처리를 수행하는 연산자를 단항 연산자라 한다. 단항 연산자에는 ++, --, -(부호의 반전), !(부정 논리) 등이 있다.

이항 연산자(binary Operator)란 연산자를 중심으로 좌우에 2개의 피연산자를 대상으로 산술적인 처리를 수행하는 연산자이다. 이항 연산자에는 +, -, *, /, % 등 대부분의 일반 산술식이 여기에 해당한다.

삼항 연산자(triple Operator)는 피연산자1, 연산자1, 피연산자2, 연산자2, 피연산자3의 순으로 2개의 연산자와 3개의 피연산자를 대상으로 산술적인 처리를 수행하는 연산자를 말한다. 삼항 연산자는 오직 한 개의 연산자('? :')만 있으며 식이라고 볼 수 있는 형식이다.

[실습] ex_04-01.c : 연산자 우선순위

```
01: #include <stdio.h>
02: #include <stdlib.h>
03:
04: int main(void)
05: {
06:       int x = 1;
07:       int y = 2;
08:       int z;
09:
10:       z = x + (y * 2) - (++x + (y += 3));
11:       printf("x = %d, y = %d, z = %d\n", x, y, z);
12:
13:       return EXIT_SUCCESS;
14: }
```

10번 행에서 연산의 우선순위를 살펴보면 좌에서 우로 진행을 하면서 괄호를 만나면 최우선으로 적용하여야 한다.

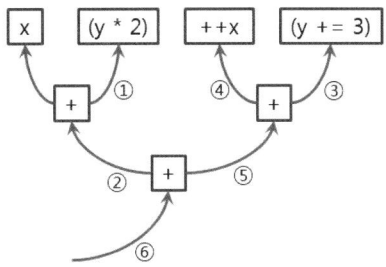

①의 수행 결과는 y의 초기값이 2이므로 2를 곱한 값인 4를 임시 저장소(스택)에 저장한다. (x=1, y=2, z=?)

②의 수행 결과는 x의 초기값이 1이므로 스택의 4와 더한 값인 5를 스택에 저장한다. (x=1, y=2, z=?)

③의 수행 결과는 y의 초기값이 2이므로 3을 더한 값을 y에 저장한다. (x=1, y=5, z=?)

④의 수행 결과는 ++가 전위 연산이므로 x의 값을 먼저 1 증가한다. (x=2, y=5, z=?)

⑤의 수행 결과는 ③의 결과(y=5)와 ④의 결과(x=2)를 더한 값인 7을 스택에 저장한다. (x=2, y=5, z=?)

⑥의 수행 결과는 ②의 수행 결과(스택에 저장된 5)에서 ⑤의 수행 결과(스택에 저장된 7)를 뺄셈하여 z에 저장한다. (x=2, y=5, z=-2)

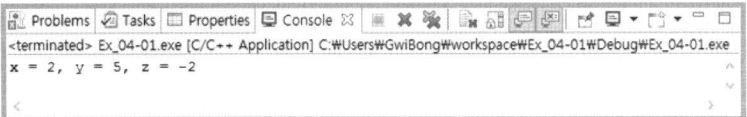

C 언어에서 연산의 진행 방향이 왼쪽에서 오른쪽으로 진행됨을 잊지 말자. 필자가 앞서 언급한 'T 구조'를 항상 염두에 두고 이해를 하면 어렵지 않게 해석이 될 것이다.

연산자 우선순위를 생각한다면 불필요한 괄호 문자가 있다. 첫 번째 만나는 괄호인데 더하기보다 곱하기 연산자의 우선순위가 높으므로 여기서는 괄호가 있으나 없으나 차이가 없다. 군이 괄호를 표현한 것은 우선순위를 설명하기 위함이다. 즉 먼저 만나는 괄호가 우선 되는 'T 구조'를 따르는 것이다.

02 산술 연산자

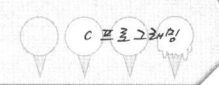

C 언어에서 산술 연산자는 단항 연산자와 이항 연산자로 구분된다. 삼항 연산자는 산술 연산자라기보다는 식에 가깝다.

2.1 단항 연산자

연산자에서 사용하는 피연산자가 하나인 연산자를 말한다. 단항 연산자의 종류는 다음과 같다.

① '++'의 증가 연산자와 '--'의 감소 연산자
② 양수와 음수를 표시하는 '+', '-' 연산자
③ 논리값을 적용하는 '~', '!' 연산자
④ 포인터 선언과 주소를 사용하는 '*', '&' 연산자

단항 연산자의 종류와 기능

문자	명칭	기능
++n	전위 증가 연산자	변수의 값을 1 증가시킨 후 수식에 사용
n++	후위 증가 연산자	변수의 값을 수식에 사용한 후 1 증가
--n	전위 감소 연산자	변수의 값을 1 감소시킨 후 수식에 사용
n--	후위 감소 연산자	변수의 값을 수식에 사용한 후 1 감소
-	부호 바꿈 연산자	피연산자의 부호를 바꾼다

[실습] ex_04-02.c : 단항 연산자

```
01: #include <stdio.h>
02: #include <stdlib.h>
03:
04: int main(void)
05: {
06:     int  x, y;
07:
08:     x = y = 7;
09:     printf("%d %d\n", ++x, y++);
10:     printf("%d %d\n", x, y);
11:     printf("%d %d\n", --x, y--);
12:     printf("%d %d\n", x, y);
13:
14:     return EXIT_SUCCESS;
15: }
```

09번 행에서 변수 x의 값은 1 증가하여 8이 되어 첫 번째 '%d'에 대입되고, 변수 y의 값은 7을 두 번째 '%d'에 대입하고 1을 증가한다. 09번 행이 수행되고 난 결과는 즉 10번 행을 수행하기 직전에는 'x', 'y' 모두 1씩 증가하여 8이 된다. 11번 행은 감소한다는 것만 다르고 동작하는 방식은 09번 행과 같다.

```
Problems  Tasks  Properties  Console
<terminated> Ex_04-02.exe [C/C++ Application] C:\Users\GwiBong\workspace\Ex_04-02\Debug\Ex_04-02.exe
8  7
8  8
7  8
7  7
```

2.2 이항 연산자

이항이란 항이 두 개라는 뜻이다. 즉, 이항 연산자란 연산자에서 사용하는 연산의 재료 즉, 피연산자가 두 개인 연산자를 말한다. 이항 연산자에는 일반 산술 연산자와 논리 연산자 그리고 관계 연산자가 있다.

산술 연산자의 연산은 일반적으로 다음과 같은 연산 규칙을 따른다.

① 정수와 정수의 연산은 연산 결과가 정수
② 실수와 실수의 연산은 연산 결과가 실수
③ 서로 다른 자료형의 연산은 먼저 커다란 형태의 자료로 자료형을 바꾸어서 연산
④ 정수와 정수의 나눗셈 결과는 정수 값
⑤ 정수형 자료와 실수형 자료의 나눗셈 연산 결과는 실수형

이항 연산자

연 산 자	기능	사용예	피연산자
+	덧셈 연산	a + b	정수형, 실수형
-	뺄셈 연산	a - b	정수형, 실수형
*	곱셈 연산	a * b	정수형, 실수형
/	나눗셈 연산	a / b	정수형, 실수형
%	나머지 연산	a % b	정수형

[실습] ex_04-03.c : 이항 연산자

```
01: #include <stdio.h>
02: #include <stdlib.h>
03:
04: int main(void)
05: {
06:        int a, b;
07:
08:        a=10, b=4;
09:        printf("Add %d+%d=%d\n", a, b, a + b);
10:        printf("sub %d-%d=%d\n", a, b, a - b);
11:        printf("Mul %d*%d=%d\n", a, b, a * b);
12:        printf("Div %d/%d=%d\n", a, b, a / b);
13:        printf("Mod %d%%%d=%d\n", a, b, a % b);
14:
15:        return EXIT_SUCCESS;
16: }
```

13번 행의 산술 연산자로 사용된 '%'는 나눗셈의 나머지를 구하는 연산자이다. 또한 '%' 기호를 출력하려면 '%'를 두 번 반복하여 '%%'를 사용한다.

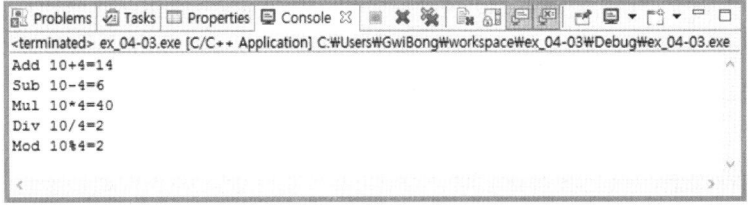

연산의 결과 값을 변수에 저장하고 printf( ) 함수의 형식 매개 변수에 대입하여도 되지만, 이렇게 직접 연산의 결과가 바로 printf( ) 함수의 형식 매개 변수에 대입되도록 하는 것이 메모리를 절약하고 속도도 향상할 수 있다. 작은 프로그램에서는 속도의 향상이 잘 드러나지 않지만, 프로그램의 크기가 커질수록 그 효과는 확실해진다.

03 대입 연산자

대입 연산자(assignment operator : =)는 치환 연산자 또는 할당 연산자라고도 한다. '=' 기호 오른쪽의 수식 연산 결과 값(r-value)을 '=' 기호 왼쪽의 변수(l-value)에 대입할 때 사용하는 연산 기호이다. 우변에 있는 변수(이름이 있는 기억장치의 영역)의 값이나 상수의 값 또는 산술식의 연산 값을 '='의 좌변에 있는 값에 대입하는 명령문들이다. 또한, 대입 연산자와 산술 연산자를 합성하여 수식을 간단히 표현하기도 한다.

대입 연산자의 종류와 의미

연산자	예	의미
=	a = b	b의 값을 a에 저장
+=	a += b	a = a + b
-=	a -= b	a = a - b
*=	a *= b	a = a * b
/=	a /= b	a = a / b
%=	a %= b	a = a % b

[실습] ex_04-04.c : 대입 연산자

```
01: #include <stdio.h>
02: #include <stdlib.h>
03:
04: int main(void)
05: {
06:     int a = 2, b = 7, c = 5, d = 9;
07:
08:     a += b;
09:     b -= c;
10:     c *= d;
11:     d /= a;
12:     a %= c;
13:     printf("a => a += b => %d\n", a);
14:     printf("b => b -= c => %d\n", b);
15:     printf("c => c *= d => %d\n", c);
16:     printf("d => d /= a => %d\n", d);
17:     printf("a => a %%= c => %d\n", a);
18:
19:     return EXIT_SUCCESS;
20: }
```

'ex_04-03.c'를 응용하여 대입 연산을 구현한 예제이다. 응용의 차이점은 미리 계산을 수행하고, 결과 값을 printf( ) 함수에서 사용하였다. 08번 행에서 12번 행까지의 수행은 산술 연산과 함께 대입 연산을 사용하였다.

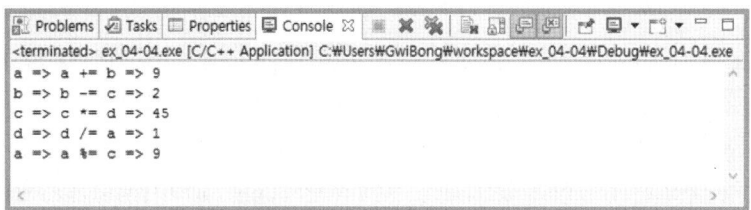

```
<terminated> ex_04-04.exe [C/C++ Application] C:\Users\GwiBong\workspace\ex_04-04\Debug\ex_04-04.exe
a => a += b => 9
b => b -= c => 2
c => c *= d => 45
d => d /= a => 1
a => a %= c => 9
```

04 관계 연산자

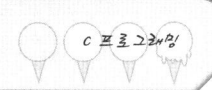

피연산자에 대한 크기의 대소 관계와 상등 관계를 비교하여 참(true : 1)과 거짓(false : 0)의 논리적인 판단에 사용하는 연산자이다. 관계 연산자에서 해석하는 관점에 따라 다르게 표현되기도 한다. 필자 역시 하나의 기준을 정하고자 한다. 프로그램 코드가 T형 구조를 가진다고 언급하였으니 그 기준에 따라 좌측을 기준을 삼고자 한다. 즉 'a 〈 b'일 때 '좌측의 a가 우측의 b보다 작다.'로 해석한다.

관계 연산자의 종류와 의미

연 산 자	예	의미
<	less than	a < b, a는 b보다 작다.
>	greater than	a > b, a는 b보다 크다.
<=	less than or equal	a <= b, a는 b보다 작거나 같다.
>=	greater than or equal	a >= b, a는 b보다 크거나 같다.
==	equal	a == b, a와 b는 같다.
!=	not equal	a != b, a와 b는 같지 않다.

[실습] ex_04-05.c : 관계 연산자

```
01: #include <stdio.h>
02: #include <stdlib.h>
03:
04: int main(void)
05: {
06:     int su1 = 10, su2;
```

```
07:
08:         scanf("%d", &su2);
09:         printf("su1 < su2의 값은 %d\n", su1 < su2);
10:         printf("su1 == su2의 값은 %d\n", su1 == su2);
11:         printf("su1 != su2의 값은 %d\n", su1 != su2);
12:
13:         return EXIT_SUCCESS;
14: }
```

su2 변수에 키보드로 입력한 숫자를 저장하여 변수 su1의 값과 크기를 비교한다. 09번 행에서 11번 행까지의 연산 부분의 수행 결과 값은 논리값이 된다.

C 언어에서 논리값은 정수형을 취한다. 즉, 참(true)은 '1'이 되고, 거짓(false)은 '0'이 된다. 반대로 '0'은 거짓이 되고, '0'이 아닌 모든 값은 참이 된다. C11 표준에서는 boolean 타입이 제공되지만, C99 표준에서는 제공하지 않는다.

```
Problems  Tasks  Properties  Console       
<terminated> ex_04-05.exe [C/C++ Application] C:₩Users₩GwiBong₩workspace₩ex_04-05₩Debug₩ex_04-05.exe
1
su1 < su2의 값은 0
su1 == su2의 값은 0
su1 != su2의 값은 1
```

05 논리 연산자

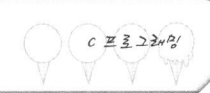
C 프로그래밍

여러 가지 관계 조건을 결합하여 논리적인 판단을 할 때 사용하는 연산자이다. 피연산자로 산술형, 포인터형 모두 가능하고, 피연산자 간의 자료형 일치, 즉 자료의 형 변환은 발생하지 않는다.

논리 연산자의 종류와 의미

기호	명칭	형식	우선순위
!	논리 부정(logical NOT)	! 식(포인터)	1
&&	논리 곱(logical AND)	식1 && 식2	2
||	논리합(logical OR)	식1 || 식2	3

[실습] ex_04-06.c : 논리 연산자

```
01: #include <stdio.h>
02: #include <stdlib.h>
03:
04: int main(void)
05: {
06:        int a=1, b=2, c=3;
07:        int value_1, value_2, value_3;
08:
09:        value_1 = a || (b && c);
10:        value_2 = (a > b || (c == b && a < c));
11:        value_3 = -b++ + ++c;
12:
13:        printf("value_1 = %d, value_2 = %d, value_3 = %d \n", value_1, value_2, value_3);
14:
15:        return EXIT_SUCCESS;
16: }
```

09번 행의 연산은 우선순위에 주의해서 보아야 한다. 변수 b의 값이 참이고, 변수 c의 값이 참이므로 AND 연산(&&)의 결과는 참이다. 이후 변수 a의 값과 AND 연산 결과 값과의 OR 연산(||)은 수행의 의미가 없다.

OR 연산(||)은 양측의 값 중 하나가 참이면 무조건 참이기 때문에 'b && c'의 결과 값이 참이므로 컴파일러는 이 부분을 불필요한 연산으로 제거하게 된다. 만약에 10번 행처럼 '&&' 연산의 결과가 거짓이라면 이 결과와 앞의 판별식을 비교하여 OR 연산(||)을 수행하게 된다. 이러한 기준은 모든 논리 연산에 동일하게 적용되므로 **논리 연산의 우선순위를 외워 두는 것이 머리를 덜 아프게 한다.**

```
Problems  Tasks  Properties  Console
<terminated> Ex_04-06.exe [C/C++ Application] C:\Users\GwiBong\workspace\Ex_04-06\Debug\Ex_04-06.exe
value_1 = 1, value_2 = 0, value_3 = 2
```

 **비트 연산자**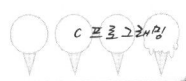

컴퓨터는 기본적으로 0과 1의 비트 단위로 동작한다는 점을 상기하자. 비트 연산을 수행할 수 있다는 것은 컴퓨터의 내부 구조에 접근하는 실마리를 제공하는 것이다.

연산자		예	기능
비트논리	~	~a	비트 단위 논리 보수(bitwise logical complement)로 1의 보수(1's complement)라고 한다. 1은 0으로 0은 1로 변환하는 Reverse이다.
	&	a & b	비트 단위 논리 AND(bitwise logical AND) 특정 비트를 0으로 리셋(mask off)할 때 사용한다.
	|	a | b	비트 단위 논리 OR (bitwise logical OR) 특정 비트를 1로 세트(mask on)할 때 사용한다.
	^	a ^ b	비트 단위 배타적 논리 OR (bitwise exclusive OR) 양쪽 비트 값이 같지 않으면 1이다.
시프트	<<	a << b	a를 b 비트만큼 왼쪽으로 이동시킨다.
	>>	a >> b	a를 b 비트만큼 오른쪽으로 이동시킨다.
비트대입	&=	a &= b	논리 AND를 하여 a에 대입(a = a & b)
	|=	a |= b	논리 OR를 하여 a에 대입(a = a | b)
	^=	a ^= b	배타적 논리 OR를 하여 a에 대입(a = a ^ b)
	>>=	a >>= b	a를 b 비트만큼 왼쪽으로 이동하여 a에 대입한다. (a = a << b)
	<<=	a <<= b	a를 b 비트만큼 오른쪽으로 이동하여 a에 대입 (a = a >> b)

6.1 비트 논리 연산자

비트 논리 연산자의 쓰임새와 특징을 보면, 비트 단위의 처리가 필요한 레지스터의 조작이 가능하고, I/O(입출력) 포트의 제어 및 마스크 처리(masking) 등의 조작이 가능하다. 또한, 시스템 제어에 사용하는 C 언어의 저급 언어적인 특징(하드웨어적인 접근)을 활용하기 쉬우며, 비트 단위의 연산은 다른 산술 연산보다 실행 속도가 수십 배 빠르다.

[실습] ex_04-07.c : 비트 연산자

```
01: #include <stdio.h>
02: #include <stdlib.h>
03:
04: int main(void)
05: {
```

```
06:        unsigned char  a = 0x75, b = 0xd8, c = 0xf0;
07:        int i = 16, j = -16;
08:
09:        printf("a & b = 0x%x = %d\n", a & b, a & b);
10:        printf("a | c = 0x%x = %d\n", a | c, a | c);
11:        printf("a ^ b = 0x%x = %d\n", a ^ b, a ^ b);
12:        printf("~a    = 0x%x = %d\n", ~a, ~a);
13:        printf("j << 3 = j * 2 * 2 * 2 = %d\n", j << 3);  // 쉬프트(shift) 연산
14:        printf("i >> 3 = i / 2 / 2 / 2 = %d\n", i >> 3);  // 쉬프트(shift) 연산
15:
16:        return EXIT_SUCCESS;
17: }
```

06번 행에서 변수 a에 대입되는 값이 '0x75'이다. 이를 10진수처럼 계산하고자 하면 안된다. 16진수로 보아야 하는데 대부분 초보자는 16진수를 계산하기 어려워한다. 필자는 이러한 독자를 위해서 2진수로 변환하여 볼 것을 권한다. 16진수 '0x75'는 2진수로 '01110101'이 된다. 변수 b를 보자 16진수 '0xd8'은 2진수로 '11011000'이다. 이 두 개의 2진수를 순서대로 하나씩 AND(&) 연산을 수행한 결과가 09번 행에서 출력하는 결과이다. '01110101 & 11011000'을 수평으로 계산하기 어려운 독자는 수직으로 놓고 계산하면, 더 빨리 계산할 수 있을 것이다.

논리곱의 2진수 연산에 대한 수행은 다음과 같다.

```
        01110101
  &     11011000
     -------------------
        01010000
```

이 결과 2진수 '01010000'를 다시 10진수 또는 16진수로 변환하면 원하는 결과 답을 알수 있다.

답은, 16진수 : 0x50, 10진수 : 64 + 16 = 80

13번 행과 14번 행은 비트 쉬프트 연산을 이용하여 곱셈과 나눗셈의 결과를 보여주는 수행문이다.

```
Problems  Tasks  Properties  Console
<terminated> ex_04-07.exe [C/C++ Application] C:\Users\GwiBong\workspace\ex_04-07\Debug\ex_04-07.exe
a & b = 0x50 = 80
a | c = 0xf5 = 245
a ^ b = 0xad = 173
~a    = 0xffffff8a = -118
j << 3 = j * 2 * 2 * 2 = -128
i >> 3 = i / 2 / 2 / 2 = 2
```

6.2 쉬프트(shift) 연산자

쉬프트 연산자는 거듭제곱 또는 거듭제승의 의미가 있다. 비트의 순서를 생각해보고 첫 비트가 1일 경우를 가정하고 하나씩 1을 이동해 보자. 좌측으로 하나씩 이동할 때마다 2의 지수승으로 증가하지만, 자신의 배수이기도 하다. '2 * 2 = 4', '4 * 4 = 16'이다. 이때는 2에서 4로 증가했으므로 2비트를 증가한다. '8 * 8 = 64'이므로 4에서 증가한 수, 즉 4비트를 이동하면 64이다. 우측 쉬프트 연산자는 좌측 쉬프트 연산자의 반대 의미가 있다.

Tip   2진수를 10진수 16진수, 8진수로 빠르게 변환하는 방법을 살펴보자.

2진수는 1과 0의 나열이다. 그러나 무한정 많은 것이 아니라 4bit 단위, 8bit 단위, 16bit 단위, 32bit, 64bit 단위로 크기가 운영체제 및 하드웨어에 따라 제한적이다.

이후 배수로 증가				4	2	1	8진수
			8	4	2	1	16진수
	...	16	8	4	2	1	10진수

자릿수에 '1'이 있으면 자릿수를 더하면 해당 값이다. 8진수라면 3bit씩 나누어 위의 표에 대입하고 16진수라면 4bit씩 나누어 위의 표에 대입하여 계산하면 된다. 10진수는 bit를 묶음으로 나누지 않고 계속하여 배수를 구한 다음 '1'의 자릿수 값만 더하면 바로 변환이 된다. 10진수를 2진수로 나누는 방법은 2로 나누는 과정에서 나머지의 합을 나열하는 방식이다.

[실습] ex_04-08.c : 정수 값을 2진수로 출력

```
01: #include <stdio.h>
02: #include <stdlib.h>
03:
04: int main(void)
05: {
06:     int i, n, k;
07:
08:     printf("정수입력: ");
09:     scanf("%d", &n);
10:     for ( i=7; i >= 0; i--) {
11:         k = (n >> i) & 0x1; /* 시프트 연산, 비트 연산 */
12:         printf("%1d", k);
13:     }
```

```
14:        printf("\n");
15:
16:        return EXIT_SUCCESS;
17: }
```

10번 행에서 32비트 2진수를 표현하고자 한다면 시작 값을 '7'인 아닌 '31'로 변경하면 된다. 현재는 8비트를 표현하도록 코드를 만들었다. 11번 행에서 변수 k의 값은 변수 n의 값을 변수 i의 값만큼 오른쪽으로 이동한 다음 '0x1'과 비트 AND 연산(&)을 수행하여 '0'과 '1'을 만드는 과정이다. 이렇게 만들어진 '0' 또는 '1'이 한 문자로 처리되어 12번 행에서 출력되므로 결과 출력은 '0'과 '1'로 구성된 2진수가 된다.

```
Problems  Tasks  Properties  Console ⊠  ▦ ✖ ✖  ▤ ▦ ▣ ▣  ▣ ▣ ▾ ▭ ▾ ▭ ▭
<terminated> ex_04-08.exe [C/C++ Application] C:\Users\GwiBong\workspace\ex_04-08\Debug\ex_04-08.exe
1234
정수입력: 11010010
```

6.3 비트 대입 연산자

비트 대입 연산자는 비트 연산을 수행하는 연산자와 대입 연산자를 결합한 형태로 연산의 결과 값이 연산자의 앞에 있는 피연산자에 저장되는 연산자이다.

연산자	설명
<<=	연산자 앞에 있는 피연산자가 연산자 뒤에 있는 피연산자의 값으로 지정된 비트 수만큼 왼쪽으로 이동한다. 연산자 앞에 있는 피연산자에 결과를 저장한다.
>>=	연산자 앞에 있는 피연산자가 연산자 뒤에 있는 피연산자의 값으로 지정된 비트 수만큼 우측으로 이동한다. 연산자 앞에 있는 피연산자에 결과를 저장한다.
&=	연산자 앞에 있는 피연산자와 뒤에 있는 피연산자의 비트를 AND로 연산하여 연산자 앞에 있는 피연산자에 결과를 저장한다.
|=	연산자 앞에 있는 피연산자와 뒤에 있는 피연산자의 비트를 XOR로 연산하여 연산자 앞에 있는 피연산자에 결과를 저장한다.
^=	연산자 앞에 있는 피연산자와 뒤에 있는 피연산자의 비트를 OR로 연산하여 연산자 앞에 있는 피연산자에 결과를 저장한다.

[실습] ex_04-bit.c : 비트 대입 연산자 예제

```
01: #include <stdio.h>
02: #include <stdlib.h>
03:
04: int main() {
05:        int a = 10, b = 0xAAAA, e = 0x5555;
06:
07:        printf("a = 10, b = 0xAAAA, c = 0xeeee\n");
```

```
08:        printf("a >>= 1 %d \n", a >>= 1);      // a는 5가 된다.
09:        printf("a <<= 1 %d \n", a <<= 1);      // a는 다시 10이 된다.
10:        printf("b |=  c %x \n", b |= e);       // Bitwise-d is 0xAAAA OR 0xeeee is 0xFFFF
11:        printf("b &=  c %x \n", b &= e);       // Bitwise-d is 0xAAAA AND 0x5555 is 0x5555
12:        printf("b ^=  c %x \n", b ^= e);       // Bitwise-d is 0xAAAA XOR 0x5555 is 0
13:
14:        return EXIT_SUCCESS;
15: }
```

위의 결과 값을 확인하기 위해서 반드시 실행하여 보기 바란다. 주석 문의 내용과 결과가 같은 지를 검토하여 비트를 하나씩 그려서 연산의 과정을 살펴보는 것은 매우 중요한 공부이다.

07 순차 연산자

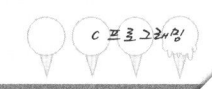

여러 식을 한 줄의 명령문으로 나열하는 기능으로 우선순위가 가장 낮으며, 콤마 우측에 있는 식을 연산하여 얻은 결과 값을 결과로 갖는 좌결합성 연산자이다.

[실습] ex_04-09.c : 순차 연산자

```
01: #include <stdio.h>
02: #include <stdlib.h>
03:
04: int main(void)
05: {
06:        int x, y;
07:
08:        x = (y = 10, y++);
09:        printf("x = %d, y = %d\n", x, y);
10:
11:        return EXIT_SUCCESS;
12: }
```

08번 행의 수행 과정은 변수 y에 10을 대입하고, 순차 연산자(',') 뒤쪽의 'y++'를 수행한다. 따라서 변수 x의 값은 10이 되고, 변수 y의 값은 1이 증가한 값인 11이 되어 09번 행에 반영된다.

```
Problems  Tasks  Properties  Console ⊠  ■ ✖ ※  ▤ ▥ ▦ ▧  ┌ ▣ ▾ ┌ ▾ ▭ □
<terminated> Ex_04-09.exe [C/C++ Application] C:\Users\GwiBong\workspace\Ex_04-09\Debug\Ex_04-09.exe
x = 10,  y = 11
```

[실습] ex_04-I0.c : 순차 연산자의 활용

```
01: #include <stdio.h>
02: #include <stdlib.h>
03:
04: int main(void)
05: {
06:     int i, sum;
07:
08:     for(i=1, sum=0; i<=10; sum+=i, ++i);
09:         printf("sum = %d\n", sum);
10:
11:     return EXIT_SUCCESS;
12: }
```

1부터 10까지의 합을 구하는 프로그램이다. 08번 행의 for 반복문에서 변수 i의 증가와 변수 sum의 누적을 동시에 처리한다. for 반복문은 이후 다시 자세히 다룰 것이다.

```
Problems  Tasks  Properties  Console ⊠  ■ ✖ ※  ▤ ▥ ▦ ▧  ┌ ▣ ▾ ┌ ▾ ▭ □
<terminated> Ex_04-10.exe [C/C++ Application] C:\Users\GwiBong\workspace\Ex_04-10\Debug\Ex_04-10.exe
sum = 55
```

08 삼항 연산자

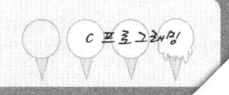

피연산자를 세 개 사용하므로 삼항 연산자라 한다. 첫 번째 피연산자인 조건식의 평가 결과에 따라 두 번째 피연산자 세 번째 피연산자 둘 중 하나만 수행하여 결과를 만드는 연산자이다.

식1 = 조건식 ? 식2 : 식3

조건식의 참과 거짓에 따라 '식2' 또는 '식3'의 수행 결과를 '식1'에 대입하는 문장이다. '?'과 ':'을 사용하여 3개의 피연자를 필요로 하기 때문에 삼항 연산자라고 부른다. 조건식이 참일 경우 '식2'를 '식1'에 제공하고, 거짓일 경우 '식3'을 '식1'에 제공한다. '식1'은 변수 또는 결과를 받아들이는 피연산자로 식이 될 수도 있고 return 수행문을 사용할 수도 있다.

[실습] ex_04-II.c : 조건 연산자의 활용

```
01: #include <stdio.h>
02: #include <stdlib.h>
03:
04: int main(void)
05: {
06:        int i;
07:
08:        for (i=1; i<=3; i++)
09:                printf("%d book%c\n", i, (i<=1) ? 0x20 : 's');
10:
11:        return EXIT_SUCCESS;
12: }
```

09번 행의 '0x20'은 빈 공백에 해당하는 space 값이다. i 값이 1일 경우는 '0x20'에 해당하는 공백 문자를 문자열 'book' 뒤에 이어 붙이고, 1이 아닐 경우는 's'를 붙여서 복수임을 표현하는 문장이다.

```
Problems  Tasks  Properties  Console ⌗
<terminated> ex_04-11.exe [C/C++ Application] C:\Users\GwiBong\workspace\ex_04-11\Debug\ex_04-11.exe
1 book
2 books
3 books
```

09 sizeof 연산자

변수나 자료형이 차지하는 메모리의 크기를 바이트(byte) 단위로 구해 주는 연산자로서 메모리 영역 할당과 입출력 간의 정보 교환에 사용한다.

---

sizeof(식)
sizeof(자료형)

임의의 식(expression)이나 배열도 sizeof 연산자의 피연산자가 될 수 있으며, 자료형에 할당되는 바이트 수를 계산할 때는 자료형을 ( )속에 표시한다.

[실습] ex_04-12.c : sizeof 연산자

```
01: #include <stdio.h>
02: #include <stdlib.h>
03:
04: int main(void)
05: {
06:        int k;
07:        float x;
08:        double z;
09:
10:        k = sizeof(x+z);
11:        printf ("%d, %d, %d, %d, %d, %d, %d \n",
12:                  k, sizeof(char), sizeof(short), sizeof(int),
13:                  sizeof(long), sizeof(float), sizeof(double));
14:
15:        return EXIT_SUCCESS;
16: }
```

변수 k에 대입되는 값은 'x+z'의 결과를 저장하는 메모리 스택의 크기이다. 변수 z의 자료형이 double형이므로 float형인 변수 x와 더한 결과 값이 더 큰 크기의 double 값으로 크기가 나온다. 이는 묵시적 형변환이 일어났음을 확인하는 방법이다.

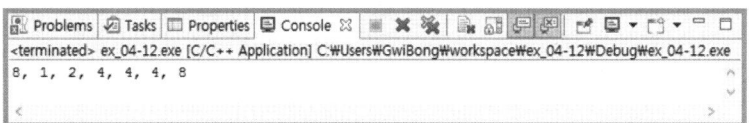

```
Problems  Tasks  Properties  Console ☒                                     
<terminated> ex_04-12.exe [C/C++ Application] C:\Users\GwiBong\workspace\ex_04-12\Debug\ex_04-12.exe
8, 1, 2, 4, 4, 4, 8
```

/0 cast 연산자

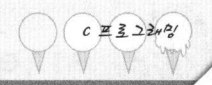

피연산자의 자료형을 다른 자료형으로 강제로 변환하는 명시적 변환에 사용하는 연산자이다. 별도의 예약어가 있는 것이 아니라서 형식을 보아야 한다. 변수를 선언할 때 사용하는 형식 선언자를 앞뒤 괄호를 붙여서 사용하며 특정 연산의 결과를 다른 식이나 변수에 대입하기 전에 사용한다.

(형명) 식

식은 변수 또는 함수의 반환 값이 될 수도 있고 산술 연산식이 될 수도 있다.

[실습] ex_04-13.c : cast 연산자

```
01: #include <stdio.h>
02: #include <stdlib.h>
03:
04: int main(void)
05: {
06:        int a, i, j;
07:        float b, c;
08:
09:        b = 1.6, c = 1.7;
10:        i = 36, j = 5;
11:        a = (int)b + (int)c;
12:        printf("a = %d\n", a);
13:        printf("Result = %5.2f\n", i / (float)j);
14:
15:        return EXIT_SUCCESS;
16: }
```

정수와 정수를 사용하여 나눗셈하면 계산 결과를 저장하는 스택 변수의 형은 정수형으로 결정되어 소수점은 사라진다. 이를 보완하려면 피연산자 중 하나가 실수형(double)으로 정의되면 계산 결과를 저장하는 스택은 실수형(double)으로 만들어진다. float형도 실수형이지만 32비트 컴파일러에서는 int의 크기와 float의 크기가 동일하므로 계산 결과 값을 저장하는 스택의 크기 변화를 보장받을 수 없다.

이러한 이유로 13번 행에서는 피연산자 2개 모두를 (float)로 cast 연산자를 명시적으로 표현하여 값을 안정적으로 보장받으려고 하였다. '(float)i / (float)j'는 'i / (float)j'로 수정하여도 결과는 동일하게 나온다. float형의 실수가 정수형보다 크다고 인정되는 경우이다.

```
Problems  Tasks  Properties  Console  
<terminated> ex_04-13.exe [C/C++ Application] C:\Users\GwiBong\workspace\ex_04-13\Debug\ex_04-13.exe
a = 2
Result =  7.20
```

구조적 프로그래밍과 제어 구조

 개요

구조적 프로그래밍(Structured Programming)이란 '절차적 프로그래밍'이라고도 하는 프로그램 소스 코드 작성 방법을 말한다. 구조적 프로그래밍의 반대 개념으로 설명되는 고전적인 프로그래밍 방법을 스파게티 프로그래밍(Spaghetti Programming) 방법이라고 한다. 흐름을 역행하거나 점프 등에 의해 프로그램 소스 코드가 헝클어진 스파게티를 닮았다는 의미로 사용된다. 이러한 점프, 역행의 대표적인 기능인 goto 문을 사용하여 프로그램 실행의 'T형 구조'를 헝클어 놓은 스파게티 프로그램 방식을 개선한 방법이 구조적 프로그래밍 방법이다.

구조적 프로그래밍 방법에서는 하나의 출발점에서 출발하면, 뒤에는 각각 판단 과정에서 논리의 흐름이 분기되어 전개되므로 T형 구조의 역행이나 점프가 필요 없다. 이것을 또 다른 표현으로 'TOP DOWN 방식'이라고도 한다. 이 방법은 스파게티 프로그램 작성의 혼란을 방지하고 작업의 신속화와 오류의 최소화를 주목적으로 고안되었다.

1969년 E. W. Dijkstra 교수의 'goto 명령문의 유해론'을 시작으로 1970년대 소프트웨어 위기(software crisis)론 확산되면서 본격적으로 도입되기 시작하였다. 이후 구조적 프로그래밍 방법은 객체지향 프로그래밍 등으로 발전되었다.

구조적 프로그래밍의 목적은 이해하기 쉬운 프로그램, 프로그램의 효율성 증진, 프로그램의 품질 강화, 프로그래밍의 완전무결함, 프로그램의 생산성 향상 등 프로그래밍의 유지보수 측면에서 소프트웨어 개발에 드는 경비를 현저하게 감소시키는 데 있다.

구조적 프로그램(좋은 프로그램)의 조건을 살펴보면 다음과 같다.

① 입구가 하나이어야 한다. (one entry point)
② 출구가 하나이어야 한다. (one exit point)
③ 실행되지 않는 부분이 포함되어서는 안 된다. (no dead code)
④ 무한 반복을 하지 말아야 한다. (no infinite loop)

구조적 프로그램은 3가지의 기본 구조로 되어 있다.

① 순차(sequence) 제어 구조
② 조건(conditional) 제어 구조
③ 반복(repetition) 제어 구조

수행 제어를 위해 사용되는 문장의 구조들을 차례로 나열함으로써 구조적 프로그램을 작성하는 것이다. 여기는 **순차형**(순차 구조, SEQUENCE 형), **선택형**(분기 구조, IF THEN ELSE 형), **반복형**(반복 구조는 FOR, WHILE, DO WHILE 형)의 3가지가 있다. 이 3가지 제어 구조를 조합함에 따라 프로그램의 모든 논리가 기술된다.

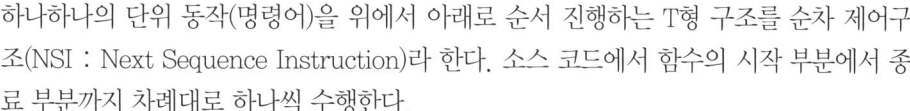

02 순차적 제어 구조(sequential structure)

하나하나의 단위 동작(명령어)을 위에서 아래로 순서 진행하는 T형 구조를 순차 제어구조(NSI : Next Sequence Instruction)라 한다. 소스 코드에서 함수의 시작 부분에서 종료 부분까지 차례대로 하나씩 수행한다.

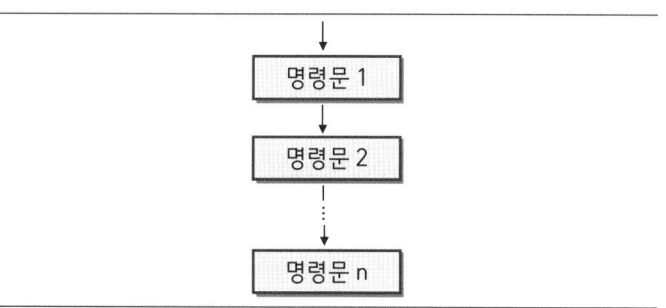

예제 프로그램을 통해 순차적 제어 구조를 이해해 보자.

[실습] ex_05-01.c : 순차 프로그램

```
01: #include <stdio.h>
02: #include <stdlib.h>
03:
04: int main(void)
05: {
06:        int i;
07:
08:        i = 10;
09:        printf("변수 i에 저장된 값 = %d\n", i);
10:        printf("변수 i의 전위 연산 = %d\n", ++i);
11:        printf("변수 i의 후위 연산 = %d\n", i++);
12:        printf("변수 i의 결과  값 = %d\n", i);
13:
14:        return EXIT_SUCCESS;
15: }
```

위에서부터 아래로 명령 문장들이 수행되므로 TOP DOWN 방식이라고도 하는 순차형 제어구조이다. 함수 내부의 06번 행은 선언 부분이고, 08번 행은 초기화 부분이다. 09번 행부터 12번 행까지는 사용 부분(명령 실행 부분)이다. 14번 행은 반납 부분(프로그램의 실행 제어를 프로그램을 실행시켜준 시스템 또는 호출 함수로 돌려주는 부분)이다.

이러한 순서는 특별한 형식이 있는 것은 아니지만, 선언과 초기화, 사용, 반납의 순서를 지켜서 프로그래밍을 하는 습관을 들이는 것이 좋다. 특히 초기화 부분을 소홀히 하면 프로그램에서 버그(bug, 오류) 발생 확률이 매우 높아진다.

모든 변수의 초기화는 반드시 '0'이어야 하는 것은 아니다. 처음으로 주어지는 값이 초기화이다.

또한, 변수 선언은 함수의 시작 부분에서 기술하도록 C99 이후부터 권고하고 있다. C99에서는 사용문(명령문)에 변수를 선언할 수 있었으나, 현재 C11 표준을 채택하고 있는 컴파일러는 사용문이 시작되고 나서 변수를 선언하면 컴파일 오류가 발생한다.

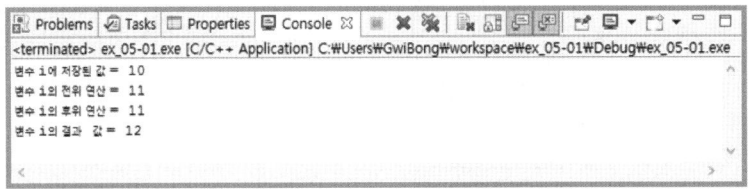

결과에서 보듯이 전위 연산은 먼저 값을 증가하고 대입을 하지만, 후위 연산은 값을 먼저 대입하고 증가를 한다.

03 조건 제어 구조

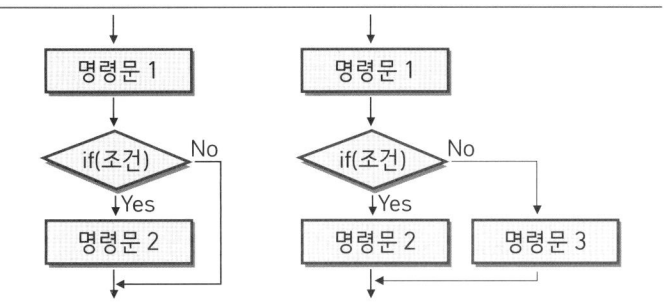

조건의 판단으로 두 경로 중 어느 하나의 경로를 선택하는 구조이다. 어느 경로를 선택하더라도 다시 한 곳에서 만난다. 분기문을 표시하는 것은 'T 구조'를 따르는 방향을 'Yes'로 그렇지 않은 경우를 'No'로 설정한다.

> **Tip** 순서도(Flow Chart)를 그릴 때 주의할 것은 'No'에 해당하는 선의 끝의 화살표 모양은 명령문의 측면에 도달하도록 그리는 것이 아니다. 위 그림처럼 명령문 이전이나 이후의 진행선에 화살표를 표시하는 것이 가독성을 높이는 방법이다.

3.1 단순 if 제어문

조건식의 판별 값이 참일 경우 명령문을 수행하는 조건문이다.

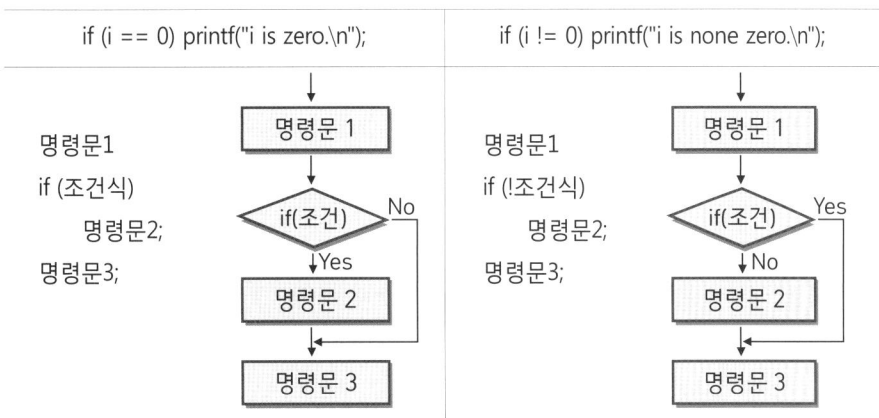

if 조건문에서 기술된 조건에 일치하는 경우에만 실행해야 할 해당 문장들의 수행 여부를 판별하기 위해 사용한다.

[실습] ex_05-02.c : 정수형 데이터의 절대값

```
01: #include <stdio.h>
02: #include <stdlib.h>
03:
04: int main(void)
05: {
06:      int su;
07:
08:      printf("수치 값 입력 => ");
09:      fflush(stdout);
10:      scanf("%d", &su);
11:      if (su < 0) su = -su;
12:      printf("입력한 수치의 절대 값은 %d입니다.\n", su);
13:
14:      return EXIT_SUCCESS;
15: }
```

절대값을 구하는 프로그램은 매우 간단하다. 0보다 작은 값이 들어오면 음수 부호만 제거하면 된다. 산수로 설명을 하자면 음수에 '-1'을 곱하면 양수가 된다. 즉 변수에 음수가 들어 있다면 '-1'을 곱하기 하는 것이다. 이를 결과에 대입함으로서 절대값이 저장되는 것이다. 즉 '-su'는 '-1 × su'와 같다.

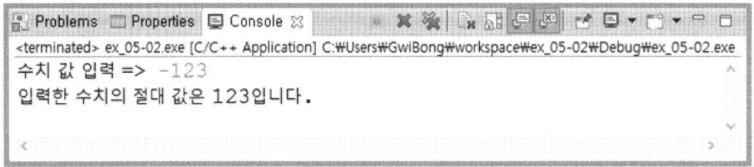

즉, 11번 행을 다음과 같이 변경하면 같은 기능을 수행한다. 삼항 연산자는 다시 설명할 것이다.

```
11:      (su < 0) ? -su : su;
```

어떤 방식이 좀 더 효율적인지는 판단할 수 없다. 개발자의 프로그래밍 취향 정도로 정리하는 것이 좋다.

[실습] ex_05-03.c : 단순 if 사용

```
01: #include <stdio.h>
02: #include <stdlib.h>
03:
04: int main(void)
05: {
06:         int i = 10, j = 20;
07:
08:         if(i > j) {
09:                 i = i + 20;
10:                 printf("i = %d\n", i);
11:         }
12:         j = j + 20;
13:         printf("j = %d\n", j);
14:
15:         return EXIT_SUCCESS;
16: }
```

08번 행의 조건문의 결과가 거짓이므로 09번 행과 10번 행을 처리하지 않고 12번 행으로 진행을 한다. 만약 변수 i의 값이 변수 j의 값보다 커서 참이 된다면 09번 행과 10번 행을 처리하고 12번 행으로 진행한다. 즉 12번 행은 조건문과 상관없이 수행되는 순차제어에 해당한다.

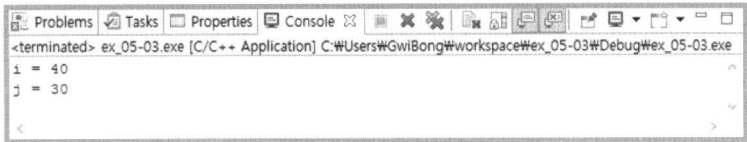

[실습] ex_05-04.c : 단어의 개수 카운트

```
01: #include <stdio.h>
02: #include <stdlib.h>
03:
04: int main(void)
05: {
06:         int word = 0;
07:         char ch;
08:
09:         printf("문장 입력 => \n");
10:         fflush(stdout);
11:         while((ch = getchar()) != EOF) {
12:                 if(ch == ' ') word ++;
13:         }
14:         printf("\n단어의 수 : %d\n", word);
15:
16:         return EXIT_SUCCESS;
17: }
```

11번 행에서 while의 조건은 입력되는 문자를 EOF가 입력될 때까지 하나씩 읽는다. EOF는 사용자가 키보드로 Ctrl+Z(^Z)를 입력하거나 Eclipse의 기능을 응용하면 된다. 콘솔 창의 우측에 빨간 사각형(Terminate)이 보인다. 이는 프로그램에 강제 종료 신호를 보내는 것이다. 이 신호가 전달되면 입력 중일 경우 EOF 값이 전달되면서 프로그램이 종료된다.

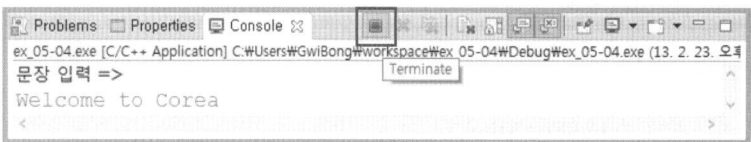

문자를 입력 후 Enter를 입력한 뒤에 Ctrl+Z(^Z) 입력하거나 'Terminate'를 클릭해야 한다. 문장을 입력하고 바로 Ctrl+Z(^Z)를 입력하거나 'Terminate'를 클릭하면 카운트는 0이 된다.

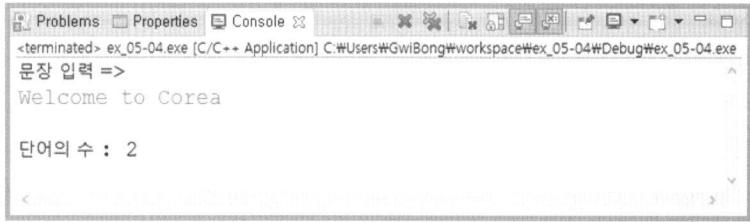

단어의 수가 0에서 출발하므로 2이다. 'word = 0;'이 아닌 'word = 1;'로 수정하면 단어의 수는 독자가 생각하는 수와 일치할 것이다. 0은 첫 번째 단어인 Welcome이고 1은 to가 되며, 2는 Corea가 된다. 즉 단어의 수가 2로 나오는 것은 숫자 2의 의미가 아니라 0번째, 1번째, 2번째로 표현되어 단어의 개수가 3개가 된다.

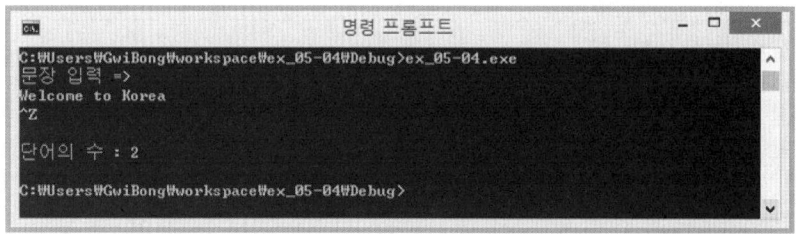

명령 창에서 실행하려면 EOF에 해당하는 Ctrl+Z(^Z)를 행의 선두에 입력해야 한다. 즉 Enter 키를 입력한 다음 Ctrl+Z(^Z)를 입력한다.

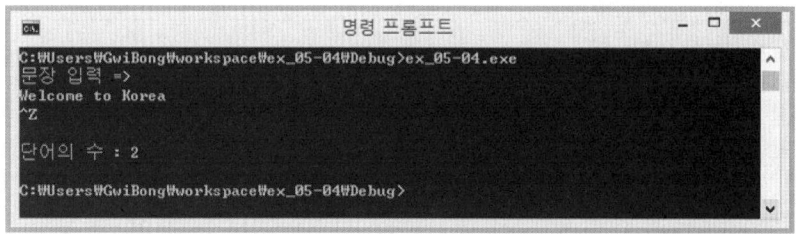

키보드 입력을 진행하다가 다음 행의 시작 위치로 진행하는 (Enter) 키를 입력하지 않고
(Ctrl)+(Z)(^Z)를 입력하면 입력이 끝나지 않는다.

3.2 if-else 제어문

조건식의 값이 참일 경우와 거짓일 경우를 구분하여 실행 명령문을 서로 다르게 기술할
때 사용하는 형식의 명령문이다.

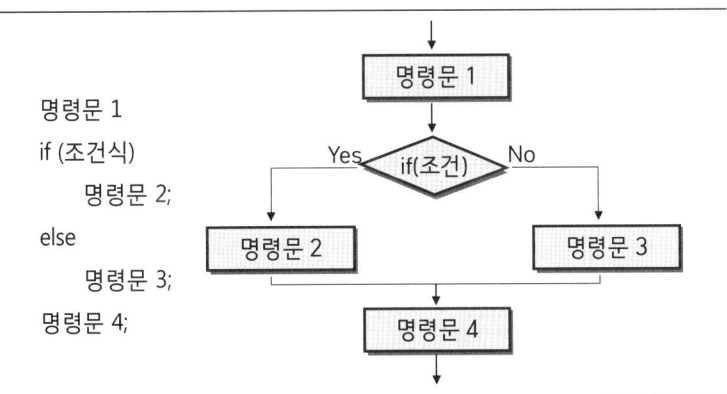

```
명령문 1
if (조건식)
        명령문 2;
else
        명령문 3;
명령문 4;
```

조건식이 참이면 '명령문 2'를 수행한 뒤에 제어를 다음 명령문('명령문 4')으로 넘기고,
거짓이면 '명령문 3'을 수행한 뒤에 제어를 다음 '명령문 4'로 진행한다. '명령문 2'와 '명
령문 3'이 각각 여러 개의 명령문을 수행하고자 할 경우는 '{'와 '}'을 사용하여 묶으면 된
다. 즉 다음과 같은 형식이 된다.

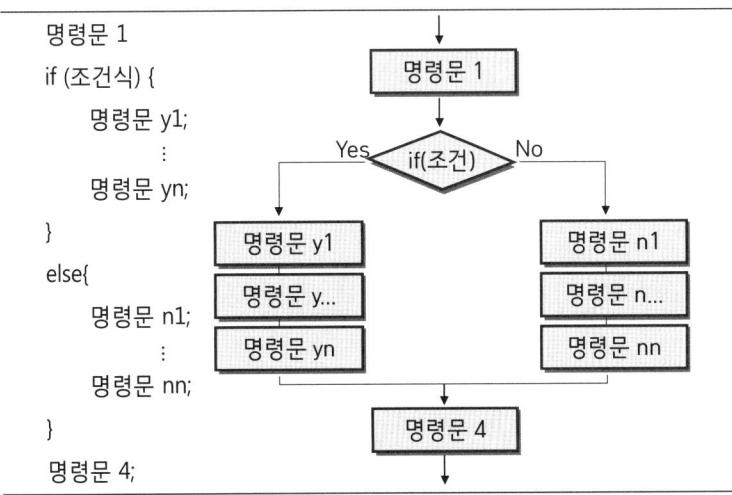

```
명령문 1
if (조건식) {
        명령문 y1;
            ⋮
        명령문 yn;
}
else{
        명령문 n1;
            ⋮
        명령문 nn;
}
명령문 4;
```

[실습] ex_05-05.c : 윤년 계산하기

```c
01: #include <stdio.h>
02: #include <stdlib.h>
03:
04: int main(void)
05: {
06:     int year;
07:
08:     printf("년도를 입력하시오 : ");
09:     fflush(stdout);
10:     scanf("%d", &year);
11:     if ((year % 4 == 0 && year % 100 != 0) || year % 400 == 0)
12:             printf("%d년은 윤년입니다.\n", year);
13:     else
14:         printf("%d년은 평년입니다.\n", year);
15:     return EXIT_SUCCESS;
16: }
```

윤년은 서기 1년부터 4년 주기로 있는 2월이 29일로 평년보다 하루가 더 있는 경우를 말한다. 윤년을 판단하는 방법은 연도를 4로 나누어떨어지고, 100으로 나누어떨어지지 말아야 하며 마지막으로 400으로 나누어떨어져야 한다. 이를 논리식으로 만들면 11번 행과 같다.

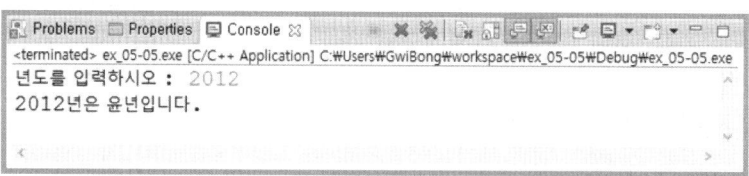

[실습] ex_05-06.c : 입력된 두 수의 크기 비교

```c
01: #include <stdio.h>
02: #include <stdlib.h>
03:
04: int main()
05: {
06:     int su1, su2;
07:
08:     printf("입력 => ");
09:     fflush(stdout);
10:     scanf("%d %d", &su1, &su2);
11:     if(su1 > su2)
12:             printf("%d와 %d중 큰 수는 %d이다.", su1, su2, su1);
13:     else
14:             printf("%d와 %d중 큰 수는 %d이다.", su1, su2, su2);
15:     printf("\n");
```

```
16:
17:        return EXIT_SUCCESS;
18: }
```

15번 행을 없애려면 12번 행과 14번 행에 'printf("%d와 %d중 큰 수는 %d이다. \n", su1, su2, su1);'와 같이 '\n'을 추가하여야 한다.

```
Problems  Properties  Console ☒
<terminated> ex_05-06.exe [C/C++ Application] C:\Users\GwiBong\workspace\ex_05-06\Debug\ex_05-06.exe
입력 => 34  67
34와 67중 큰 수는 67이다.
```

[실습] ex_05-07.c : 홀수와 짝수의 판단

```
01: #include <stdio.h>
02: #include <stdlib.h>
03:
04: int main()
05: {
06:        int num, na;
07:
08:        printf("수를 입력하세요 = ");
09:        fflush(stdout);
10:        scanf("%d", &num);
11:        na = num % 2;
12:        if (na == 0)
13:                printf("%d는 짝수\n", num);
14:        else
15:                printf("%d는 홀수\n", num);
16:
17:        return EXIT_SUCCESS;
18: }
```

12번 행부터 15번 행까지의 문장을 삼항 연산자를 사용해 보면 다음과 같다. 이렇게 수정할 때 변수 na는 필요 없게 되고(06번 행), 11번 행부터 15번 행까지의 내용을 아래와 같이 대체하면 메모리도 절약된다.

```
11:        (num % 2) ? printf("%d는 홀수\n", num) : printf("%d는 짝수\n", num);
```

수정된 완성 코드를 보자. 다음과 같다.

```
01: #include <stdio.h>
02: #include <stdlib.h>
03:
04: int main()
05: {
06:     int num, na;
07:
08:     printf("수를 입력하세요 = ");
09:     fflush(stdout);
10:     scanf("%d", &num);
11:
12:     (num % 2) ? printf("%d는 홀수\n", num) : printf("%d는 짝수\n", num);
13:
14:     return EXIT_SUCCESS;
15: }
```

삼항 연산자 '? :'를 사용할 때 중간의 'printf( )' 함수의 뒤에 ';'을 붙이지 않았음을 주의
해야 한다. 삼항 연산자가 필요로 하는 피연산자(연산재료)를 기술한 것일 뿐 문장이 종
료된 것이 아니기 때문이다. 삼항 연산자에 대한 설명은 다음 장을 참고하자.

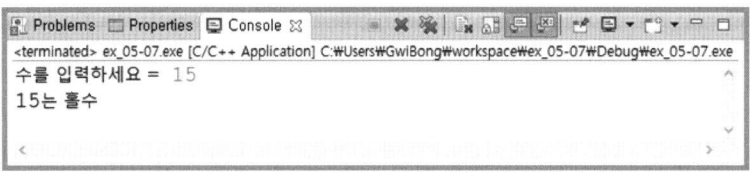

3.3 조건 연산자(삼항 연산자)의 활용

if-else 문을 보다 간결하게 표현하는 방법으로 조건 연산자('? :', 삼항 연산자)를 이용한
다. 삼항 연산자는 연산자 우선순위에서 보듯이 우선순위가 낮아 수행 속도가 느리다. 간
결함은 가독성을 높여 유지보수와 관리에 도움이 되지만 컴퓨터는 이를 다시 단항 연산
자 또는 이항 연산자로 풀어서 수행하게 된다.

if 문 사용	조건(삼항) 연산자 사용

if(x > y)
        diff = x - y;
else
        diff = y - x;
	diff = (x > y) ? (x-y) : (y - x);

[실습] ex_05-08.c : 입력된 세 수 중 최대값 찾기

```
01: #include <stdio.h>
02: #include <stdlib.h>
03:
04: int main()
05: {
06:         int a, b, c, max;
07:
08:         printf("a, b, c = ? ");
09:         fflush(stdout);
10:         scanf("%d %d %d", &a, &b, &c);
11:         max = (a >= b) ? a : b;
12:         max = (max >= c) ? max : c;
13:         printf("최대값 = %d\n", max);
14:
15:         return EXIT_SUCCESS;
16: }
```

11번 행과 12번 행에서 'max' 변수는 최대값을 갱신한다.

```
Problems  Properties  Console ☒
<terminated> ex_05-08.exe [C/C++ Application] C:\Users\GwiBong\workspace\ex_05-08\Debug\ex_05-08.exe
a, b, c = ? 24 29 21
최대값 = 29
```

3.4 중첩(nested) if 제어문

if 문 안에 또 다른 if 문을 포함하여 조건을 복합적으로 비교 판단하는 if 문을 중첩 if라고 한다.

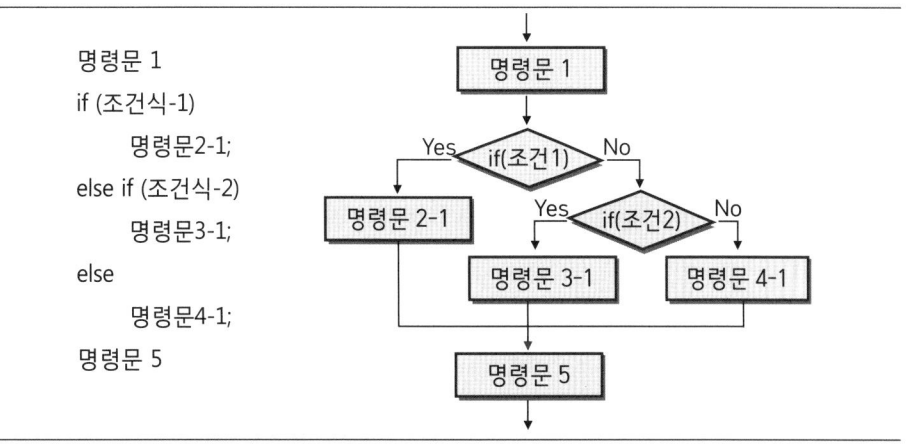

```
명령문 1
if (조건식-1)
        명령문2-1;
else if (조건식-2)
        명령문3-1;
else
        명령문4-1;
명령문 5
```

'명령문 1'을 수행하면 순서에 따라 조건문을 수행하게 된다. 조건문의 '조건식 1'의 참과 거짓에 따라 수행하는 명령문이 달라지고, '조건식 1'의 결과가 거짓일 경우 조건문의 '조건식 2'를 다시 검사하게 된다. '조건식 2'의 결과에 따라 참일 경우 '명령문 3-1'을 수행하고 '명령문 5'로 진행을 하며, 거짓일 경우 '명령문 4-1'을 수행하고 '명령문 5'로 진행한다. 주의할 것은 마지막 else는 항상 마지막 조건문의 거짓일 경우에만 해당한다.

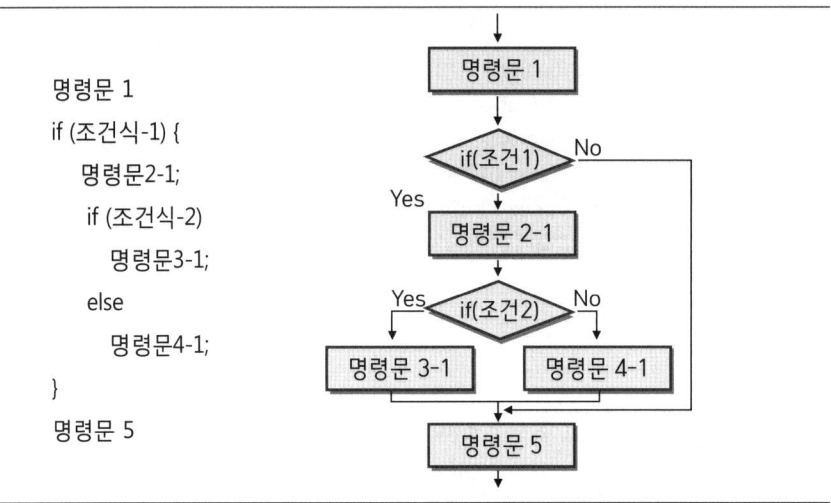

```
명령문 1
if (조건식-1) {
    명령문2-1;
    if (조건식-2)
        명령문3-1;
    else
        명령문4-1;
}
명령문 5
```

위의 형식에서와 같이 참일 경우도 if 조건문을 정의할 수 있는 데 이때는 if 조건문 속의 if 문장 앞에 else를 사용하지 않는다.

[실습] ex_05-09.c : if-else 문

```c
01: #include <stdio.h>
02: #include <stdlib.h>
03:
04: int main()
05: {
06:     int su_1, su_2, su_3;
07:
08:     scanf("%d %d %d", &su_1, &su_2, &su_3);
09:     if(su_1 <= su_2 && su_2 <= su_3)
10:         if(su_1++ == su_2)
11:             printf("안쪽 if 수행(오름차순) : %d %d %d\n", su_1, su_2, su_3);
12:         else
13:             printf("안쪽 else 수행(오름차순) : %d %d %d\n", su_1, su_2, su_3);
14:     else
15:         printf("바깥쪽 else 수행(순서 없음) : %d %d %d\n", su_1, su_2, su_3);
16:
17:     return EXIT_SUCCESS;
18: }
```

09번 행의 논리식은 전체가 참 또는 거짓을 판단하는 결과일 뿐이다. 입력된 첫 번째 숫자가 두 번째 숫자보다 작으면 참이므로 다음 판별식('su_2 <= su_3')으로 진행한다. 그러나 거짓일 경우는 다음 판별식을 검사할 필요가 없다. 즉 다음 판별식에서 참이든 거짓이든 '&&' 연산의 결과는 거짓이 되는 까닭이다. 이 경우는 14번 행으로 바로 진행을 하게 된다. 09번 행의 전체 판별식이 참일 경우 10번 행으로 진행을 하게 되는데 10번 행은 주의 깊게 보아야 한다. 첫 번째 숫자에 후위 증가 연산을 하고 두 번째 숫자와 비교를 하였다. 이는 비교를 먼저하고 증가한다는 의미이다. 첫 번째 숫자의 출력문은 1을 증가한 값이지만 비교 당시는 증가하지 않은 값이다.

'if else' 문법에서 주의할 것은 'else' 문장은 항상 바로 직전 if 문을 따른다는 것이다.

```
Problems  Tasks  Properties  Console ⊠
<terminated> ex_05-09.exe [C/C++ Application] C:\Users\GwiBong\workspace\ex_05-09\Debug\ex_05-09.exe
1 3 7
안쪽 else 수행(오름차순) : 2 3 7
```

[실습] ex_05-I0.c : 학점 계산

```
01: #include <stdio.h>
02: #include <stdlib.h>
03:
04: int main()
05: {
06:         int jumsu;
07:         char hakjum;
08:
09:         scanf("%d", &jumsu);
10:         if (jumsu >= 90)          hakjum = 'A';
11:         else if (jumsu >= 80)     hakjum = 'B';
12:         else if (jumsu >= 70)     hakjum = 'C';
13:         else if (jumsu >= 60)     hakjum = 'D';
14:         else                      hakjum = 'F';
15:         printf("학점 => %c\n", hakjum);
16:
17:         return EXIT_SUCCESS;
18: }
```

14번 행의 'else'는 13번 행의 'if' 문을 따른다.

```
Problems  Tasks  Properties  Console ⊠
<terminated> ex_05-10.exe [C/C++ Application] C:\Users\GwiBong\workspace\ex_05-10\Debug\ex_05-10.exe
95
학점 => A
```

[실습] ex_05-11.c : 중첩 if ~ else 사용

```c
01: #include <stdio.h>
02: #include <stdlib.h>
03:
04: int main()
05: {
06:        int a;
07:
08:        scanf("%d", &a);
09:        if (a >= 0)
10:                if (a == 0)
11:                        printf("입력된 값은 0입니다.\n");
12:                else
13:                        printf("입력된 값은 양수입니다.\n");
14:        else
15:                printf("입력된 값은 음수입니다.\n");
16:
17:        return EXIT_SUCCESS;
18: }
```

중첩 if ~ else 문을 사용하였으나 명령문이 모두 단일 명령문으로 블록 '{ ... }' 처리를
할 필요는 없다.

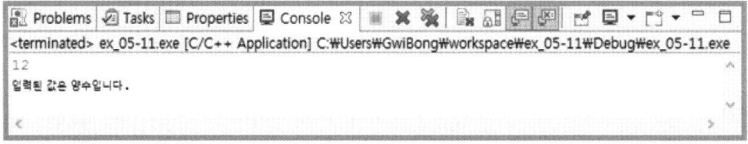

조금 어려운 프로그램을 살펴보자. 수학에 약한 사람은 소수(prime number)를 판정하
기란 쉽지 않다. 수학을 잘한다고 해도 수가 커지면 소수인지 아닌지를 판단하기란 쉽지
않다. 소수란 1과 자기 자신 이외의 수로는 나누어떨어지지 않는 수를 말한다.

[실습] ex_05-12.c : 소수 판정하기(메르센 소수)

```c
01: #include <stdio.h>
02: #include <stdlib.h>
03:
04: int main(void)
05: {
06:        int Number, i;
07:        int count = 0;
08:        int Mersenne = 2;
09:        int Result = 0;
10:
11:        printf("숫자 입력:");
```

```
12:        fflsh(stdout);
13:        scanf("%d", &Number);
14:
15:        for(i = 1; i <= Number; i++)
16:                if(Number % i == 0)
17:                        count++;
18:
19:        if(count == 2) {
20:                count = 0;
21:
22:                for(i = 1; i < Number; i++)
23:                        Mersenne = Mersenne * 2;
24:                Result = Mersenne - 1;
25:                for(i = 1; i <= Result; i++)
26:                        if(Result % i == 0)
27:                                count++;
28:        }
29:
30:        if(count == 2) {
31:                printf("결과값 : %d \n", Result);
32:                printf("소수입니다\n");
33:        }
34:        else
35:                printf("소수가 아닙니다.\n");
36:
37:        return EXIT_SUCCESS;
38: }
```

15번 행에서 17번 행까지는 1부터 입력한 수까지 나누기 연산으로 나머지가 0일 경우를 카운트한다. 결과 값이 2인 경우는 1과 자기 자신 이외는 나누어지는 수가 없는 경우이다. 22번 행에서 24번 행은 주어진 수의 2^n-1까지의 결과를 구한다. 다시 1부터 목표 값까지 증가하면서 나머지 연산의 결과가 0인 경우를 카운트한다. 카운트 값이 2이면 소수이다.

```
 Problems    Properties    Console ☒         ✖ ⚙ |  ⯗ ⯗ ⯗ ⯗ | ⯗ ⯗ ▾ ⯗ ▾ ⯗ ⯗
<terminated> ex_05-12.exe [C/C++ Application] C:\Users\GwiBong\workspace\ex_05-12\Debug\ex_05-12.exe
숫자 입력:19
결과값 : 524287
소수입니다
```

3.5 switch~case 제어문

조건식의 연산 결과 값에 따라 여러 명령문 중에서 결과 값과 일치하는 명령문을 선택하여 수행하는 다중 분기 명령문이다. if~else 문을 중첩하거나 여러 번 반복하여 사용할 때 가독성이 떨어지는데 이를 깔끔하게 정리할 수 있다.

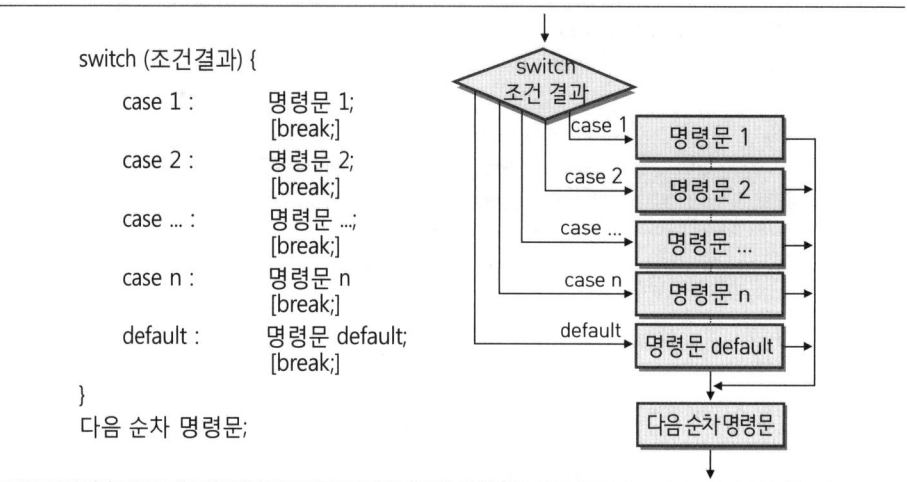

'break;' 문장을 생략할 수 있으며 생략했을 때는 다음 'break;' 문장을 만날 때까지 'case' 분류에 상관없이 다음 문장으로 진행한다. 즉 'case 1 : '에 'break;'가 없다면 'case 2 : '의 '명령문-2'까지 수행하게 된다.

'default'는 앞서 기술되는 각각의 case에 맞는 경우가 없을 때 마지막으로 선택될 수 있는 곳이다. 또한, 각 case 조건에 해당하는 위치에는 'break;' 문을 만날 때까지 여러 문장을 사용할 수 있고 심지어 반복문, 조건문을 또다시 배치할 수 있다.

switch 문에서 기술되는 '조건결과'는 '조건식'으로 표현하는 예도 있지만, 이는 변수의 값, 또는 연산의 결과 값으로 case 문에서 기술되는 값과 비교하기 위한 내용이 된다.

[실습] ex_05-l3.c : switch~case 문의 활용

```
01: #include <stdio.h>
02: #include <stdlib.h>
03:
04: int main()
05: {
06:     int su_1, su_2, value;
07:     char op;
08:
09:     scanf("%d %c %d", &su_1, &op, &su_2);
10:     switch(op) {
```

```
11:              case '+':  value = su_1 + su_2; break;
12:              case '-':  value = su_1 - su_2; break;
13:              case '*':  value = su_1 * su_2; break;
14:              case '/':  value = su_1 / su_2; break;
15:              default :  break;
16:      }
17:      printf("%d \n", value);
18:
19:      return EXIT_SUCCESS;
20: }
```

변수 'op'의 값이 사칙연산이 아닐 경우는 'default : ' 문장으로 분기하여 'value' 값이 지정되지 않는다. 이 경우 17번 행에서 변수 value의 값을 출력할 때, 초기화되어 있지 않아 메모리에 남아 있는 쓰레기 값이 출력되는 문제가 발생할 수 있다. 쓰레기 값의 이용을 막으려면 반드시 변수를 초기화해야 한다. 즉 06번 행에서 value 변수에 초기값으로 0을 할당하면 된다.

항상 변수는 선언, 초기화, 사용, 반납의 절차를 거쳐야 함을 잊어서는 안 된다.

```
 Problems   Properties   Console ☒
<terminated> ex_05-13.exe [C/C++ Application] C:\Users\GwiBong\workspace\ex_05-13\Debug\ex_05-13.exe
10 * 27
270
```

[실습] ex_05-14.c : non break

```
01: #include <stdio.h>
02: #include <stdlib.h>
03:
04: int main()
05: {
06:      int su;
07:
08:      printf("임의의 수를 입력하세요 : ");
09:      fflush(stdout);
10:      scanf("%d", &su);
11:
12:      switch(su % 3) {
13:              case 0 :  printf("3으로 나눈 나머지는 0입니다.\n");
14:              case 1 :  printf("3으로 나눈 나머지는 1입니다.\n");
15:              default :  printf("3으로 나눈 나머지는 2입니다.\n");
16:      }
17:
18:      return EXIT_SUCCESS;
19: }
```

12번 행부터 16번 행까지의 switch 문장의 블록에서 'break' 문장이 없다. C11에서는 원칙적으로 권장하지 않는 문장이다. Eclipse에서 다음과 같은 경고문이 제시된다. 경고는 경고이므로 컴파일하고 실행하는 데는 문제가 없다.

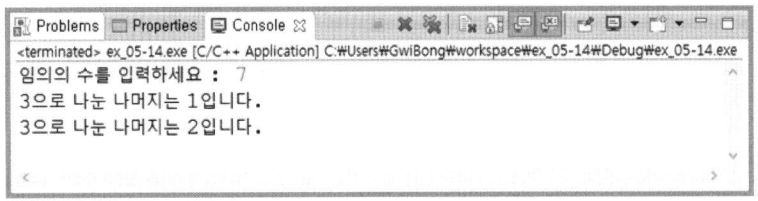

입력 값이 3의 배수라면 0부터 1, 2 모두 출력될 것이고 나머지가 1이라면 2까지 출력된다. 'default :'는 생략하게 되면 'case'에 맞지 않는 경우는 처리하지 않는다.

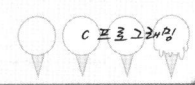

04 반복 제어 구조

조건을 만족하는 동안 특정 부분을 계속 반복 수행하는 제어 명령문의 형태를 말한다. C 언어에서 제공되는 반복문의 종류는 for 문, while 문, do~while 문이 있다. 그 외에 반복 제어 구조로는 재귀적 호출(recursive call, recursion)과 함수 순환 그리고 goto 문에 의한 반복 등이 있다.

4.1 while 반복문

while 반복문은 프로그램 내의 반복 루프를 처리하기 위한 명령문으로 반복 범위를 수행할지를 먼저 결정하고 반복하는 '선 비교 – 후 수행'의 구조를 가진다.

```
while (조건식) {
    명령문 1;
    명령문 2;
    명령문 ...;
    명령문 n;
}
다음 순차 명령문
```

조건식을 먼저 비교하여 참일 경우만 반복 범위의 명령문에 해당하는 '명령문 1, 2, ..., n'을 수행한다. 다시 조건을 검사하고 역시 참이면 '명령문 1, 2, ..., n'을 반복하고, 조건식이 거짓이 되면 '다음 순차 명령문'으로 진행한다. 조건식이 거짓이 될 때까지 주어진 블록의 문장들을 반복하여 실행하는 것이다.

C 언어에서 '0'이 아닌 값은 참으로 인정되므로 '0'이 아닌 정수형 숫자를 '조건식'에 기술하면 무한 반복 구조가 된다. 무한 반복을 탈출하는 방법으로는 'break'와 'goto' 명령문을 사용할 수 있다.

[실습] ex_05-l5.c : while 문의 활용

```
01: #include <stdio.h>
02: #include <stdlib.h>
03:
04: int main()
05: {
06:     int i = 0, hab1, hab2;
07:
08:     hab1 = hab2 = 0;
09:     while (i <= 100) {
10:         if((i % 2) == 0) hab1 += i;
11:         else        hab2 += i;
12:         i++;
13:     }
14:     printf(" 0부터 %d까지의 수 중 짝수의 합 = %d \n", --i, hab1);
15:     printf("          홀수의 합 = %d \n", hab2);
16:
17:     return EXIT_SUCCESS;
18: }
```

1부터 100까지의 홀수 합과 짝수 합을 구하는 프로그램이다. 이 프로그램은 다음에 다루는 for와 do~while을 사용하여 소스 코드를 수정해 보기 바란다.

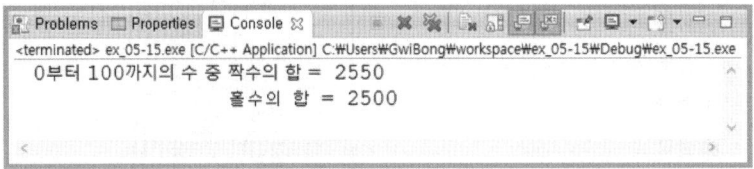

4.2 do~while 반복문

최소한 한 번은 반복 루프 내의 명령문을 수행하고 나서 조건을 비교하여 계속해서 반복 수행할 것인지를 결정하는 반복 명령문이다. 여기서 소개하는 do~while 반복문은 프로그램 내의 반복 루프를 처리하기 위한 명령문으로 먼저 반복 범위를 수행하고, 반복을 계속할 것인지를 결정하여 반복하는 '선 수행 – 후 비교'의 구조를 가진다.

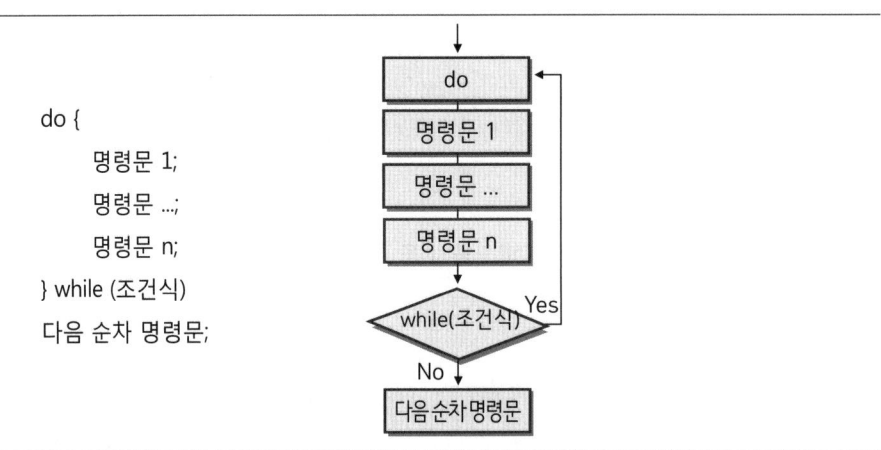

[실습] ex_05-l6.c : do-while 문의 활용

```
01: #include <stdio.h>
02: #include <stdlib.h>
03:
04: int main()
05: {
06:     float fah=0, cel;
07:
08:     printf("화씨 온도 \t 섭씨 온도 \n");
09:     printf("----------------------------------\n");
10:     do {
11:         cel = (fah - 32.0) * 5.0 / 9.0;
12:         printf(" %5.1f \t\t  %5.2f \n", fah, cel);
13:         fah = fah + 20;
```

```
14:        } while(fah < 100);
15:        printf("---------------------------------\n");
16:
17:        return EXIT_SUCCESS;
18: }
```

기업 업무용 프로그램의 보고서를 작성할 때 유용한 구조이다. 08번 행과 09번 행에서 먼저 타이틀을 출력하고 반복문으로 진입하여 과정을 출력한다. 마지막으로 15번 행에서 마감 출력을 한다.

선 제목 출력, 내용 반복 출력, 마감 처리의 형태이다. 결과는 다음과 같다.

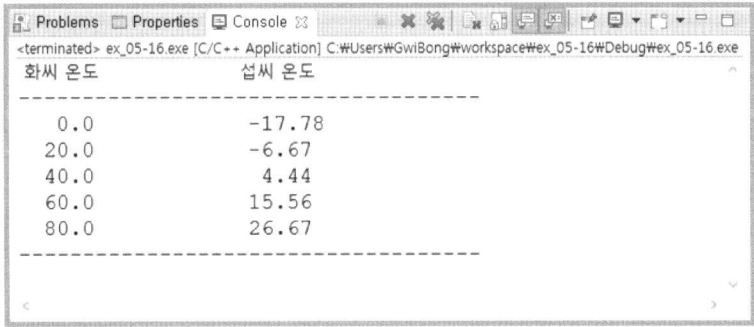

출력문이 'printf(" %5.1f \t\t %5.2f \n", fah, cel);'로 되어 있으므로 화씨 0도를 섭씨로 변환할 때 음수 부호 포함하여 6자리가 나온다. printf( ) 함수의 두 번째 형식 매개변수가 '5.2f'로 6자리를 출력해야 하는데, 크기가 부족하므로 형식 매개변수의 자릿수가 무시되었다.

4.3 for 반복문

제어 명령문으로 초기식과 조건식을 검사하여 반복 처리를 수행하는 명령문이다.

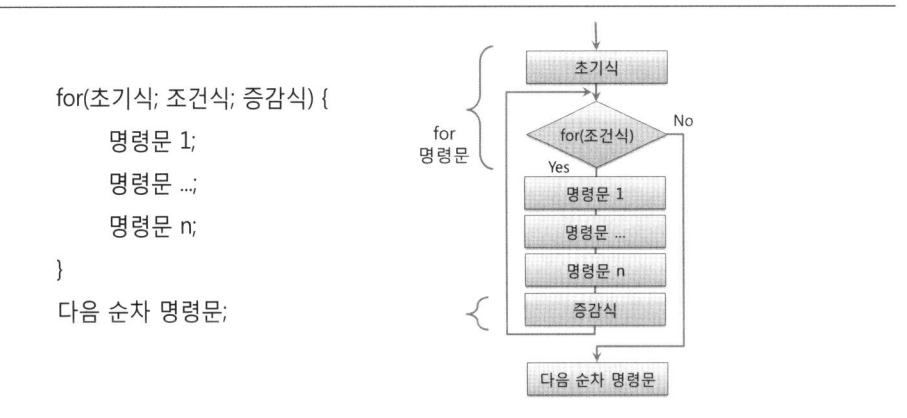

```
for(초기식; 조건식; 증감식) {
        명령문 1;
        명령문 ...;
        명령문 n;
}
다음 순차 명령문;
```

'for' 문장의 내부는 3개의 영역으로 나누어진다. 각 영역을 구분하는 구분자는 ';'이고 영역 안에서 다중 문장을 사용하기 위해서는 ','연산자를 사용할 수 있다.

첫 번째, 초기식 영역으로 초기값을 지정하는 영역이다. 시작할 때 한 번만 수행하고 더는 수행되지 않는다.
두 번째, 조건식 영역은 조건을 검사하여 반복을 계속할 것인가를 결정하는 영역이다.
세 번째, 증감식 영역은 증가 또는 감소 방법을 지정한다.

이러한 'for' 문장은 수행 순서를 알아둘 필요가 있다. 'for' 반복문이 종료해야 하는 시기를 결정하는 조건문이 잘못 되었을 경우 원하는 값이 출력되지 않을 수 있으므로 순서를 꼼꼼히 따져보기 바란다. 예를 들어 3씩 증가는 변수가 있다고 하자. 이때 조건문을 증가하는 값이 10일 때 종료하라고 한다면 이 반복문은 원하는 조건에서 종료하지 않는 무한 반복 루프에 진입할 수 있다.

'for' 문장을 만나면 수행하는 단계는 다음과 같다.

① 초기값 수행(최초에 한 번만 수행되고 이후 반복문이 종료할 때까지 수행되지 않는다.)
② 조건식 수행
③ 명령문 수행(증가 값을 먼저 수행하지 않음에 주의해야 한다.)
④ 증감식 수행
⑤ ②, ③, ④번의 순서로 반복 수행한다.

[실습] ex_05-17.c : ASCII code 출력

```
01: #include <stdio.h>
02: #include <stdlib.h>
03:
04: int main()
05: {
06:     int munja, i = 1;
07:
08:     for(munja='0'; munja<='z'; munja++, i++) {
09:         printf("%x = %3.3d = %c\t", munja, munja, munja);
10:         if((i % 5) == 0) printf("\n");
11:     }
12:
13:     return EXIT_SUCCESS;
14: }
```

ASCII 코드 테이블의 순서를 이용하는 예제 프로그램이다. C 언어의 문자 연산 기능을 극단적으로 보여준다. 10번 행은 한 줄에 5개씩 출력하고 줄을 바꾸도록 하는 기능이다.

```
 Problems  Properties  Console ⌗
<terminated> ex_05-17.exe [C/C++ Application] C:\Users\GwiBong\workspace\ex_05-17\Debug\ex_05-17.exe
30 = 048 = 0    31 = 049 = 1    32 = 050 = 2    33 = 051 = 3    34 = 052 = 4
35 = 053 = 5    36 = 054 = 6    37 = 055 = 7    38 = 056 = 8    39 = 057 = 9
3a = 058 = :    3b = 059 = ;    3c = 060 = <    3d = 061 = =    3e = 062 = >
3f = 063 = ?    40 = 064 = @    41 = 065 = A    42 = 066 = B    43 = 067 = C
44 = 068 = D    45 = 069 = E    46 = 070 = F    47 = 071 = G    48 = 072 = H
49 = 073 = I    4a = 074 = J    4b = 075 = K    4c = 076 = L    4d = 077 = M
4e = 078 = N    4f = 079 = O    50 = 080 = P    51 = 081 = Q    52 = 082 = R
53 = 083 = S    54 = 084 = T    55 = 085 = U    56 = 086 = V    57 = 087 = W
58 = 088 = X    59 = 089 = Y    5a = 090 = Z    5b = 091 = [    5c = 092 = \
5d = 093 = ]    5e = 094 = ^    5f = 095 = _    60 = 096 = `    61 = 097 = a
62 = 098 = b    63 = 099 = c    64 = 100 = d    65 = 101 = e    66 = 102 = f
67 = 103 = g    68 = 104 = h    69 = 105 = i    6a = 106 = j    6b = 107 = k
6c = 108 = l    6d = 109 = m    6e = 110 = n    6f = 111 = o    70 = 112 = p
71 = 113 = q    72 = 114 = r    73 = 115 = s    74 = 116 = t    75 = 117 = u
76 = 118 = v    77 = 119 = w    78 = 120 = x    79 = 121 = y    7a = 122 = z
```

4.4 중첩(nested) 반복문

반복문에 의하여 반복 처리하는 내용을 다시 반복문으로 반복시키는 경우에 사용한다. 중첩 반복 구조는 for 문을 많이 사용하지만, while, do~while을 사용하기도 한다. 또한, 중첩 반복문은 다차원 배열을 다룰 때 많이 사용한다.

[실습] ex_05-18.c : 평균값, 최대값, 최소값 구하기

```c
01: #include <stdio.h>
02: #include <stdlib.h>
03:
04: int main()
05: {
06:     int x[] = { 85, 17, 72, 65, 93, 56, 47, 81, 38, 24 };
07:     int n = 10, i, max, min;
08:     float aver = 0;
09:
10:     for(i=0, max = min = x[0]; i < n; i++) {
11:         aver += x[i];
12:         if (max < x[i]) max = x[i];
13:         if (min > x[i]) min = x[i];
14:     }
15:     aver = aver / n;
16:
17:     printf("평균 = %5.3f\n", aver);
18:     printf("최대값 = %d \n최소값 = %d\n", max, min);
19:
20:     return EXIT_SUCCESS;
21: }
```

06번 행에서 선언된 x는 배열 변수이다. 배열은 다시 살펴보겠지만, 변수의 3대 구성 요소를 기억한다면 배열의 대표명인 x는 변하지 않는 주소값을 갖는다고 생각하면 된다. 또한, 'x[0], ..., x[9]'까지 변수들의 집합에 대한 대표명이기도 하다. 이들 각각의 변수들을 모아둔 영역의 선두 주소를 가지는 것이 배열의 대표명이다. 선언은 '['과 ']'의 쌍을 사용하고 사이에 배열의 크기를 정수로 지정할 수 있으며 생략했을 때는 초기값으로 지정하는 값의 개수만큼 만들어진다. 즉 이 프로그램에서 배열 원소의 개수는 10개이고 각 위치 값은 '0'에서 출발하므로 '0'에서 '9'까지 만들어진다.

```
Problems  Properties  Console
<terminated> ex_05-18.exe [C/C++ Application] C:\Users\GwiBong\workspace\ex_05-18\Debug\ex_05_18.exe
평균 = 57.800
최대값 = 93
최소값 = 17
```

07번 행의 변수 n에 10이라는 숫자를 직접 지정하는 것은 유연성이 떨어진다. 변수 n을 제거하고 10번 행의 for 반복문을 수정하여 보자. 정상적인 실행을 위해서 15번 행도 수정하여야 한다.

```
10:     for(i = 0, max = min = x[0]; i < (sizeof(x) / sizeof(x[0])); i++) {
   ⋮
15:     aver = aver / (sizeof(x) / sizeof(x[0]));
```

변수 n을 제거하고도 같은 결과가 나온다. sizeof( ) 연산자는 데이터가 차지하는 메모리의 크기를 구하는 것으로 배열 전체의 크기를 개별 요소 변수의 크기로 나누어 배열의 개수를 구하여 사용하였다. 배열의 크기를 명시하지 않았으므로 초기 대입 값의 개수를 변화시키는 대로 유연하게 프로그램이 동작한다.

[실습] ex_05-19.c : 구구단 출력

```
01: #include <stdio.h>
02: #include <stdlib.h>
03:
04: int main()
05: {
06:     int dan, su;
07:
08:     for(su=1; su<10; su++) {
09:         for(dan=1; dan<10; dan++) {
10:             printf("%d*%d=%2d ", dan, su, dan*su);
11:         }
12:         printf("\n");
13:     }
14:
```

```
15:        return EXIT_SUCCESS;
16: }
```

중첩 반복문을 이용하는 전형적인 예제가 구구단 출력 프로그램이다. 출력 방향을 바꾸기 위해서는 고민을 좀 해야 하겠지만 가장 최적의 형태로 출력하는 예제를 제공하였으므로 나머지는 독자의 숙제로 남겨둔다.

위의 예를 기반으로 16진수 구구단을 출력하는 예제 프로그램을 살펴보자.

```
08:        for(su=1; su<16; su++) {
09:                for(dan=1; dan<16; dan++) {
10:                        printf("0x%02x*0x%02x=0x%02x ", dan, su, dan*su);
11:                }
12:                printf("\n");
13:        }
```

'ex_05-19.c' 예제 프로그램에서 08번 행, 09번 행, 10번 행을 수정하면 된다. 16진수 구구단을 어렵게 생각하지 말고 10진수 결과를 16진수로 출력한다고 생각하면 쉽게 풀린다. 이 문제의 핵심은 10번 행으로 출력문의 형식 변화이다.

[실습] ex_05-20.c : n까지의 숫자 중 소수 구하기

```c
01: #include <stdio.h>
02: #include <stdlib.h>
03:
04: int main()
05: {
06:     int n, i, sosu = 2;
07:
08:     printf("n => ");
09:     scanf("%d", &n);
10:     while(1) {
11:             int count2 = 0;
12:             if (sosu > n) break
13:             else {
14:                     for(i=1; i<=sosu; i++)
15:                             if ((sosu %i) == 0) count2++;
16:                     if (count2 == 2) printf("%d  ", sosu);
17:             }
18:             sosu++;
19:     }
20:     printf("\n");
21:
22:     return EXIT_SUCCESS;
23: }
```

이 예제 프로그램은 메르센 소수로 알려진 소수 구하는 알고리즘을 구현하였다. 소수란 1과 자기 자신 이외는 나누어지지 않는다는 특성을 컴퓨터의 연산 능력을 사용하여 빠르게 찾을 수 있다는 장점이 있지만, 매우 큰 수를 사용하면 연산량이 급격히 늘어나고 처리할 수 있는 숫자의 한계점이 있다는 것이 약점이다.

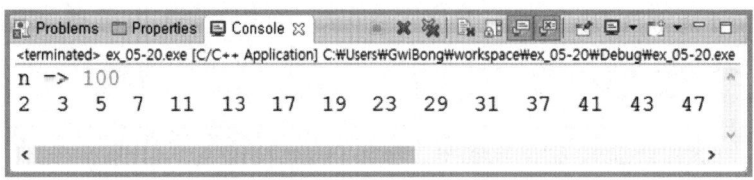

1부터 100까지의 소수를 구한 결과는 [2 3 5 7 11 13 17 19 23 29 31 37 41 43 47 53 59 61 67 71 73 79 83 89 97]이다.

 **기타 제어문**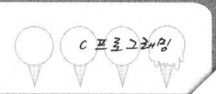

기타 제어문으로는 goto 문, break 문, continue 문, exit( ) 함수, return 문이 있다. 각각의 제어문을 살펴보자.

5.1 goto 문

goto 문을 만나면 goto 문에서 주어진 레이블로 무조건 분기(unconditional branch)하는 명령문이다. 분기할 위치에 레이블(label)을 표시하여 분기한다.

형식	사용 예
goto label; ⋮ label: 명령문;	goto JUMP1; ⋮ JUMP1: 명령문;

구조적 프로그래밍 방식을 설명할 때 많은 사람이 약간의 오해를 하는 부분을 소개하고자 한다. 첫 번째는 goto 명령문의 무용론을 넘어 유해론을 주장하는 것이다. goto 명령문을 전혀 사용하지 않고 프로그래밍을 하여야 효율이 높다는 주장이다. 두 번째는 반복문 안에서 사용하면 안 된다는 주장이다. 이 두 가지 경우 모두 잘못된 편견이다. goto 명령문이 무용하다면 최근 C 언어 표준인 C11에서 제거되었을 것이다. 제거되지 않고 존재한다는 의미는 무용론이 지나친 편견임을 보여주는 단적인 예라고 할 수 있다.

그러면 goto 명령문은 언제 어떤 경우에 사용하는 것이 좋을까? 라는 의문이 생긴다.

첫 번째로 무용론에 대한 필자의 견해는 goto 명령문은 하향 점프만 사용하자는 것이다. 그리고 시각적인 기준에서 화면을 벗어나지 않는 작은 문장의 범위를 건너뛰는 goto 명령문을 사용하자는 것이다. 즉 상향 goto는 의식적으로 피하고, 하향 goto는 화면을 벗어나지 말자는 의미이다. 이때 화면은 소스 코드를 작성할 때의 컴퓨터 화면을 의미한다.

두 번째는 반복문에서 사용 불가인데 이는 잘못된 생각이다. 반복문에서는 탈출하는 경우 즉, 반복문에서 반복문 밖으로 빠져나올 때는 사용할 수 있다. 그러나 반복문 외부 즉, 반복문의 범위 밖에서 반복문 내부로 진입하는 경우는 불가능하다. 이러한 불가능만을 경험한 일부 사람들에 의해서 생긴 오해일 것이다.

한 가지 더 언급하자면 함수와 함수를 건너뛰는 goto 명령문, 즉 어떤 함수에서 다른 함수의 내부로 건너뛰는 goto 명령문은 사용할 수 없으므로 프로그램 설계 시에 goto 명령문보다는 함수 호출을 사용하고 분기 제어문(if 문)을 사용하여 선별 수행하는 것이 올바른 프로그래밍 방법이다. 함수를 건너뛰는 goto 명령문을 허용하지 않으므로 C 언어가 함수 사용에 의한 구조적인 프로그래밍 방법을 제시하는 것이라고 할 수도 있다.

'goto 문을 반복문에서는 사용할 수 없다.'라는 오해를 풀자. 'goto' 문은 다익스트라의 제안처럼 무익할 수도 있다. 그러나 몇 가지 원칙을 지켜서 사용한다면 꽤 유용한 문장이다. 다중 반복문을 한꺼번에 탈출하는 방법에서는 더 좋은 대안을 찾을 수 없다.

① 소스 코드를 보는 한 화면 범위를 벗어나지 않도록 한다.
② T 구조를 거스르는 상향 'goto'는 사용하지 않는다.

여기까지는 권장사항이다. 그러나 다음은 사용할 수 없는 경우이다.

③ 반복문 속으로 진입할 수 없다. 이 조건의 오해에서 '반복문에 goto를 사용할 수 없다.'라고 알려진 것으로 보인다. 분명한 것은 반복문에서 탈출하는 'goto'는 사용할 수 있다.
④ 함수를 벗어날 수 없으며 다른 함수로 진입할 수 없다.

[실습] ex_05-21.c : goto 문의 예(1부터 100까지의 합)

```
01: #include <stdio.h>
02: #include <stdlib.h>
03:
04: int main(void) {
05:         int i = 0, sum = 0;
06:
07: LOOP:           i++;
08:         sum = sum + i;
09:         if (i >= 100) goto EXIT;
10:         goto LOOP;
11:
12: EXIT:           printf("합계 = %d\n", sum);
13:
14:         return EXIT_SUCCESS;
15: }
```

1부터 100까지의 합을 구하는 기초적인 프로그램이다. 10번 행에서 상향 goto를 사용하였다. 09번 행에서 조건 비교를 하여 참일 경우 12번 행으로 점프한다. 결과적으로 반복문을 구현한 것이다.

[실습] ex_05-22.c : goto 배제(1부터 100까지의 합)

```
01: #include <stdio.h>
02: #include <stdlib.h>
03:
04: int main(void) {
05:     int i = 0, sum = 0;
06:
07:     for(i=0; i<=100; i++)
08:         sum = sum + i;
09:
10:     printf("합계 = %d\n", sum);
11:
12:     return EXIT_SUCCESS;
13: }
```

'ex_05-21.c'의 코드에서 반복이 필요한 부분을 for( ); 반복문으로 처리하였다. 코드가 줄어들고 간결해 보여 이해가 쉬운 장점이 있다.

[실습] ex_05-23.c : goto 반복문 탈출(1부터 100까지의 합)

```
01: #include <stdio.h>
02: #include <stdlib.h>
03:
04: int main(void) {
05:     int i = 0, sum = 0;
06:
07:     for(i=0; i<=999; i++)
08:         if (i > 100) goto EXIT;
09:         else sum = sum + i;
10: EXIT:
11:     printf("합계 = %d\n", sum);
12:
13:     return EXIT_SUCCESS;
14: }
```

08번 행은 반복문 내부이다. 여기서 특정 조건을 만나면 탈출하도록 조건문을 만들고 조건에 만족할 때 반복문 내부에서 'goto'를 사용하여 탈출하는 코드이다. 반대로 반복문 외부에서 내부로 진입하도록 코드를 작성하면 구문 오류가 발생한다.

실습 예제 'ex_05-21.c', 'ex_05-22.c', 'ex_05-23.c' 프로그램 모두 같은 결과를 보인다.

[실습] ex_05-24.c : goto 문의 예

```
01: #include <stdio.h>
02: #include <stdlib.h>
03:
04: int main(void)
05: {
06:        int a, b;
07:        char t;
08:        char item[] = { 'F', 'R', 'A', 'D', 'W', 'G', 'S', 'B', 'E', 'C', '\0' };
09:
10:        int count = (sizeof(item) / sizeof(item[0])) - 1;
11:        printf("[%s]\n", item);
12:
13:        for (a=1; a<count; ++a) {
14:                for (b=count-1; b>=a; --b) {
15:                        if (item[b-1] > item[b])
16:                                goto IN;
17:                        goto OUT;
18: IN:                    t = item[b-1];
19:                        item[b-1] = item[b];
20:                        item[b] = t;
21: OUT: ; // goto문의 label은 문장이  존재해야 한다.
22:                }
23:        }
24:        printf("[%s]\n", item);
25:
26:        return EXIT_SUCCESS;
27: }
```

배열의 값을 오름차순으로 정렬하는 예제 프로그램이다. 08번 행에서 배열의 끝에 NULL 값인 '\0'을 입력한 것은 단일 문자만 대입하여 문자열의 종료를 제시하지 않아 문자열을 출력할 때 발생하는 오류를 방지하기 위함이다.

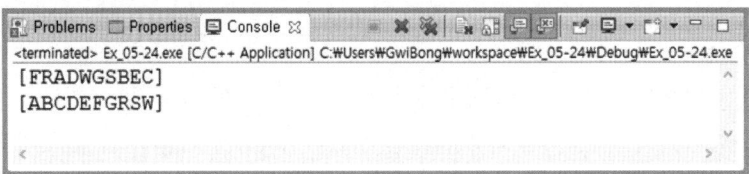

13번 행에서부터 23번 행까지는 정렬을 위한 알고리즘을 표현한 것이다. 11번 행과 24번 행은 배열 변수의 정렬 이전 값과 정렬 이후의 값을 비교하기 위하여 출력한 것이다. 18번 행부터 20번 행까지는 변수의 값을 서로 교환하는 과정으로 임시 변수 't'를 사용하였다. 13번 행과 14번 행의 중첩 반복문은 바깥에 있는 반복문이 배열의 앞부터 출발하고 안쪽의 반복문은 배열의 뒤에서 앞으로 출발하게 하여 정렬시간을 단축하는 효과

를 꾀하였다. 16번 행의 'goto' 문장과 17번 행의 'goto' 문장은 데이터 교환을 필요로 하
는 경우와 교환을 필요로 하지 않는 경우를 결정하여 분기하도록 한 것이다. 21번 행의
'goto' 문의 'label'은 문장이 존재해야 한다. 특별히 적을 문장이 없을 때는 ';'으로 대체를
할 수 있음을 보여 준다.

'goto' 문을 사용하지 않는 것이 좋다고 주장하였으니 'goto'문을 사용하지 않을 수 있도
록 프로그램을 수정하여 보자

[실습] ex_05-25.c : goto 문 배제

```
01: #include <stdio.h>
02: #include <stdlib.h>
03:
04: int main(void)
05: {
06:     int a, b;
07:     char t;
08:     char item[] = { 'F', 'R', 'A', 'D', 'W', 'G', 'S', 'B', 'E', 'C', '\0' };
09:     int count = (sizeof(item) / sizeof(item[0])) - 1;
10:
11:     printf("[%s]\n", item);
12:
13:     for (a = 1; a < count; ++a) {
14:         for (b = count - 1; b >= a; --b) {
15:             if (item[b-1] > item[b]) {
16:                 t = item[b-1];
17:                 item[b-1] = item[b];
18:                 item[b] = t;
19:             }
20:         }
21:     }
22:     printf("[%s]\n", item);
23:
24:     return EXIT_SUCCESS;
25: }
```

결과는 'ex_05-24.c'와 같다.

```
[FRADWGSBEC]
[ABCDEFGRSW]
```

[실습] ex_05-26.c : goto 문의 효과적 활용

```
01: #include <stdio.h>
02: #include <stdlib.h>
03:
04: int main()
05: {
06:         int su_1, su_2;
07:
08:         do {
09:                 scanf("%d %d", &su_1, &su_2);
10:                 if(su_2 == 0)  goto ERROR;
11:                 printf(" %d / %d = %d ... %d \n", su_1, su_2,
12:                                         su_1 / su_2, su_1 % su_2);
13:         } while(su_1 != EOF);
14:         goto END;
15: ERROR:
16:         printf("에러 ! 0으로 나눌 수 없다.\n");
17: END: ;
18:
19:         return EXIT_SUCCESS;
20: }
```

16번 행의 출력 문장을 선택적으로 처리하기 위하여 하향 'goto' 문장을 사용하였으며, 10번 행에서는 반복문을 탈출하는 용도로 사용하였다.

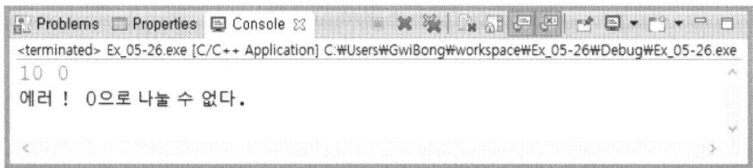

나눌 수 없는 연산 오류가 발생했을 때 임의로 종료하지 않고 사용자에게 메시지를 보내고 종료하였다. 이는 프로그래머라면 항상 지켜야 할 사용자에 대한 배려이다.

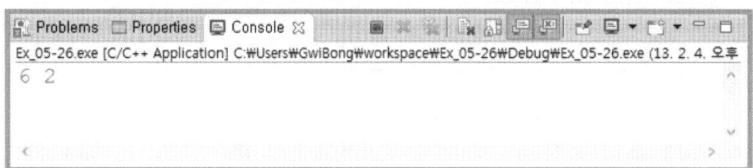

09번 행의 scanf( ) 함수는 반복문에 포함되어 'EOF'를 기다리는 구조이므로 반복문의 종료는 'EOF' 값이 입력되어야 한다. 'EOF'는 'End of File'의 의미로 입력의 종료를 의미한다. Ctrl+Z 키를 입력하여야 하지만 Eclipse 콘솔 창에서는 정상적인 동작이 되지 않는다. 또한, Eclipse에서 Terminate로 표시되는 빨간 네모 상자를 클릭하면 프로그램이 강제 종료하게 되어 결과를 확인할 수 없다. 결과적으로 MS-DOS 명령 창에서 실행하여 확인하여야 한다.

명령 창에서 실행할 경우는 Terminate(Ctrl+C) 신호를 보내지 않고 값을 입력하지 않은 상태에서 Ctrl+Z를 입력하면 EOF로 인식한다. Ctrl+Z가 인식되지 않은 경우는 입력 버퍼에 다른 값이 남아 있을 경우이다. MS-DOS 명령 창과의 차이점은 Eclipse라는 프로그램을 만드는 개발자들이 풀어야 할 문제로 Eclipse의 업그레이드에 반영되기를 기대하여 본다.

5.2 break 문

for, while, do~while 문 등의 반복 루프나 switch~case 문의 블록으로부터 해당 블록 밖으로 빠져나올 때 사용하는 명령문이다. 다중 반복문의 블록을 탈출하려고 한다면 'goto' 명령문이 더 효과적이다.

다중 반복문을 사용할 때 내부 반복문에서 break 명령문을 사용하여 탈출하려 한다면, 외부 반복문에서는 조건문을 사용하여 계속하여 탈출을 유도하여야 한다.

사용 예		

break;	반복문{
	　　명령문 ...;
	　　break;
	}
		switch{
		　　case : 명령문 ...;
		　　　break;
		}

[실습] ex_05-27.c : break 문의 활용

```
01: #include <stdio.h>
02: #include <stdlib.h>
03:
04: int main()
05: {
06:     int i=1;
07:     long factorial = 1;
08:
09:     printf("1");
10:     while(1) {
11:         i++;
12:         if (factorial > 10000000)
```

```
13:                        break;
14:                    factorial *= i;
15:                    printf("*%d", i);
16:        }
17:        printf(" = %ld\n", factorial);
18:
19:        return EXIT_SUCCESS;
20: }
```

10번 행의 'while(1)' 문장에서 '1'은 참이라는 값으로 해석되고 실행된다. 즉 고정된 참 값이므로 'while(1)'은 '무한 반복문'이라고 부른다. 무한 반복문은 탈출하는 방법이 'goto' 문을 사용하여 탈출하거나 'break' 문을 사용하여 탈출하여야 한다.

필자에게 80년대 초반에는 컴퓨터 사용료가 비싸다는 이유로 '무한 반복에 빠지는 프로 그램을 돌리면 회사에서 짤린다.'는 공포의 시절도 있었다. 지금이야 자원이 넘치고 개인 컴퓨터 환경이 발달하면서 무한 반복 프로그램을 작성하여도 강제 종료하면 타인에 대한 피해가 없지만 여러 명이 공동으로 팀 프로젝트를 수행하는 경우는 항상 긴장하여 무한 반복문을 만들지 않도록 주의해야 한다.

```
Problems   Properties   Console ⊠          ✖ ☒ ☐☐☐☐☐  ☐ ☐ ▾ ☐ ▾ ☐ ☐
<terminated> Ex_05-27.exe [C/C++ Application] C:\Users\GwiBong\workspace\Ex_05-27\Debug\Ex_05-27.exe
1*2*3*4*5*6*7*8*9*10*11 = 39916800
```

[실습] ex_05-28.c : 100 이하의 정수 중 가장 큰 7의 배수 값 구하기

```
01: #include <stdio.h>
02: #include <stdlib.h>
03:
04: int main()
05: {
06:        int cnt;
07:
08:        for(cnt = 100; cnt >= 0; --cnt) {
09:                if ((cnt % 7) == 0)
10:                        break;
11:        }
12:        printf("100 이하의 수중 가장 큰 7의 배수값 = %d\n", cnt);
13:
14:        return EXIT_SUCCESS;
15: }
```

지금까지의 'for' 반복문과 다르게 출발점이 100이고 1씩 전위 연산으로 감소하였다. 7 의 배수 중에서 100에 가장 가까운 수를 찾는 프로그램이므로 100부터 0까지 감소하는 것이 0부터 100까지 증가하는 구조보다 효율적이다. 08번 행의 블록 시작 기호와 11번 행의 블록 종료 기호는 프로그래머의 가독성에만 효과가 있을 뿐 컴파일러에게는 무의미하므로 생략하여도 된다.

```
Problems  Properties  Console
<terminated> Ex_05-28.exe [C/C++ Application] C:\Users\GwiBong\workspace\Ex_05-28\Debug\Ex_05-28.exe
100  이하의 수중 가장 큰 7의 배수값 =  98
```

5.3 continue 문

continue 문을 반복 블록 내부에서 사용하면 continue 문 이후의 나머지 명령문들을 수행하지 않고 반복문의 조건 판단 부분으로 제어를 옮기는 기능을 수행한다.

사용 예		

continue;	반복문 {
	　명령문 ...;
	　continue;
	}
		switch {
		　case : 명령문 ...;
		　continue;
		}

[실습] ex_05-29.c : continue 문의 활용

```
01: #include <stdio.h>
02: #include <stdlib.h>
03:
04: int main(void)
05: {
06:     int n, sum = 0;
07:
08:     for (n = 1; n <= 20; n++) {
09:         if (n % 2 == 0 || n % 3 == 0)
10:             continue
11:         printf("%3d", n);
12:         sum += n;
13:     }
14:     printf("\nsum = %d\n", sum);
15:
16:     return EXIT_SUCCESS;
17: }
```

10번 행의 'continue;' 문장은 08번 행으로 되돌아가서 'for' 문장의 증가 연산과 조건 검사를 수행하도록 한다.

```
Problems  Properties  Console ⌘                  ✖ ✖ ⌘ ⌘ ⌘ ⌘ ⌘   ⌘ ▾ ⌘ ▾ ⌘ ⌘
<terminated> Ex_05-29.exe [C/C++ Application] C:\Users\GwiBong\workspace\Ex_05-29\Debug\Ex_05-29.exe
sum = 73
```

5.4 exit( ) 함수

exit( ) 함수는 프로그램의 실행을 강제로 중단하고 운영체제(OS)로 제어를 넘긴다.
exit(int n)에서 변수 'n'은 운영체제에 전달하는 프로세스 수행 결과 값이다. 운영체제는
이 반환 값을 활용하여 프로그램이 정상적으로 수행하였는지를 판단하고 이 결과에 따른
추가 조치를 할 수 있다.

사용 예
exit(int n);   exit( );

[실습] ex_05-30.c : exit(0)

```
01: #include <stdio.h>
02: #include <stdlib.h>
03:
04: int main(void)
05: {
06:        int su_1, su_2;
07:
08:        do {
09:                scanf("%d %d", &su_1, &su_2);
10:                if (su_2 == 0) {
11:                        printf("에러 ! 0으로 나눌 수 없다.\n");
12:                        exit(0);
13:                }
14:                printf("%d / %d = %d ... %d \n", su_1, su_2, su_1/su_2, su_1%su_2);
15:        } while(su_1 != EOF);
16:
17:        return EXIT_SUCCESS;
18: }
```

'ex_05-17.c' 프로그램에서 'goto' 문을 배제하고, 연산 오류가 발생할 때 프로그램을 종
료하고 운영체제에 프로그램의 종료 반환 값으로 '0'을 돌려주는 프로그램이다. 이때 '0'
의 의미는 프로그램이 정상적으로 종료하였음을 알려주는 의미이다. 다른 값으로 '-1'
또는 임의의 정수를 반환할 수 있다. 그러나 '-1' 값만 비정상 종료로 인식하고 프로그램
이 비정상 종료 처리에 대한 후속 작업을 하지만 임의의 정수는 특별히 처리하지 않는다.

다만 그 값을 시스템 보관 영역에 보존할 뿐이다.

시스템을 조금 더 살펴보고자 하는 독자라면 이 부분을 어떻게 처리해야 할지 찾아보기 바란다. 본 주제에서 벗어나는 부분으로 더 이상의 언급을 하지 않는다.

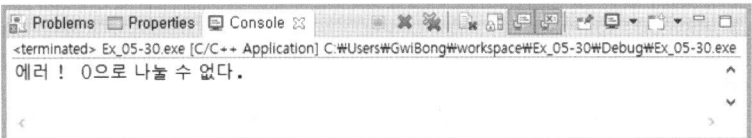

5.5 return 명령문

함수의 실행 결과를 호출한 프로그램으로 되돌려 보낼 때 사용하는 명령문이다. 'exit( );' 함수의 호출이 운영체제에게 실행 결과 값을 반환하는 것이라면, 'return' 명령문은 호출한 함수로 함수의 수행 결과를 전달하는 명령문이다.

'return' 명령문은 다음과 같은 특징을 가지고 있다.

① 한 번에 하나의 값만 반환할 수 있다.
② 변수 또는 수식의 연산 결과 값을 반환되게 할 수 있다.
③ 다른 함수를 호출한 결과 값을 반환할 수 있다.
④ 'main( )' 함수의 'return' 명령문은 'exit( )' 함수 사용과 같은 의미이다.
⑤ return 문장의 반환 값은 자신의 함수와 타입과 같아야 한다. 즉 함수를 int로 선언하였다면 int 값을 반환하여야 한다. 또 다른 함수를 호출하여 반환 값을 사용하여도 된다.
⑥ return에 값을 주지 않을 경우는 함수의 타입이 void 타입이어야 한다.

사용 예
return 수식;
return 변수;
return 값;
return;

한 가지 더 언급하면, 구조체를 사용하여 반환 값을 여러 개 묶어서 전달할 수 있다. 구조체는 뒤에서 좀 더 자세히 다룰 것이다.

[실습] ex_05-3l.c : return 문장의 사용 예

```
01: #include <stdio.h>
02: #include <stdlib.h>
03:
04: int subfunc(int, int);
05:
06: int main(void) {
07:        printf("!!!Hello World!!!%d", subfunc(10, 20)); /* prints !!!Hello World!!! */
08:        return EXIT_SUCCESS;
09: }
10:
11: int subfunc(int x, int y)
12: {
13:        return x + y;
14: }
```

'ex_01_02.c'를 응용하여 보았다. 07번 행에서 'subfunc( )' 함수를 호출하였고, 11번 행부터 14번 행까지가 'subfunc( )' 함수를 구현한 코드이다.

다시 한 번 강조하면 C 언어에서 모든 함수와 변수는 호출하기 전에 선언되어 있어야 한다. 이러한 문제를 해결하는 방법으로 함수 원형을 프로그램 선두에서 선언하는 것이다. 이 코드에서는 04번 행에서 'subfunc( )' 함수의 원형을 선언하였다. 이는 '이러한 형태로 함수를 준비하겠으니 오류 처리를 하지 마라.'라고 하는 의사를 컴파일러에게 알려주는 것이다.

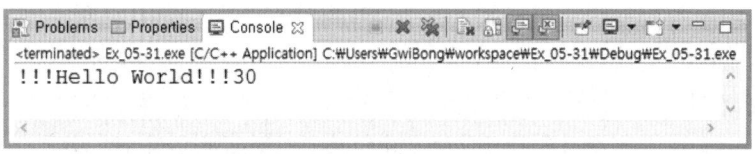

출력 문장의 마지막에 30이라는 숫자는 'subfunc( )' 함수의 수행 결과이다.

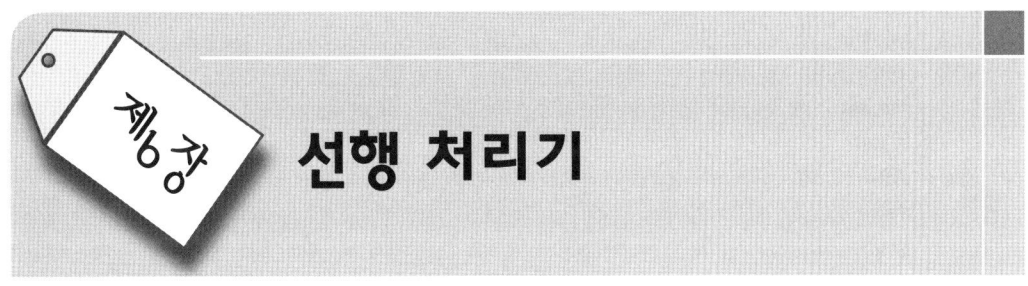

선행 처리기

선행 처리기는 원시 프로그램을 컴파일하기 전에 프로그램 내부에 기호화된 표현을 원래의 표현인 프로그램 코드로 바꾸어 주는 역할로 필요한 다른 프로그램 루틴을 포함하는 기능이다.

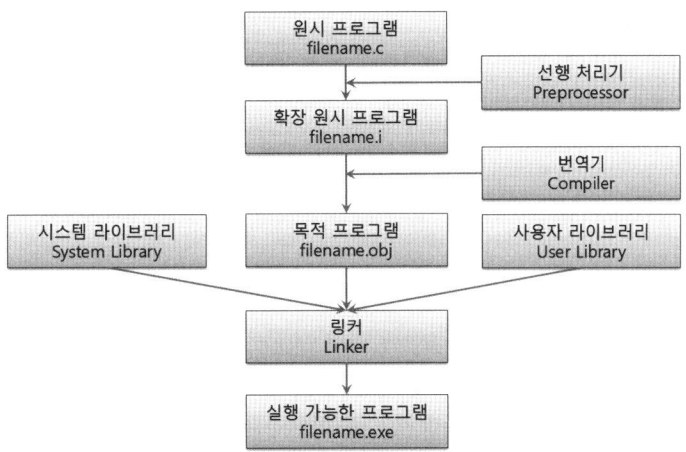

선행 처리기의 지시어는 선행 처리가 끝나면 지시어 모두는 정의된 값으로 대체된다. 많이 사용되는 선행 처리기의 지시어는 다음과 같다.

```
#define
#include
#undef
#ifdef
#if
#else
#elif
#endif
#pragma once
...
```

#define은 정의를 위한 선행 처리기이다. 상수 또는 매크로 함수를 정의하는데 사용된다.

#include는 다른 소스 코드를 포함하는 기능이다. 주로 미리 작성된 헤더 파일을 포함할 때 사용한다.

#undef는 정의되어 있는 정의 상수 또는 매크로 함수의 정의 값을 제거할 때 사용한다.

#ifdef는 조건 정의를 위한 선행 처리기이다. '만약에 정의되어 있다면...'의 의미가 있다.

#if는 조건을 검사하는 선행 처리기이다. if 조건문과 사용법이 같다.

#else는 조건의 검사에서 거짓이라는 값에 대한 처리를 위한 선행 처리기이다.

#elif는 다중 조건문 처리를 위한 전처리 기능으로 else if와 같다.

#endif는 조건문을 종료하는 선행 처리 기능이다. 블록 기호 대신 #if의 종료를 표현한다.

#pragma once 선행 처리기는 포함 파일이 중복하여 여러 번 포함되는 것을 방지하고 한 번만 포함되도록 한다.

 **매크로의 정의**

자주 사용하는 상수나 문자열들을 별도의 이름으로 정의하여 #define 지시어로 선언한다. 이러한 매크로 정의는 프로그램의 이식성과 호환성에 도움을 주는 유용한 방법이다. 또한, 수정을 쉽게 할 수 있어 프로그램 생산성을 높여 주는 역할도 한다.

함수 외부에서 정의한 #define의 유효 범위는 정의한 위치에서부터 소스 코드의 끝까지 유효하다.

주의할 내용은 #define 문장의 끝에 ';'을 붙이지 말아야 한다는 것이다. 만약에 ';'을 붙인다면 전처리 과정이 완료되었을 때 ';'에 의해 문장이 분할되는 경우가 발생하고, 문장의 끝에 ';'을 사용하게 되면 선행 처리 기능이 완료되었을 때 C 언어 문장에서 ';'이 두 번씩 붙는 경우가 발생하기도 한다.

2.1 인수가 없는 정의 상수(macro constant)

형식	사용 예

#define 매크로명　상수
#define 매크로명　대체문자열
#define 매크로명　매크로함수
	for (i = 30; i < 120; i = i + 10);
	//위 문장은 다음과 같이 사용하는 것이 좋다.
	
	#define LOW 30
	#define HIGH 120
	#define STEP 10
	⋮
	for (i = LOW; i < HIGH; i = i + STEP);

#define은 선언문이고, 두 번째로 상징적인 의미가 있는 '매크로명'을 '정의 상수'라고 한다. 매크로명은 영문 대문자만을 이용하여 정의한다. 세 번째로 정의하고자 하는 상수 또는 대체 문자열, 매크로 함수가 된다.

[실습] ex_06-0l.c : #define 활용

```
01: #include <stdio.h>
02: #include <stdlib.h>
03:
04: #define PI 3.141592
05: #define R 5
06:
07: int main(void)
08: {
09:       float area, length;
10:
11:       area = PI * R * R;
12:       length = 2 * PI * R;
13:       printf("반지름이 %d인 원의 면적 = %f\n", R, area);
14:       printf("          원의 둘레 = %f\n", length);
15:
16:       return EXIT_SUCCESS;
17: }
```

04번 행에서 05번 행까지는 상수를 정의하는 매크로 선언문이다. 이는 해당 소스 프로
그램 전체에 영향력이 적용되며 이 값은 프로그램 코드에 의해 변경될 수 없으며, 정의문
에 기술된 상수를 대신하는 의미로 생각하면 된다.

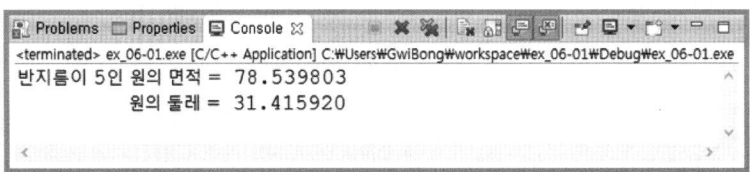

[실습] ex_06-2.c : #define 활용

```
01: #include <stdio.h>
02: #include <stdlib.h>
03:
04: #define PASS 60
05:
06: int main(void)
07: {
08:       int jumsu;
09:
10:       printf("점수입력 => ");
11:       fflush(stdout);
12:       scanf("%d", &jumsu);
13:       if (PASS <= jumsu)
14:               printf("\t합격 !\n");
15:       else
```

```
16:                printf("\t불합격 !\a\n");
17:
18:        return EXIT_SUCCESS;
19: }
```

12번 행에서 사용된 변수 'jumsu' 앞에 & 연산자가 있는 것은 이 변수가 포인터 변수가 아니기 때문에 주소 연산자를 사용한 것이다. 변수의 3대 구성 요소 중 주소 값을 'scanf( )' 함수에 전달함으로서 키보드 입력 값을 해당 주소에 저장하도록 한다. 12번 행이 지나면 'jumsu' 변수에는 키보드로 입력한 값이 정수 값으로 저장된다.

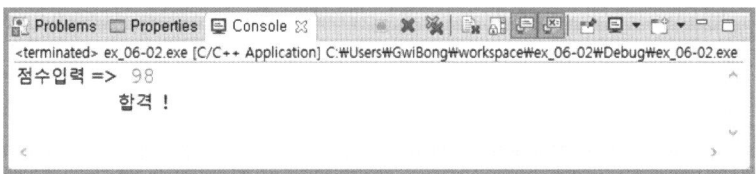

2.2 인수를 갖는 정의 상수

구조가 마치 함수를 사용하는 것과 같다고 하여 일명 '매크로 함수'라고 알려진 정의 상수이다. 주의할 것은 정의 상수 역시 선언할 때 ';'을 붙이지 않는 것이 좋다. 실제 컴파일러에서는 정의 상수를 만나면 보관하여 두었다가 이후에 만나는 동일한 정의 상수를 사용한 문장을 정의 상수로 치환하여 사용한다.

형식	사용 예
#define 매크로명(인수1, 인수2, ...) 식 또는 대체문자열	#define SQR1(x) (x * x)i = i + STEP);

[실습] ex_06-03.c : #define 활용

```
01: #include <stdio.h>
02: #include <stdlib.h>
03:
04: #define SQR1(x) (x * x)
05: #define SQR2(x) x * x
06: #define SQR3(x) (x)*(x)
07:
08: int main(void)
09: {
10:        int i = 5; int j = 5 ;
11:
12:        printf("%d, %d, %d\n", SQR1(2+3), SQR2(2+3), SQR3(2+3));
```

```
13:        printf("%d, %d\n", SQR1(++i), SQR1(j++));
14:
15:        return EXIT_SUCCESS;
16: }
```

12번 행과 13번 행을 선행 처리기로 처리한 결과를 풀이해보면 다음과 같다.

```
12:        printf("%d, %d, %d\n", (2+3 * 2+3), 2+3 * 2+3, (2+3)*(2+3));
13:        printf("%d, %d\n", (++i * ++i), (j++ * j++));
```

위와 같이 선행 처리의 결과로 프로그램이 실행된다. 이처럼 선행 처리 결과 연산 우선순위에 문제가 발생할 수 있다.

12번 행에서 첫 번째 계산 결과 값은 '*' 연산이 우선순위가 높은 관계로 먼저 계산을 하게 된다. 즉, '2+6+3'으로 결과는 '11'이 출력된다. 두 번째 인수 역시 같은 결과를 보인다. 세 번째 인수는 괄호 연산을 먼저 하여 '5 * 5'의 결과인 '25'가 출력된다.

13번 행의 계산 역시 연산자 우선순위를 고려하여 계산하여야 한다. 즉, 첫 번째 인수는 '*'보다 '++'가 전위연산자로서 먼저 계산되어 앞쪽 'i'는 '6'이 되고, 뒤쪽 'i'의 '++' 또한 전위연산자이므로 먼저 계산되어 '7'이 된다. 'i'의 값이 '7'이 된 이후 '*' 연산을 수행하므로 '7 * 7'이 되어 '49'가 출력된다. 두 번째 인수는 '++'가 후위연산자이다. 즉 '*' 연산이 먼저 되고 증가하므로 '5 * 5'의 값인 '25'를 출력하고 'j'는 '7'이 된다. 정의 상수를 이용한 인수 처리는 괄호가 매우 중요함을 알려주는 예제이다.

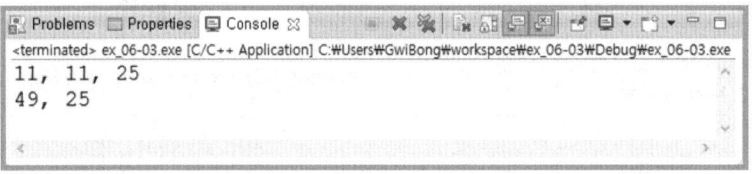

[실습] ex_06-04.c : 인수가 있는 #define

```
01: #include <stdio.h>
02: #include <stdlib.h>
03:
04: #define ABS(x) ((x<0) ? (-x) : (x))
05:
06: int main(void)
07: {
08:     int su;
09:
10:     printf("수치 입력 => ");
11:     fflush(stdout);
12:     scanf("%d", &su);
13:     printf("%d의 절대값은 %d이다.\n", su, ABS(su));
14:
15:     return EXIT_SUCCESS;
16: }
```

13번 행을 선행 처리한 결과는 다음과 같다.

```
13:     printf("%d의 절대값은 %d이다.\n", su, ((su<0) ? (-su) : (su)));
```

삼항 연산자의 '?' 다음에 표현된 식 '(-su)'는 변수 su에 음수 값이 있다면 '-(음수)'가 된다. 이는 '(-1)*(음수)'와 같다. 즉 '-1'을 곱하는 결과이므로 결과적으로 변수 su의 값은 양수가 된다.

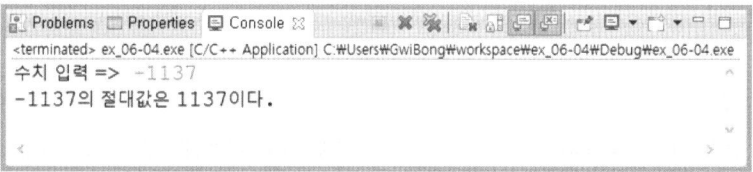

03 파일의 포함(#include)

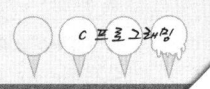

#include 선행 처리 지시문은 컴파일러에 특정한 파일(header file)을 원시 프로그램에 포함하도록 지시하는 기능으로, 먼저 선언해야 할 내용을 모아둔 파일을 '헤더 파일'이라고 한다. 헤더 파일의 확장자는 '.h'이다. 즉 'filename.h'으로 사용한다. 'filename'은 사용자가 정하는 임의의 파일명이 될 수도 있고 컴파일러에서 제공하는 정의된 파일로 나누어진다.

형식	사용 예
#include <[경로]파일 이름>	#include <stdio.h> #include <time/ut.h>

컴파일러에서 제공하는 포함 파일의 경우 '〈와 〉'를 사용한다. 이렇게 표현할 때 해당 파일은 컴파일러에서 정의되어 있는 디렉터리에 존재하여야 한다. 사용자가 임의의 헤더 파일을 작성하여 컴파일러에 지정된 디렉터리에 저장하여 둔다면 사용자 정의 헤더 파일도 '〈, 〉'를 사용할 수 있다.

사용자가 임의로 작성하여 사용하는 헤더 파일을 포함할 때는 ""…""를 사용한다. 일반적으로 사용자가 정의한 헤더 파일을 포함할 때 사용하는 형식이다. 컴파일러가 제공하는 헤더 파일이라도 복사하여 다른 디렉터리에 저장하였다면 이 역시 ""…""를 사용하여야 한다.

형식	사용 예
#include "[경로]파일 이름"	#include "stdio.h" #include "a:\work\test.c"

[경로]는 파일이 저장되어 있는 디렉터리 정보이다. 경로 정보를 생략하면 현재 작업 중인 디렉터리에서 파일을 찾게 된다. 표기하는 방법으로는 '상대경로'와 '절대경로'의 두 가지가 있다.

① 상대경로 : 현재 디렉터리에서 출발하여 디렉터리 경로를 탐색하도록 하는 표기법이다.
② 절대경로 : 최상위 디렉터리에서 출발하여 디렉터리 경로를 탐색하도록 하는 방법이다.
※ '〈, 〉'로 표현한 포함 파일은 컴파일러가 지정한 디렉터리를 기준으로 탐색하고 "", ""로 표현하는 포함 파일은 현재 디렉터리를 기준으로 탐색한다. 그러나 절대 경로를 사용하게 되면 항상 최상위 디렉터리를 기준으로 탐색하는 점을 기억하면 어려움이 없다.

[실습] ex_06-05.c : #include 문의 활용

2개의 파일을 작성하여 실습한다. 먼저 Eclipse에서 프로젝트를 만들고 파일을 추가하여
야 한다.

포함 파일은 include 폴더를 만들어 따로 관리하는 것이 유지보수에 도움이 되는 좋은 습
관이다.

프로젝트 이름에서 마우스 오른쪽 버튼을 클릭하여 단축 메뉴를 표시하거나 Eclipse 메
뉴에서 [File]->[New]를 선택하여 메뉴를 표시한다. 또는 단축키 (Alt)+(Shift)+(N)을 이용
할 수 있다. 표시된 메뉴에서 [Folder] 메뉴를 선택한다.

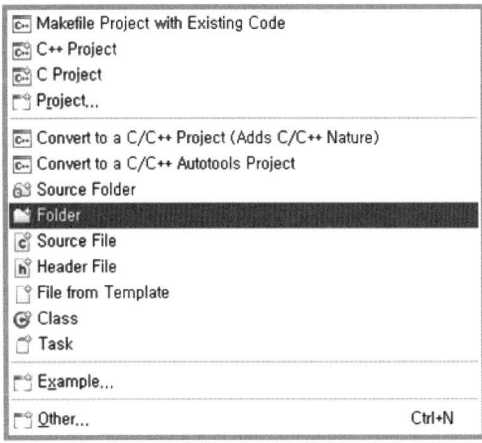

"New Folder" 창에서 'Folder name'란에 'include'라고 입력하고 [Finish] 버튼을 클릭한다.

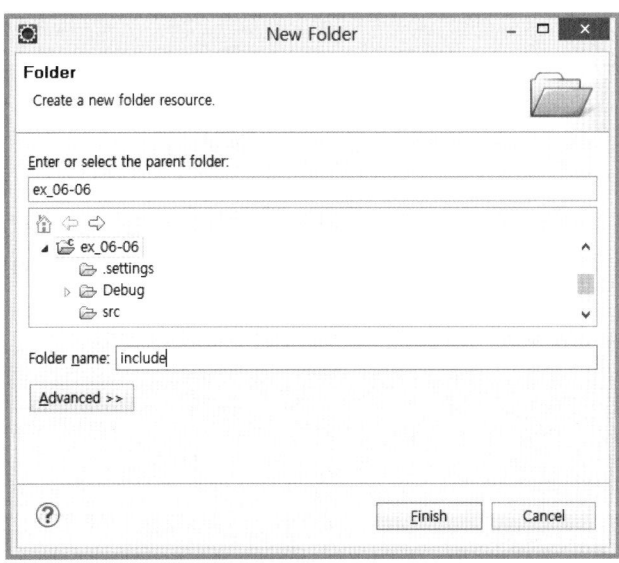

이후 C 소스 코드를 추가하여도 같은 과정으로 폴더를 만들고 파일을 추가하면 된다. 'include' 폴더가 만들어진 것을 확인할 수 있다.

참고로 Eclipse의 C 언어 프로젝트에는 기본적으로 컴파일러에서 제공하는 'includes' 라는 폴더가 있다. 컴파일러가 기본으로 사용하는 includes 폴더에는 파일을 추가할 수 없도록 하고 있다. 기본 폴더에 헤더 파일을 추가하려면 프로젝트 속성을 설정하는 [Properties]->[C/C++ Build]->[Environment]에서 추가할 수 있다. 새로운 폴더인 'include'를 만들었으므로 사용자 정의 포함 파일은 새롭게 생성된 'include' 폴더에 저장 하도록 한다.

'include' 폴더에서 마우스 오른쪽 버튼을 클릭하여 단축 메뉴를 표시하거나 Eclipse의 메 뉴에서 [File]->[New]를 선택하여 메뉴를 표시한다. 또는 단축키 (Alt)+(Shift)+(N)을 이용 할 수 있다. 표시된 메뉴에서 [Header File] 메뉴를 선택한다.

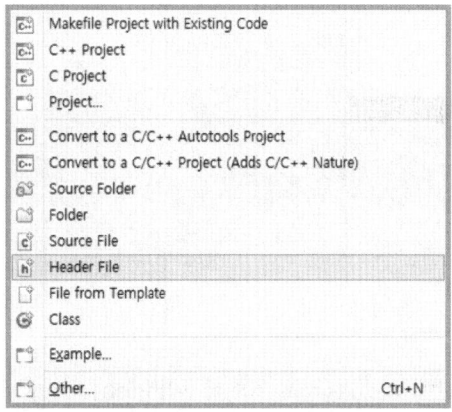

"New Header File" 창에서 'Header file' 란에 헤더 파일의 이름으로 'jumsu.h'를 입력하 고 [Finish] 버튼을 클릭한다.

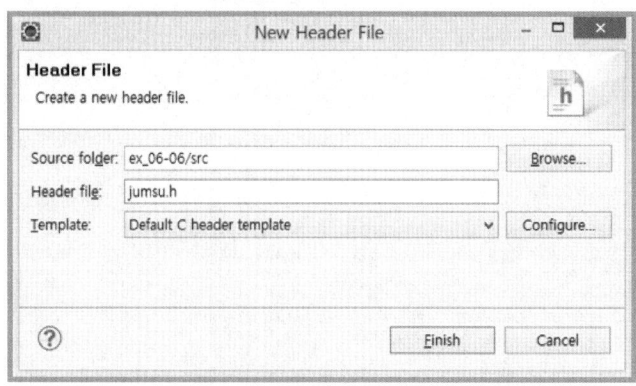

기본적인 코드를 작성하여 제시한다.

```
01: /*
02:  * jumsu.h
03:  *
04:  *  Created on: 2013. 2. 6.
05:  *      Author: GwiBong
06:  */
07:
08: #ifndef JUMSU_H_
09: #define JUMSU_H_
10:
11:
12:
13: #endif /* JUMSU_H_ */
```

08번 행의 '#ifndef' 의미는 만약에 'JUMSU_H_'라는 정의 상수가 선언되어 있지 않다면 09번 행으로 진행하여 'JUMSU_H_' 정의 상수를 선언하고 10번, 11번, 12번 행의 코드를 사용한다. 만약에 선언되어 있다면 13번 행 '#endif' 이후를 진행한다.

C11에서 추가된 선행 처리기의 지시문인 '#pragma once'가 정의되기 이전에 포함 파일이 중복되어 과도하게 적재되는 비효율적인 코드 번역 낭비를 줄이는 기법이다.

C11부터는 이러한 복잡한 구조 대신에 파일의 선두에 '#pragma once'를 한번 선언하면 중복하여 포함되지 않도록 한다.

위의 코드에서 10번, 11번 12번 행에 해당하는 위치에 다음과 같이 11행부터 15행까지의 내용을 입력하고 저장한다.

```
08: #ifndef JUMSU_H_
09: #define JUMSU_H_
10:
11: #define BEST 100
12: #define A 90
13: #define B 80
14: #define C 70
15: #define D 60
16:
17: #endif /* JUMSU_H_ */
```

다음은 C 프로그램의 소스 코드를 작성한다.

[실습] ex_06-05.c : #include 문의 활용

```
01: #include <stdio.h>
02: #include <stdlib.h>
03: #include "jumsu.h"
04:
05: #define INWON 10
06:
07: int main(void)
08: {
09:        int jumsu[INWON];
10:        char hakjum[INWON];
11:        int num;
12:
13:        for (num = 0; num < INWON; num++) {
14:                printf("점수 => ");
15:                fflush(stdout);
16:                scanf("%d", &jumsu[num]);
17:        }
18:        for(num = 0; num < INWON; num++) {
19:                if (jumsu[num] >= A) hakjum[num] = 'A'
20:                else if (jumsu[num] >= B) hakjum[num] = 'B'
21:                else if (jumsu[num] >= C) hakjum[num] = 'C'
22:                else if (jumsu[num] >= D) hakjum[num] = 'D'
23:                else if (jumsu[num] <  D) hakjum[num] = 'F'
24:        }
25:        printf("점수 학점\n");
26:        for(num =0; num < INWON; num++)
27:                printf(" %d    %c \n", jumsu[num], hakjum[num]);
28:
29:        return EXIT_SUCCESS;
30: }
```

Eclipse에서 오류 표시는 포함 파일을 고려한 변수 검사 기능의 반응이 느리다. 이 부분도 차기 버전에서 개선되기를 기대한다. 이러한 오류 표시는 기다리면 사라지므로 무시하고 컴파일과 실행을 진행한다.

```
🔲 Problems  🔲 Properties  🖥 Console ✕      ═  ✖ 🀆  🗎 🗎 🗎 🗎 🗎  🗗 🖵 ▾ 🗂 ▾ ▭ 🗆
<terminated> ex_06-05.exe [C/C++ Application] C:\Users\GwiBong\workspace\ex_06-05\Debug\ex_06-05.exe
점수 => 59
점수 => 64
점수 => 69
점수 => 75
점수 => 78
점수 => 82
점수 => 88
점수 => 91
점수 => 95
점수 => 99
점수  학점
  59      F
  64      D
  69      D
  75      C
  78      C
  82      B
  88      B
  91      A
  95      A
  99      A
```

정의 상수를 이용한 프로그램 코드는 여러 가지 유리한 점이 있지만, 한 가지만 들어보면 이 프로그램에서 입력 수를 10에서 5로 수정한다고 해보자. 정의 상수를 사용하지 않았다면 'INWON'이 있는 모든 곳이 10으로 코딩되어야 하고 이를 다시 5로 바꾼다면 수정 과정에서 놓치는 경우 등의 이유로 오류 발생 확률이 높아진다.

정의 상수를 사용함으로써 'INWON'의 10을 5로 한 번만 바꾸면 모든 코드에 있는 'INWON'을 전부 5로 바꾸는 것과 같은 효과를 거둘 수 있다. 프로그램 코드가 복잡하고 많이 상수가 많이 사용된다면 더욱 빛을 발하는 것이 정의 상수이다.

04 기타 선행 처리기 지시어

4.1 #undef

#define 지시어로 정의된 매크로 명령을 해제하는 선행 처리기 지시어이다. 정의 상수는 값의 변경이 불가능한데 이를 해결할 수 있는 기법으로도 종종 사용되는 지시어이다.

형식	사용 예
#undef 매크로명	#define PI 3.141592 #undef PI

[실습] ex_06-06.c : #undef 문의 활용

```
01: #include <stdio.h>
02: #include <stdlib.h>
03:
04: #define PI 3.141592
05:
06: int main(void)
07: {
08:        double a;
09:
10:        a = PI;
11:        printf("원주율 = %f\n", a);
12:
13:        #undef PI
14:        #define PI 3.14
15:
16:        a = PI;
17:        printf("원주율 = %f\n", a);
18:
19:        return EXIT_SUCCESS;
20: }
```

13번 행에서는 04번 행의 정의를 해제하였다. 14번 행에서 다시 정의함으로써 이후 수정한 값을 사용하는 효과를 발생한다.

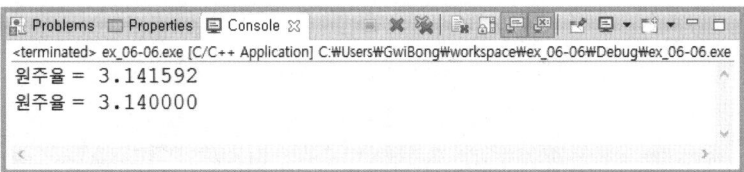

```
원주율 = 3.141592
원주율 = 3.140000
```

4.2 조건부 컴파일 처리기

특정 조건이 만족하는 경우에만 해당 코드를 컴파일하라고 지시하는 선행 처리기 지시어
이다. 대형 프로그램에서 프로그램을 분할 작성하는 경우에 주로 사용하며, 서로 다른 컴
퓨터 기종 사이의 환경을 맞추어 프로그램의 호환성을 높이기 위해 사용하기도 한다.

조건부 컴파일 지시어	형　식	기　능
#if - #else - #endif	#if　정수식 　　　명령문1 #else 　　　명령문2 #endif	정수식이 참이면 명령문1을 처리하고, 거짓이면 명령문2를 처리한다. #else와 명령문2는 묶어서 생략할 수 있다.
#if - #elif - #else - #endif	#if　정수식1 　　　명령문1 #elif　정수식2 　　　명령문2 #else 　　　명령문3 #endif	정수식1이 참이면 명령문1을 처리하고, 정수식1이 거짓이면서 정수식2가 참이면 명령문2를 처리하고, 정수식2가 거짓이면 명령문3을 처리한다. #elif부터 명령문3까지 묶어서 생략할 수 있으며, 또한 #else와 명령문3 역시 따로 묶어 생략할 수 있다.
#ifdef - #else - #endif	#ifdef　매크로명 　　　명령문1 #else 　　　명령문2 #endif	매크로명이 정의되어 있으면 명령문1을 처리하고, 정의되어 있지 않으면 명령문2를 처리한다. #else와 명령문2는 묶어서 생략할 수 있다.
#ifndef - #else - #endif	#ifndef　매크로명 　　　명령문1 #else 　　　명령문2 #endif	매크로명이 #define으로 정의되어 있지 않으면 명령문1을 처리하고, 정의되어 있으면 명령문2를 처리한다. #else와 명령문2는 묶어서 생략할 수 있다.

조건부 컴파일 지시어에서 #elif은 else-if, #endif은 end of if, #ifdef은 if defined,
#ifndef은 if not defined의 의미이다.

[실습] ex_06-07.c : #undef 문의 활용

```
01: #include <stdio.h>
02: #include <stdlib.h>
03:
04: int main(void)
05: {
06:     #ifdef X86
07:         puts("32bit 운영체제 입니다.");
08:     #else
09:         puts("64bit 운영체제 입니다.");
```

```
10:         #endif
11:
12:         #define WINDOW
13:         #ifdef WINDOW
14:                 puts("윈도우즈 운영체제 입니다.");
15:         #else
16:                 puts("유닉스/리눅스 운영체제 입니다.");
17:         #endif
18:
19:         return EXIT_SUCCESS;
20: }
```

첫 번째 X86은 선언되지 않았으므로 정의되어 있는가를 묻는 조건에 부합하지 않아 '64bit 운영체제입니다.' 문자열을 출력하는 09번 행이 컴파일된다. '#ifdef'는 선언된 것과 선언되지 않은 것 두 가지 경우만 처리할 수 있다. 2가지 이상을 처리하려고 한다면 '#define X86 0' 등으로 상수를 지정하여야 한다.

'#define X86'과 '#define X86 0'의 차이점은 #ifdef를 여러 번 사용할 수 있는가와 없는가의 차이이다. 'ex_06-07.c' 소스 코드의 빈 줄인 11번 행에서 다른 정의문을 선언하여도 이후 조건문에서 동일하게 인식을 한다.

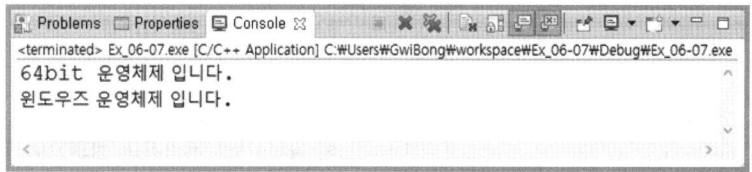

[실습] ex_06-08.c 조건부 컴파일하기(수정)

```
01: #include <stdio.h>
02: #include <stdlib.h>
03:
04: int main(void)
05: {
06:         #define X86
07:         #ifdef X86
08:                 puts("32bit 운영체제 입니다.");
09:         #else
10:                 puts("64bit 운영체제 입니다.");
11:         #endif
12:
13:         #undef X86
14:         #ifdef X86
15:                 puts("32bit 운영체제 입니다.");
16:         #else
```

```
17:                puts("64bit 운영체제 입니다.");
18:      #endif
19:
20:      return EXIT_SUCCESS;
21: }
```

06번 행에서 정의된 X86을 13번 행에서 정의를 해제하였다. 동일한 조건부 제어문을 사용하여 비교하였다.

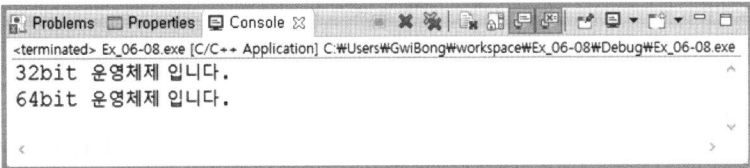

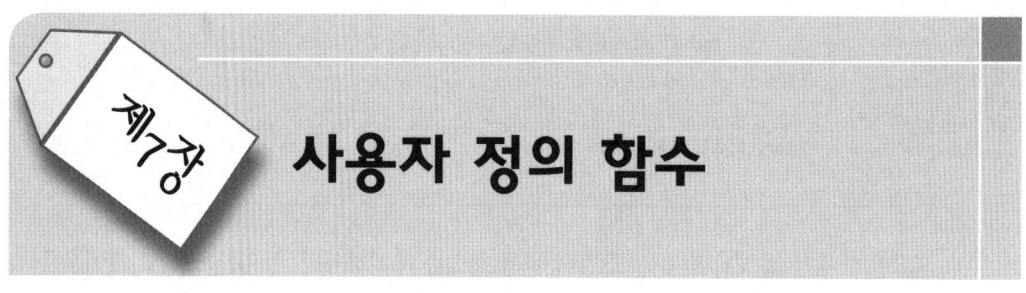

제7장

사용자 정의 함수

01 개요

함수란 일련의 작업을 수행하도록 작성된 독립적인 프로그램으로 일종의 규격화된 서브
루틴(subroutine)이다. C 언어는 함수로 시작하여 함수로 끝나는 특징이 있다.

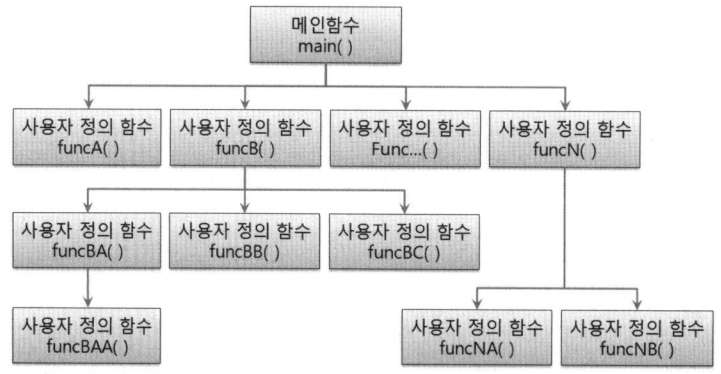

C 프로그램은

· 최소한 하나 이상의 함수(function)로 구성되며,
· 함수의 나열 순서에는 특별한 의미가 없으나, 호출되기 전에 선언되어 있어야 하며,
· 반드시 프로그램의 시작을 의미하는 main( ) 함수를 포함하여야 한다.

함수 구조를 사용하는 것을 구조적 프로그래밍 방식이라고 한다. 이러한 구조적인 프로
그래밍 방식의 장점은 프로그램을 큰 부분으로부터 작은 부분으로 세분화하여 구현하는
설계 방식인 하향식 설계(top-down design)가 가능하다.

프로그램에서 필요로 하는 기능을 세분화하여 함수를 작성하는 이유는 함수가 지나치게
크면 어떤 기능의 함수인지 명확히 이해하기 어렵고 관리하기도 불편하므로 적절한 크기
(50~100행)를 유지하도록 권장한다.

프로그램을 기능별로 함수 작성(모듈화)하고 필요할 때 호출하는 형태로 여러 함수를 하나로 묶으면 논리적이고 구조적인 전체 프로그램이 작성된다. 장점은 프로그램을 수정 및 보완할 때 해당 함수만 수정 보완해도 되므로 이해하기 쉽고 유지 보수가 쉽다.

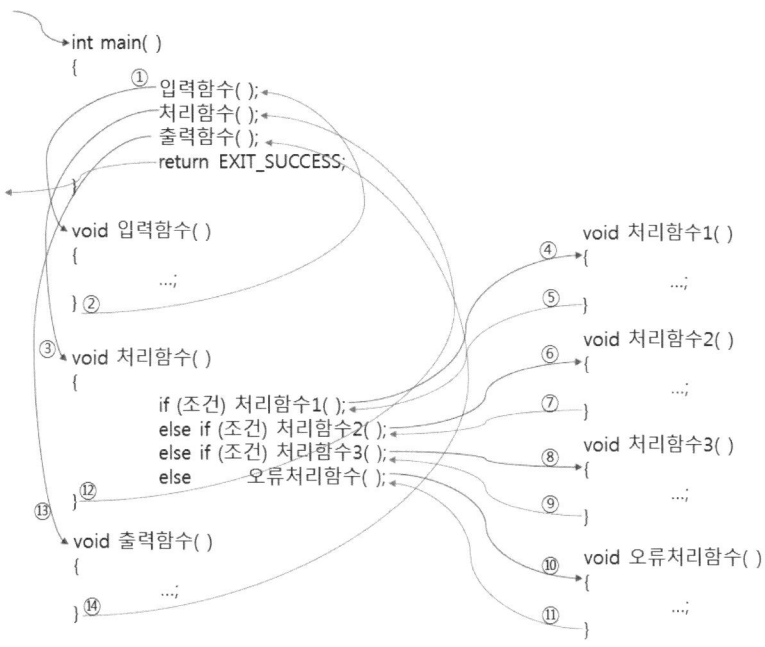

프로그램이 실행되면 처음으로 진입하는 함수가 'main( )'임을 앞서 설명하였다. 'main( )' 함수에서 첫 번째 호출 함수가 '입력함수( )'이다. ①번 선을 따라 '입력함수( )'로 가면 함수의 내용을 수행하고 ②번 행을 따라 'main( )' 함수로 되돌아온다.

두 번째 함수 호출인 '처리함수( )'는 ③번 선을 따라가서 처리 함수에 기술된 명령문을 처리한다. 처리 함수 내부의 조건 명령문에서 '처리함수1( )'을 호출하게 되는데 ④번 선을 따라 진행한다. '처리함수1( )'의 내부 수행이 완료되면 호출한 함수 즉, '처리함수( )'로 되돌아가는데 ⑤번 선을 따라 반환한다.

이러한 과정을 다시 풀어보면 다음 그림처럼 진행한다.

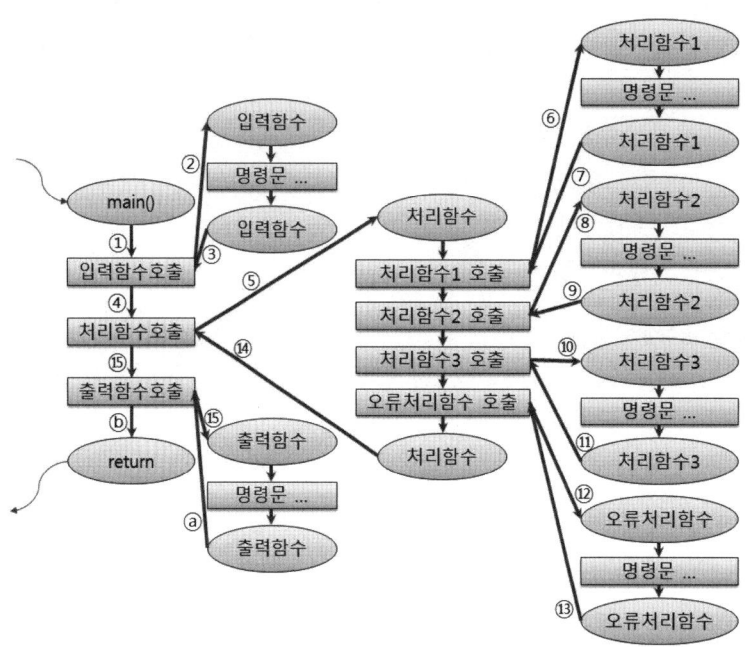

C 프로그램에서 사용할 수 있는 함수는 시스템 표준 함수(컴파일러 제공 함수)와 사용자 정의 함수로 구분한다.

○ 시스템 표준 함수(standard function)

자주 사용하는 처리 루틴들을 컴파일러 제작 회사가 제공하는 라이브러리(library)를 사용하도록 준비되어 있는 함수를 말한다.

○ 사용자 정의 함수

사용자가 필요에 의해 직접 정의하고 작성하여 사용하는 함수를 말한다. 사용자 정의 함수는 다시 일반 함수와 매크로 정의 함수로 나눌 수 있고 매크로 함수는 선행 처리 지시문인 #define으로 선언하면서 함수 형태를 갖춘 함수를 말한다.

일반 사용자 정의 함수를 만드는 구조는 다음과 같다.

사용 형식	설명
#header	전처리기
[함수반환타입] 함수명([인수타입1], [인수타입2], ...);	이러한 함수 선언이 없으면 호출되는 함수를 먼저 구현하여야 한다.
⋮ 전역변수 선언 ⋮ main( ) { 　지역변수 선언 　⋮	프로그램의 시작을 위한 주 진입점이다.
함수명 (보내는 인수1, 보내는 인수2, ...);	함수를 호출하는 수행 문장이다.
⋮ }	여기서 프로그램이 종료된다.

[함수반환타입] 함수명 ([받는 인수1], [받는 인수2], ...)
　받는 인수 선언문;
{
　지역변수의 선언;
　수행문;
　⋮
　[return(식);]
}
	함수의 구현, C90 표준부터 [함수반환타입]이 생략되면 int로 취급하고, C99 이후부터는 생략하면 경고가 발생한다.
	
	호출되는 함수의 내부로 처리 과정에 대한 선언문장과 수행 문장을 표현한다.
	
	return 문에서 식의 결과 타입은 반드시 [함수반환타입]과 같아야 한다.

⋮	⋮

참고로 위 형식에서 '['와 ']' 괄호 사이의 내용은 괄호를 포함하여 생략할 수 있다는 C 언어 표준 표현기법이다.

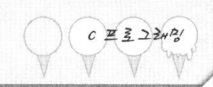

O2 함수의 정의와 선언

2.1 함수의 정의

함수에 어떤 인수가 필요하며 어떤 값을 돌려주고, 무슨 일을 처리할 것인가를 고려해야 한다. 함수 이름도 이러한 내용을 파악할 수 있는 직관적인 이름을 사용하는 것이 좋다.

```
[함수반환타입] 함수명 ([인수타입 받는 인수1], [인수타입 받는 인수2], …)
{
   내부변수의 선언;
   함수 내용(명령문);
   [return(식);]
}
```

---

1) 함수 반환 타입(function type)

함수는 처리한 결과로는 하나의 값을 호출(call)한 함수로 되돌려 줄 수 있다. 반환 값의 데이터 타입을 함수 반환 타입(function type)이라 하며 함수명 앞에 기술한다. C90부터는 함수 반환 타입이 생략되면 기본값으로 정수 타입(int)이라고 간주하고 C99부터는 void라도 표현해야 한다는 경고를 발생한다. 만약 되돌려 주는 반환 값이 없으면 void를 써야 하지만 C11에서는 권장하지 않는다.

함수 반환 타입으로 일반 데이터 타입과 구조체(structure), 공용체(union), 포인터 (pointer), void 등의 타입은 가능하지만, 배열(array)이나 또 다른 함수의 이름을 사용 하는 것은 불가능하다.

2) 함수명

함수명 작성 규칙은 변수의 작성 규칙과 같다. 기본적인 규칙은 다음과 같다.

- ✔ 표준 라이브러리에 등록되어 있는 함수명은 작성할 수 없다.
- ✔ 함수명은 CARMEL 표기법을 사용하여 직관적으로 기능을 유추할 수 있도록 작성하 는 것이 좋다.
- ✔ CARMEL 표기법은 첫 단어는 소문자로 시작하고 두 번째 단어의 머리 글자를 대문 자를 사용하여 연속적으로 이어 붙이는 표기법이다.
- ✔ 한글 이름이나 공백은 사용하지 않아야 한다.

3) 인수 타입

'받는 인수'의 타입을 정의한다. '받는 인수'의 타입은 변수 선언과 타입이 동일하다. 당연한 말이지 않는가. 인수도 변수임을 명심하자.

4) 받는 인수(매개변수)

이 함수를 호출할 때 사용하는 인수 데이터를 전달받을 수 있는 수행 함수의 변수이다. 받는 인수가 있을 경우는 함수명 뒤의 괄호 안에 반드시 변수를 사용하여 기술한다. 인수를 영어로 표현하면 파라미터(Parameter)와 아귀먼트(Argument)로 나누어진다.

'받는 인수' 선언이 다른 두 가지 타입을 살펴보자. 두 가지 모두 의미와 기능은 같다.

C89까지의 표기 형태	C90부터의 표기 형태

int multipleFunc(x, y)
int x, int y;
{
      return x∗y;
}
	int multipleFunc(int x, int y)
	{
	      return x∗y;
	}

5) 함수의 내용

함수가 처리해야 할 명령문을 기술하는 부분이다.
함수의 내용 부분은 선언부, 초기화부, 처리부, 종료부로 나누어 기술하기를 권장한다. 각 영역은 빈 줄을 두어 구별되도록 하면 가독성(readability)이 좋아진다. 가독성이란 읽기 쉬운 형태를 말하고 읽기 쉬우면 버그나 수정 내용을 찾아내기가 수월해진다.

2.2 함수의 호출

프로토 타입	함수명(보내는 인수1, 보내는 인수2, ...);
사용 예	변수 = 함수명(보내는 인수1, 보내는 인수2, ...);

보내는 인수는 함수를 호출할 때 사용하는 인수로, 구현된 함수를 호출할 때 받는 인수에 값을 전달하므로 보내는 인수는 받는 인수와 자료 타입과 순서가 일치해야 한다.

호출 후 반환되는 호출의 결과를 저장할 변수를 지정하여 대입해도 되고, 대입하지 않아도 된다. 다른 호출 형식으로는 수식의 일부분으로 함수를 호출하고 반환되는 결과를 수식에서 이용할 수도 있다.

2.3 보내는 인수와 받는 인수

1) 보내는 인수(actual parameter, actual argument)

수행 함수를 호출할 때 수행 함수에 전달하고자 하는 데이터의 값을 '보내는 인수'에 담아 전달한다.

```
multipleFunc(13, i);          // 반환 값이 없거나 반환 값을 별도로 이용하지 않을 때 호출 형식
result = multipleFunc(13, i);  // 반환 값을 변수에 저장할 때 호출 형식
```

인수는 상수, 변수, 수식 등을 사용하며, 실제 함수로 전달하는 것은 상수, 변수이며, 수식은 수식 자체가 아니라 연산한 결과 값이다.

위의 예에서는 '13'과 'i'가 보내는 인수가 된다. 예의 첫 번째 경우와 같이 함수의 반환 값을 무시하거나, 두 번째 경우와 같이 변수 result에 저장할 수도 있다. 일반적으로 반환 값을 무시하는 경우는 함수를 정의할 때 함수의 리턴 타입을 void로 정의한다.

2) 받는 인수(formal parameter, formal argument)

보내는 인수를 받아서 저장할 변수로 자료 타입과 순서를 엄격하게 지켜야 한다. 보내는 인수의 변수명과 받는 인수의 변수명이 같아도 전혀 다른 변수다. 인수가 여러 개일 때 콤마(,)로 구분하여 나열한다.

C89까지는 받는 인수에 반드시 변수 이름만 사용하도록 하였지만, C90부터는 변수의 타입과 이름을 같이 표현한다. 이는 가독성과 사용의 편리성을 높이기 위함이다.

2.4 함수 선언(prototype)

함수는 사용하기 전에 반드시 구현되거나 선언되어야 한다. 함수명이 일반 식별자가 아니라 함수임을 컴파일러에 미리 알리는 방법이다.

이와 같은 이유로, 사용자가 함수를 작성하려면, main( ) 함수 앞에서 함수의 원형(function prototype)을 선언하고 해당 함수의 구현 부분을 main( ) 함수 뒤에 작성한다. 반대로 원형을 기술하지 않으려면 함수의 구현 부분을 main( ) 함수 앞부분에 기술하게 된다. 함수를 별도의 파일로 작성하는 경우 구현 부분이 main( ) 함수 뒤에 있다고 생각하면 된다.

함수 선언의 예

```
int multipleFunc(int, int);      /* ① ANSI */
int multipleFunc(int x, int y);  /* ② ANSI */
int multipleFunc();              /* ③ ANSI, pre-ANSI */
```

① C90부터 지원하는 함수 원형 선언 방법으로 인수의 형만 기술한다.
② 인수의 형과 변수명을 모두 표기하는 함수 원형 선언 방법이다.
③ 함수의 존재 여부만 선언하는 표기법이다. C11 이후는 권장하지 않는 방법이다.
　 받는 인수가 없으면 void라도 명기하여야 한다.

함수 원형 선언이 중요한 이유를 찾아보자. 다음과 같은 코드를 작성하여야 하는 경우가 발생할 수 있다.

함수 A( ) {
　⋮
　함수 B( ) 호출
　⋮
}
	A( ) 함수에서 B( ) 함수를 호출하고 있으므로 B( ) 함수가 먼저 선언되어 있어야 하는데 B( ) 함수를 호출하는 지점을 기준으로 B( ) 함수는 없으므로 오류가 발생한다.

함수 B( ) {
　⋮
　함수 A( ) 호출
　⋮
}
	B( ) 함수에서 A( ) 함수를 호출하고 있으므로 A( ) 함수는 먼저 선언되어 있어서 오류가 발생하지 않는다.

int main( )
{
　함수 A( );
　⋮
　함수 B( );
}
	main( ) 함수에서 A( ) 함수 다음으로 B( ) 함수를 호출하였다. A( ) 함수와 B( ) 함수가 먼저 선언되어 있으므로 오류가 없다.

이러한 오류를 해결하는 방법이 함수 원형(function prototype)의 선언이다. 함수 원형을 선언하면 수행 함수가 존재하는가를 확인하지 않는다.

위의 코드는 다음과 같이 수정하여 오류를 제거할 수 있다. Visual Studio 10에서 구현한다면 오류가 발생하지 않는다. 이는 Visual Studio 10에서 추가로 지원하는 기능이다.

함수 A( ); 함수 B( );	함수 원형을 먼저 선언하였다.

함수 A( ) {
　⋮
　함수 B( )호출
　⋮
}
	A( ) 함수에서 B( ) 함수를 호출하고 있으므로 B( )
	함수가 먼저 선언되어 있어야 하는데 B( ) 함수가 함
	수원형으로 선언되어 있으므로 존재한다고 인식하
	고 오류가 발생하지 않는다.

함수 B( ) {
　⋮
　함수 A( ) 호출
　⋮
}
	B( ) 함수에서 A( ) 함수를 호출하고 있으므로 A( )
	함수는 먼저 선언되어 있어서 오류가 발생하지 않
	는다.

int main( )
{
　함수 A( );
　⋮
　함수 B( );
}
	main( ) 함수에서 A( ) 함수 다음으로 B( ) 함수를 호
	출하였다. A( ) 함수와 B( ) 함수가 먼저 선언되어 있
	으므로 오류가 없다.

함수 이름을 정의할 때는 array, size, format, string 등을 포함하여 표시함으로써 함수의 기능을 쉽게 이해할 수 있도록 표기하는 것이 좋다.

```
long max (long, long);

void main()
{
    long z;
        ⋮
    z = max(1, 2);
        ⋮
    z = max((long) i, (long) j);
}

long max (long x, long y) {
        ⋮
}
```

위 예제에서 'long max(long, long);'인 함수 원형의 선언은 main( ) 함수 내부로 옮겨서 지역변수 선언 위치에 정의할 수도 있다. 또한, 인수는 타입 선언을 통해 직접적으로 타입이 변환되도록 하는 것이 좋은 프로그래밍 습관이다.

03 return( ) 문

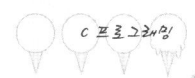

---
return 수식;

피호출 함수에서 처리한 결과 값을 호출 함수로 전달할 때 사용하는 문장이다. 이때 수식의 데이터 타입은 반드시 함수의 타입과 같아야 하며, 묵시적인 자료의 형 변환에도 적용된다.

[실습] ex_07-01.c : 인수가 없는 함수의 호출

```
01: #include <stdio.h>
02: #include <stdlib.h>
03:
04: void sub_1(void);
05: void sub_2(void);
06:
07: int main(void)
08: {
09:     sub_1( );
10:     sub_2( );
11:
12:     return EXIT_SUCCESS;
13: }
14:
15: void sub_1( )
16: {
17:     printf("5 + 7 = %2d\n", 5+7);
18: }
19:
20: void sub_2( )
21: {
22:     printf("7 - 5 = %2d\n", 7-5);
23:     return;
24: }
```

함수의 반환 값이 없을 때는 표기하지 않는 것이 아니라 'void'를 표기하여 함수의 반환 값이 없음을 명확하게 기술하여야 한다. 함수의 인수가 없을 때는 인수를 적는 곳을 빈칸으로 비워도 오류를 발생하지 않는다. 그러나 가독성과 유지보수를 위해서는 'void'를 입력하여 두는 것이 좋다. 'return' 문으로 값이나 수식의 연산 결과를 반환하는 경우는 함수의 타입이 void가 아닐 때 사용할 수 있다. 함수의 반환 타입이 'void'이면 값이 없는 형식의 'return;' 문을 사용한다.

```
Problems   Properties   Console  ☒        ✖ ✖ | ▣ ▣ ▣ ▣ | ▣ ▣ ▾ ▣ ▾ ▭ ▭ ▭
<terminated> ex_07-01.exe [C/C++ Application] C:\Users\GwiBong\workspace\ex_07-01\Debug\ex_07-01.exe
5 + 7 = 12
7 - 5 =  2
```

[실습] ex_07-02.c : 하나의 인수를 갖는 함수

```c
01: #include <stdio.h>
02: #include <stdlib.h>
03:
04: void sum(int n)
05: {
06:        int i, s=0;
07:
08:        for (i=1; i<=n; i++)
09:                s=s+i;
10:        printf("sum(%d) = %d\n", n, s);
11: }
12:
13: int main(void)
14: {
15:        int i;
16:
17:        for (i = 10; i <= 50; i += 10)
18:                     sum(i);
19:
20:        return EXIT_SUCCESS;
21: }
```

sum(int n) 함수를 main( ) 함수보다 먼저 구현하였으므로 함수 원형을 선언할 필요가 없다. main(void) 함수 구현부에서 sum(i)를 호출하는 것은 main 함수 내부에서 선언된 변수 i의 값이 전달되는 것이다. sum(int n) 함수에서는 호출 함수의 변수 i 값을 변수 n으로 받는다. 이 두 변수는 메모리상의 저장 위치가 완전히 다른 변수이다. 즉, 별개라는 의미이다.

참고로 sum(int n)의 변수 n은 sum(int n) 함수가 호출되어 실제 수행될 때 데이터 저장을 위한 메모리가 할당되고, sum(int m) 함수가 종료될 때 메모리에서 해제되는 동적 할당이 이루어진다. 15번 행의 변수 i 역시 프로그램의 main(void) 함수가 호출되어 시작될 때 데이터 저장을 위한 메모리가 할당되고 main(void) 함수가 종료될 때 사용된 메모리를 해제하는 동적 할당의 의미가 있지만, 프로세스와 함께 생을 시작하고 마감하므로 정적 메모리로 분류하기도 한다.

```
Problems  Properties  Console ⊠      ✖ ⅗  ▣▣▣▣  ⁊▣▾⌐⌐▾ ⊟ ⊟
<terminated> ex_07-02.exe [C/C++ Application] C:\Users\GwiBong\workspace\ex_07-02\Debug\ex_07-02.exe
sum(10) = 55
sum(20) = 210
sum(30) = 465
sum(40) = 820
sum(50) = 1275
```

Tip	정적 메모리 할당과 동적 메모리 할당	
정적 메모리 할당	프로그램의 시작과 동시에 메모리를 할당받아서 프로그램이 종료될 때 해제되는 메모리 할당이다. 정적 메모리에는 외부변수, 전역변수, static 키워드를 사용한 변수 등이 있고, main( ) 함수 내부에서 선언되는 동적 메모리 할당은 프로세스와 함께 생을 시작하고 마감하므로 정적 메모리 할당으로 분류하기도 한다.	
	외부변수와 전역 변수는 이후 다시 자세히 다룰 것이다.	
동적 메모리 할당	지역 변수 또는 함수 내부에서 선언하는 비지역 변수가 동적 메모리 할당이다. C90부터 C99까지만 인정되는 형식으로 for(int i=0; i<100; i++) { ... } 문에서 지역 변수 i는 for 반복문이 종료되면 메모리 할당이 해제된다. 이 경우 for 반복문을 벗어난 위치에서 보면 이는 비지역 변수에 해당한다.	
	지역 변수와 비지역 변수는 이후 다시 자세히 다룰 것이다.	

[실습] ex_07-03.c : 두 개의 인수를 갖는 함수

```c
01: #include <stdio.h>
02: #include <stdlib.h>
03:
04: void hab(int m, int n)
05: {
06:     int i, su = 0;
07:
08:     for(i = m; i <= n; i++)
09:             su = su + i;
10:     printf("hab(%d, %d) = %d \n", m, n, su);
11: }
12:
13: int main(void)
14: {
15:     int i, j;
16:
17:     printf("i, j => ? ");
18:     fflush(stdout);
```

```
19:        scanf("%d, %d", &i, &j);
20:        hab(i, j);
21:
22:        return EXIT_SUCCESS;
23: }
```

입력에서 '5, 7'로 입력한 내용을 주목하자. 19번 행에서 scanf( ) 함수의 인수 입력 형식을 "%d, %d" 형식으로 기술하였으므로 ', '가 구분자가 되었다.

```
Problems  Properties  Console ☒                    ■  ✖  ✖  ☐  ☐  ☐  ☐  ☐ ▼ ☐ ▼ ☐ ─ ☐
<terminated> ex_07-03.exe [C/C++ Application] C:\Users\GwiBong\workspace\ex_07-03\Debug\ex_07-03.exe
i, j => ? 5, 7
hab(5, 7) = 18
```

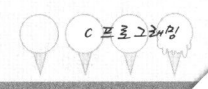

04 함수의 인수 전달

함수 호출에서 인수를 전달하는 방식은 두 가지가 있다.

첫 번째는 값에 의한 호출이다. Call By Value(CBV)라고 하기도 하는 이 인수 전달 방식은 보내는 인수와 받는 인수가 각각 독립된 공간으로 커피잔에 비유한다면 커피잔 속의 내용물을 다른 컵에 부어서 옮기는 것이다.

두 번째는 참조에 의한 호출로, Call By Reference(CBR)라고 부르기도 한다. 커피잔으로 보면 커피잔이 여기 있다고 알려주는 방식이다. 즉 내가 커피잔을 어떤 위치에 두었으니 네가 커피잔 속의 커피를 마시든지 버리든지 알아서 처리하라는 의미가 된다.

4.1 값에 의한 호출(CBV : Call By Value)

값에 의한 함수 호출은 지금까지 실습하면서 보아온 방법이기도 하고, 일반적이고 보편적인 전달 방법이다. 보내는 인수의 값을 전달하는 방식으로 호출 함수에 있는 보내는 인수의 값을 수행 함수에 있는 받는 인수에 값을 복사하는 효과로, 보내는 인수와 받는 인수는 각각 독립적으로 메모리가 할당되어 데이터를 저장한다.

보내는 인수와 받는 인수가 각각 독립적으로 메모리를 할당받기 때문에 수행 함수에서 받는 인수 값의 변화에 따라 호출 함수의 보내는 인수 값이 바뀌는 등의 부작용이 없다.

[실습] ex_07-04.c : call by value

```
01: #include <stdio.h>
02: #include <stdlib.h>
03:
04: int sum(int, int);
05:
06: int main(void)
07: {
08:         int x = 5, y = 10, hab;
09:
10:         hab = sum(x, y);
11:         printf("sum(%d, %d) = %d\n", x, y, hab);
12:
13:         return EXIT_SUCCESS;
14: }
15:
16: int sum(int su_1, int su_2)
17: {
18:         return(su_1 + su_2);
19: }
```

04번 행에서 함수 원형을 선언한 형태와 같이 인수의 이름이 없어도 된다. 그러나 16번 행에서와 같이 함수 구현에서는 인수형과 함께 인수 이름에 해당하는 변수명을 지정해야 한다.

08번 행에서 변수 hap에 초기값을 부여하지 않는 것은 사용문에서 증감이나 산술연산을 하지 않고 대입연산으로 값이 직접 대입되기 때문에 초기값을 지정하지 않아도 된다. 그러나 가독성과 혹시 모를 연산에 대비하여 초기값을 지정하는 습관을 지니는 것이 좋다.

10번 행에서 sum(x, y) 함수를 호출할 때 변수 x와 변수 y는 main(void) 함수의 지역변수이다. main( ) 함수에서 정의된 변수 x와 y의 값을 sum(int su_1, int su_2) 함수에서 받는 인수 su_1과 su_2에 순서대로 값을 복사하여 준다. sum(int su_1, int su_2) 함수에서 받는 인수 su_1과 su_2는 main(void) 함수의 변수 x와 y의 값을 각각 복사하여 받은 후 18번 행에서 두 변수의 덧셈 결과를 반환한다. 다시 10번 행에서 대입 연산자에 의해 지역 변수 hap에 sum(x, y) 함수를 호출한 뒤에 반환 값을 대입한다.

11번 행은 각 변수의 값을 출력한다. 18번 행에서는 return 명령문에 연산문을 지정하였다.

```
Problems  Properties  Console
<terminated> ex_07-04.exe [C/C++ Application] C:\Users\GwiBong\workspace\ex_07-04\Debug\ex_07-04.exe
sum(5, 10) = 15
```

4.2 참조에 의한 호출(CBR : Call By Reference)

보내는 인수의 주소를 수행 함수로 전달하는 방법이다. 수행 함수의 받는 인수는 주소값을 받을 수 있는 포인터 변수로 선언하여야 한다. 수행 함수에서 받는 인수를 사용하려면, 포인터 연산자('*')를 덧붙여서 사용한다.

C 언어는 진정한 참조 변수가 없다. 이런 이유로 C 언어에서의 참조 호출은 '**포인터를 응용하여 참조 변수의 효과를 내는 것**'이라고 하여 Call By Address(주소에 의한 호출)라고 부르기도 한다.

[실습] **ex_07-05.c** : call by value, call by reference

```
01: #include <stdio.h>
02: #include <stdlib.h>
03:
04: int computer(int, int, int *, int *);
05:
06: int main(void)
07: {
08:        int a,b; // 변수 a, b는 call by value 용도로 사용
09:        int c,d; // 변수 c, d는 call by reference 용도로 사용
10:
11:        scanf("%d %d", &a, &b);
12:        computer(a, b, &c, &d);
13:        printf("a + b = %d, a - b = %d\n", c, d);
14:
15:        return EXIT_SUCCESS;
16: }
17:
18: int computer(int x, int y, int *z, int *w)
19: {
20:        *z = x + y;
21:        if(x > y) *w = x - y;
22:        else *w = y - *z;
23:
24:        return EXIT_SUCCESS;
25: }
```

18번 행에서 함수 computer(int x, int y, int *z, int *w)의 '받는 인수'를 두 가지로 나누어 구현하였다. '받는 인수' x와 y는 Call By Value 방식을 사용하는 인수이고, '받는 인수' z와 w는 Call By Reference(Call By Addres) 방식을 사용하도록 하였다.

받는 인수 x와 y는 int형의 크기를 메모리에서 동적으로 할당받는다. 반면에 '받는 인수' z와 w는 포인터형 변수로서 int형 데이터가 있는 곳의 주소를 저장할 수 있는 공간으로 메모리를 동적으로 할당받는다.

12번 행의 computer(a, b, &c, &d) 함수 호출 형식은 computer(int x, int y, int *z, int *w) 함수에서 세 번째와 네 번째 받는 인수를 포인터로 선언하였기에 main(void) 함수의 지역 일반 변수인 c, d의 할당된 메모리 주소를 전달하여야 하므로 주소 연산자('&')를 사용하였다. 만약에 main(void)의 지역 일반 변수가 포인터 변수로 선언되었다면 주소 연산자('&')는 표기하지 않아야 한다.

20번 행에서 포인터 변수 z 앞에 포인터 연산자('*')를 표기한 것은 포인터 변수 선언이 아닌 변수 z가 가지고 있는 주소를 가리키는 연산자이다. 이는 이후 포인터에서 자세히 다룰 것이다.

```
Problems  Properties  Console ⊠
<terminated> ex_07-05.exe [C/C++ Application] C:\Users\GwiBong\workspace\ex_07-05\Debug\ex_07-05.exe
10 20
a + b = 30, a - b = -10
```

 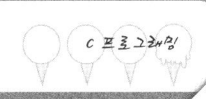

05 재귀적 호출과 하노이 탑

5.1 재귀적 호출(Recursive Call)

재귀적 호출은 함수 안에서 자기 자신을 다시 호출하는 방법이다. 한정된 자원인 스택(stack)을 사용하므로 과도한 함수 호출은 전체적인 프로그램의 실행 속도를 떨어뜨린다. 즉 호출할 때 현재 연산의 결과를 스택에 쌓아두고 반환할 때 하나씩 꺼내어 사용하는 방식이므로 많은 적재는 스택 공간의 부족을 가져올 수 있다.

[실습] ex_07-06.c : 함수의 순환을 이용한 factorial의 계산

```
01: #include <stdio.h>
02: #include <stdlib.h>
03:
04: long fact(int n)
05: {
06:     if(n <= 1)  return(1);
07:     else   return(n * fact (n - 1));
08: }
09:
10: int main(void)
11: {
```

```
12:      int x;
13:      long result;
14:
15:      printf("x = ? ");
16:      fflush(stdout);
17:      scanf("%d", &x);
18:      result = fact(x);
19:      printf("%d! = %ld \n", x, result);
20:
21:      return EXIT_SUCCESS;
22: }
```

07번 행에서 fact(int n) 함수의 반환 값과 받는 인수의 값을 곱하는 방식을 반복하는 것이다. 보내는 인수가 (n − 1)이므로 결과적으로 n이 1씩 감소한다. 06번 행에서 n이 1보다 작으면 fact(int n) 함수를 호출하지 않고 반환만 하므로 스택에 연산의 결과를 적재하기를 멈추고 스택에서 적재된 결과를 하나씩 꺼내어 스택에서 값이 없어질 때까지 계산을 반복한다.

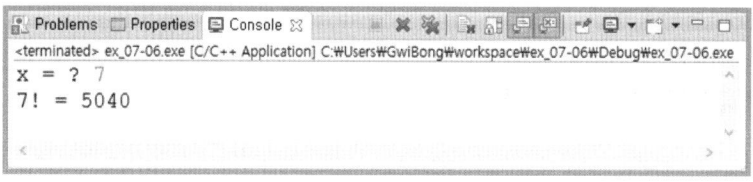

프로그램의 수행 과정을 살펴보면 다음과 같다.

① 키보드로부터 임의의 숫자를 입력받는다. 실습에서는 7을 입력하였다.
② 입력된 데이터 '7'을 보내는 인수에 실어서 fact(int n) 함수를 호출한다.
③ 수행 함수 fact(int n)는 보내는 인수 x의 값을 복사하여 받는 인수 n에 넣는다.
④ 6번 행에서 if 문장의 판독 결과 n이 1보다 작거나 같지 않으므로 현재 받는 인수의 값인 7과 fact(n −1)을 호출한 결과 값을 곱하는 연산 수행을 스택에 저장한다.
   스택(#1) : '7 * fact(6)'을 저장
⑤ fact(n−1) 함수를 ④번에서 호출하였으므로 받는 인수는 6의 값을 가진다.
⑥ if 문장의 판독 결과 n이 1보다 작거나 같지 않으므로 현재 받는 인수의 값인 6과 fact(n −1)을 호출한 결과 값을 곱하는 연산 수행을 또 스택에 저장한다.
   스택(#2) : '6 * fact(5)'를 저장
⑦ fact(n−1) 함수를 ⑥번에서 호출하였으므로 받는 인수는 5의 값을 가진다.
⑧ if 문장의 판독 결과 n이 1보다 작거나 같지 않으므로 현재 받는 인수의 값인 5와 fact(n −1)을 호출한 결과 값을 곱하는 연산 수행을 또 스택에 저장한다.
   스택(#3) : '5 * fact(4)'를 저장
⑨ fact(n−1) 함수를 ⑧번에서 호출하였으므로 받는 인수는 4의 값을 가진다.

⑩ if 문장의 판독 결과 n이 1보다 작거나 같지 않으므로 현재 받는 인수의 값인 4와 fact(n −1)을 호출한 결과 값을 곱하는 연산 수행을 또 스택에 저장한다.

> **스택(#4) : '4 * fact(3)'을 저장**

⑪ fact(n−1) 함수를 ⑩번에서 호출하였으므로 받는 인수는 3의 값을 가진다.

⑫ if 문장의 판독 결과 n이 1보다 작거나 같지 않으므로 현재 받는 인수의 값인 3과 fact(n −1)을 호출한 결과 값을 곱하는 연산 수행을 또 스택에 저장한다.

> **스택(#5) : '3 * fact(2)'를 저장**

⑬ fact(n−1) 함수를 ⑫번에서 호출하였으므로 받는 인수는 2의 값을 가진다.

⑭ if 문장의 판독 결과 n이 1보다 작거나 같지 않으므로 현재 받는 인수의 값인 2와 fact(n −1)을 호출한 결과 값을 곱하는 연산 수행을 또 스택에 저장한다.

> **스택(#6) : '2 * fact(1)'을 저장**

⑮ fact(n−1) 함수를 ⑫번에서 호출하였으므로 받는 인수는 1의 값을 가진다.

⑯ if 문장의 판독 결과 n이 1과 같으므로 현재 받는 인수의 값인 1과 return(1) 문장의 결과 값을 곱하는 연산 수행을 한다.

> **'1 * return (1)'을 수행**

⑰ 6번 스택에 결과(1)을 대입하여 2와 곱한다. 연산 결과는 2이다.

⑱ 5번 스택에 결과(2)를 대입하여 3과 곱한다. 연산 결과는 6이다.

⑲ 4번 스택에 결과(6)을 대입하여 4와 곱한다. 연산 결과는 24이다.

⑳ 3번 스택에 결과(24)를 대입하여 5와 곱한다. 연산 결과는 120이다.

㉑ 2번 스택에 결과(120)을 대입하여 6과 곱한다. 연산 결과는 720이다.

㉒ 1번 스택에 결과(720)을 대입하여 7과 곱한다. 연산 결과는 5040이다.

작은 구조가 전체 구조와 비슷한 형태로 끝없이 되풀이 되는 구조로 확대되는 연산과정을 살펴보면 성경 구절이 생각난다. "네 시작은 미약하였으나 나중은 심히 창대하리라." 인생도 이와 같지 않을까?

[실습] ex_07-07.c : 1 ~ 임의의 수까지의 합

```
01: #include <stdio.h>
02: #include <stdlib.h>
03:
04: int hab(int);
05:
06: int main(void)
07: {
08:     int su;
09:
10:     printf("임의의 수 ? ");
11:     fflush(stdout);
12:     scanf("%d", &su) ;
13:     printf("1  ~  %d 까지의 합 = %1d\n", su, hab(su));
14:
15:     return EXIT_SUCCESS;
```

```
16: }
17:
18: int hab(int y)
19: {
20:         if (y==1)return(1);
21:         else return(hab(y-1)+y);
22: }
```

21번 행에서 return 문의 수식은 'hap(99) + 100'을 연산한 결과 값으로 재귀적 호출이 므로 1씩 감소하여 스택을 100개 사용한다. 결국, 받는 인수 y의 값이 1이 될 때까지 반복하여 호출하므로 이를 반복문에 포함하는 책들이 더러 있는 것은 이와 같은 이유 때문이다. 13번 행에서 'hap(su)'의 수행 결과 값을 받으므로 스택에 모은 연산을 수행한 결과를 출력하는 것이 된다.

[실습] ex_07-08.c : 두 수의 최소공배수 구하기

```
01: #include <stdio.h>
02: #include <stdlib.h>
03:
04: int gcd(int x, int y)
05: {
06:         return(y ? gcd(y, x % y) : x);
07: }
08:
09: int main(void)
10: {
11:         int su_1, su_2;
12:
13:         printf("정수1, 정수2 = ? ");
14:         fflush(stdout);
15:         scanf("%d %d", &su_1, &su_2);
16:         printf("%d와 %d의 최소 공배수 = %d \n", su_1, su_2, gcd(su_1,su_2));
17:
18:         return EXIT_SUCCESS;
19: }
```

입력된 두 수의 최소 공배수를 구하는 프로그램이다. 재귀적 호출을 사용하였으므로 임의의 수를 낮은 수로 입력하고 수행 결과를 추적해 보기 바란다.

```
정수1, 정수2 = ?  36 363
36와 363의 최소 공배수 = 3
```

[실습] ex7-9.c : main( ) 함수의 호출

```c
01: #include <stdio.h>
02: #include <stdlib.h>
03:
04: int main(void)
05: {
06:        static int su = 0;
07:
08:        su++;
09:        printf("%d  ", su);
10:        if (su != 15)
11:                main();
12:
13:        return EXIT_SUCCESS;
14: }
```

06번 행의 static 키워드에 주목하자. 선언문에서 메모리 영역을 할당받고 0의 값으로 초기값을 설정하였지만 이후 08번 행에서 값을 변경하고 11번 행에서 main( )을 다시 호출하면 05번 문장의 선언과 초기화를 다시 수행하는 경우가 발생한다.

이때 static 키워드를 같이 사용하면 한번 할당한 메모리 영역은 재할당하지 말라는 의미가 된다. 일반적으로 함수 내부에서 선언하는 지역변수는 동적인 할당을 수행한다. 동적인 할당이란 함수가 호출될 때 메모리를 할당하고 함수가 종료될 때 메모리를 해제하는 방식임을 앞에서 배웠다.

이 예제가 static 키워드 없이 동적인 할당을 선언하였다면 재귀적 호출 횟수만큼 메모리를 할당하고 이후 스택에서 하나씩 제거하는 반환문을 만날 때 해제될 것이다. 또한, 값도 동적인 할당으로 항상 main( ) 함수 진입 시 0으로 초기화되어 원하는 값을 얻을 수 없다.

이러한 문제를 해결하기 위하여 static 키워드를 사용하여 정적 변수를 선언한다. 정적 변수는 한번 메모리를 할당하면 이후 프로그램이 종료될 때까지 메모리 해제를 하지 않으므로 선언문에서 변수의 초기값으로 0을 대입하는 기능도 수행하지 않게 된다.

```
1   2   3   4   5   6   7   8   9   10   11   12   13   14   15
```

5.2 하노이의 탑(Tower of Hanoi)

일반적인 반복문을 사용하여도 되는 처리 방법에서 재귀적인 함수 호출을 사용한다는 것은 스택이라는 자원을 낭비하는 결과를 낳을 것이고 프로그램의 흐름을 파악하는 데도 어려움이 따른다. 또한, 많은 스택을 사용할 수 없는 단점이 있다. 이렇지만 재귀적 호출이 꼭 필요한 때도 있다.

하노이의 탑(Tower of Hanoi)은 일종의 퍼즐이다. 세 개의 기둥과 이 기둥에 꽂을 수 있는 크기가 다양한 원판이 있고, 퍼즐을 시작하기 전에는 한 기둥에 모든 원판이 큰 것을 아래에, 작은 것이 위에 있도록 순서대로 쌓여 있다. 게임의 목적은 한 기둥에 꽂힌 원판들을 그 순서 그대로 다른 기둥으로 옮겨서 다시 쌓는 것이다. 하노이의 탑 문제는 재귀호출을 이용하여 풀 수 있는 가장 유명한 예제 중의 하나이다. 일반적으로 원판이 n개일 때, $2^n - 1$번의 이동으로 원판을 모두 옮길 수 있다($2^n - 1$은 메르센 수라고 부른다.).

참고로 64개의 원판을 옮기는데 약 1,844경 6,744조 737억 955만 1,615번을 움직여야 하고, 한번 옮길 때 시간을 1초로 가정했을 때 64개의 원판을 옮기는데 5,849억 4,241만 7,355년 걸린다.

하노이의 탑 문제를 해결하기 위한 조건은 다음과 같다.
① 세 개의 탑이 있고, 그 중 한 탑에 N 개의 원반이 있다.
② N 개의 원반은 모두 크기가 다르고, 크기 순서로 정렬되어 있다.
③ 한 탑에서 다른 탑으로 원반을 하나만 옮길 수 있다.
④ 임의의 한 탑을 추가로 사용할 수 있다.
⑤ 반경이 큰 원반이 반경이 작은 원반보다 위에 놓일 수 없다.

세 개의 탑과 세 개의 원반을 사용하여 문제를 해결해 보자. 세 개의 탑을 각각 A, B, C 탑이라 하고, A 탑에 3개의 원반이 크기 순서로 정렬되어 있다. 이들을 C 탑으로 이동하라.

해결방안

(N 개의 원반을 이동하기 위해서는 $2^N - 1$번을 이동)

[실습] ex_07-10.c : 재귀 호출을 사용한 하노이 탑

```c
01: #include <stdio.h>
02: #include <stdlib.h>
03:
04: void hanoi_r(int, char, char, char);
05: void hanoi_nr(int, char, char, char);
06:
07: int main(void)
08: {
09:         int su;
10:
11:         printf ("원반의 개수는? ");
12:         fflush(stdout);
13:         scanf ("%d", &su);
14:         hanoi_r(su, 'A', 'B', 'C');
15:
16:         return EXIT_SUCCESS;
17: }
18:
19: void hanoi_r(int n, char from, char dest, char by)
20: {
21:         if (n==1)
22:                   printf("%c 기둥에서 %c 기둥으로 이동\n", from, dest);
23:         else {
24:                   hanoi_r(n-1, from, by, dest);
25:                   hanoi_r(1, from, dest, by);
26:                   hanoi_r(n-1, by, dest, from);
27:         }
28: }
```

하노이의 탑 문제는 재귀적 호출을 사용하지 않고 해결할 수도 있다. 그러나 재귀적 호출을 사용하지 않는다면 코드는 매우 길어질 것이다. 24번 행부터 26번 행까지 재귀호출을 적용하였다.

[실습] ex_07-ll.c : 재귀 호출을 사용하지 않는 하노이 탑

```
01: #include <stdio.h>
02: #include <stdlib.h>
03:
04: #define MAX  10
05:
06: void init_stack(void);
07: int pop(void);
08: int push(int t);
09: void print_stack(void);
10: int is_stack_empty(void);
11: void hanoi_nr(int, char, char, char);
12:
13: int stack[MAX];          //스택을 MAX 크기로 정의
14: int top;                 //스택의 상단을 표시하는 값을 저장하는 변수
15:
16: int main(void)
17: {
18:       int su;
19:
20:       printf ("원반의 개수는? ");
21:       fflush(stdout);
22:       scanf ("%d", &su);
23:       hanoi_nr(su, 'A', 'B', 'C');
24:
25:       return EXIT_SUCCESS;
26: }
27:
28: void hanoi_nr(int n, char from, char by, char desc)
29: {
30:       int done = 0;
31:       init_stack(); // 스택을 초기화
32:
33:       while (!done) {
34:             while (n > 1) { // 종료 조건이 아니면
35:                   push(desc); // 인자 리스트를 푸시
36:                   push(by);
37:                   push(from);
38:                   push(n);
39:                   n--;
40:                   push(desc); // desc와 by의 교환을 위해 임시로 저장
41:                   desc = by;
42:                   by = pop();
43:             }
44:             printf("%c 기둥에서 %c 기둥으로 이동\n", from, desc); // 종료 처리
45:
```

```
46:                 if (!is_stack_empty()) {
47:                     n = pop();
48:                     from = pop();
49:                     by = pop();
50:                     desc = pop();
51:                     printf("%c 기둥에서 %c 기둥으로 이동\n", from, desc);
52:                     n--;
53:                     push(from); // from과 by의 교환을 위해 임시로 저장
54:                     from = by;
55:                     by = pop();
56:                 }
57:             else
58:                     done = 1; // 스택이 비면  끝
59:             }
60:     }
61: void init_stack(void)
62: {
63:     top=-1;
64: }
65:
66: int is_stack_empty(void)
67: {
68:     if(top < 0) return 1;
69:     else ()    return 0;
70: }
71:
72: int push(int t)
73: {
74:     if(top >= MAX-1) { //스택이 꽉 찼는가?
75:             printf("\n    Stack OverFlow.");
76:             return -1;  //에러 표시
77:     }
78:     stack[++top]=t;   //top를 증가시키고 t를 저장
79:
80:     return t;
81: }
82:
83: int pop(void)
84: {
85:     if(top < 0) { //스택이 텅 비었는가?
86:             printf("\n  Stack UnderFlow.");
87:             return -1; //에러표시
88:     }
89:
90:     return stack[top--]; //스택 상단의 값 리턴하고 top감소
```

```
91: }
92:
93: void print_stack(void)
94: {
95:         int i;
96:
97:         printf("\n   Stack contents : Top -----> Bottom\n");
98:         for(i=top;i>=0;i--)
99:                 printf("%-6d",stack[i]);
99: }
```

이 프로그램 코드를 ex_07-10.c의 main(void) 함수에서 hanoi_r(int n, char from, char by, char desc) 함수를 대신하여 hanoi_nr(int n, char from, char by, char desc) 함수를 사용하면 된다. 추가로 배열을 사용하는 스택까지 구현하였다.

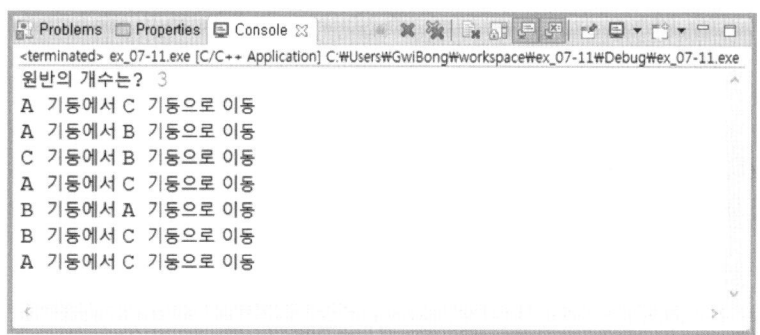

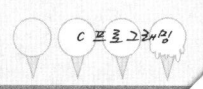

06 반환값이 없는 함수(void)

C99 이전의 표준에서는 일반적으로 main( ) 함수는 반환 타입이 생략되어 있어 반환 값을 int형으로 간주하였으나 C11 이후에는 int형을 명시하도록 하고 있다.

반환 타입이 생략된 main( ) 함수는 내부에 값을 반환하는 값이 없어도 'return 0;' 명령문이 있는 것으로 간주하고 실행 프로그램을 만들고 "warning: return type of 'main' is not 'int' [−Wmain]" 경고 메시지를 보내지만, C89 이전 규칙을 적용하는 컴파일러는 경고 메시지도 없다.

함수에 void형을 선언하였다면 'return 값;' 문장을 사용할 수 없다. 그러나 값이 없는 return; 문장은 사용할 수 있다. return; 문장 자체를 생략하는 경우가 일반적이다.

[실습] ex_07-I2.c : void 함수

```c
01: #include <stdio.h>
02: #include <stdlib.h>
03:
04: void space(int blank)
05: {
06:     int counter;
07:
08:     for ( counter=0; counter<=blank; counter++)
09:             printf(" ");
10: }
11:
12: int main(void)
13: {
14:     int counter;
15:
16:     for ( counter=0; counter<8; counter++ ) {
17:             space(counter);
18:             printf("ABCDEFGHIJK\n");
19:     }
20:
21:     return EXIT_SUCCESS;
22: }
```

space(int blank) 함수는 호출 함수인 main(void)에 처리 결과를 전달하지 않으므로 함수 형을 void로 하였다. 따라서 'return' 문장을 사용하지 않았다.

```
 Problems  Properties  Console ☒                 
<terminated> Ex_07-12.exe [C/C++ Application] C:₩Users₩GwiBong₩workspace₩Ex_07-12₩Debug₩Ex_07-12.exe
ABCDEFGHIJK
 ABCDEFGHIJK
  ABCDEFGHIJK
   ABCDEFGHIJK
    ABCDEFGHIJK
     ABCDEFGHIJK
      ABCDEFGHIJK
       ABCDEFGHIJK
```

기억 클래스(Storage class)

 개요

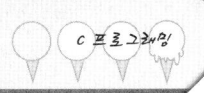

기억 영역(storage class)이란 컴퓨터의 메모리를 할당받아 값을 기억하는 저장 장소를 말한다. 기억장소는 레지스트리와 프로그램에 할당되는 영역이 존재한다. 또한, 동적 메모리 영역과 정적 메모리 영역으로 나누기도 한다. 특히 레지스트리 영역은 처리 속도를 빠르게 하는 장점이 있지만, 과도한 사용은 오히려 속도 저하를 가져오기도 한다. 변수를 선언하면 이 변수를 기억 장소의 어느 영역에 어떻게 기억시킬 것인가를 결정하여야 한다.

변수를 기억 장소에 할당(memory allocation)하는 방법으로는 정적 할당과 동적 할당으로 나누어진다.

✓ **정적 할당(static allocation)**
프로그램 실행의 시작에서 생성되고 종료할 때 해제되는 메모리에 할당한다.

✓ **동적 할당(dynamic allocation)**
특정 루틴(함수 또는 블록)을 실행할 때마다 기억 장소를 할당받고 루틴을 종료하면 제거되는 메모리에 할당한다.

또한, 변수를 프로그램의 어느 곳에서 선언하는가에 따라서 변수를 사용할 수 있는 범위가 달라진다. 변수 사용 범위의 종류는 다음과 같이 나누어진다.

1) 전역 변수(global variable)

함수 외부에서 선언하는 변수로 프로그램 전체 영역에서 사용하며 정적 할당과 유사한 라이프 사이클을 가진다. 대부분 main( ) 함수 이전에 선언하는 것이 일반화 되어 있지만 특정 함수에서 필요하다면 해당 함수 이전에 선언하는 방법도 있다.

2) 지역 변수(local variable)

함수 내부 또는 특정 블록 내부에서 선언하는 변수로 프로그램의 일부분 영역에 국한하여 사용하며 동적 할당과 유사한 라이프 사이클을 가진다.

3) 비 지역 변수(non-local variable)

블록 내부에 선언된 변수를 블록 외부에서 사용할 수 없다. 외부에서 바라보는 블록 내부 지역 변수와 블록 밖에서 선언한 지역 변수를 비 지역 변수라고 한다. C11에서는 유효 범위가 블록 내부로 한정되었다.

4) 외부 변수(extern variable)

소스 코드를 분리하여 프로그램 파일을 작성할 때 다른 소스 코드 파일에 있는 변수를 사용하고자 할 때 선언하는 방법이다. 선언은 extern이라는 예약어를 사용하여 선언한다.

기억 영역(storage class)의 종류

변수의 종류	예약어	기억 영역	유효 범위	초기화
자동 변수	[auto]	스택	일시적	초기화가 없어 메모리의 쓰레기 값(garbage)이 사용될 수 있음
레지스터 변수	register	레지스터		
정적 변수	static	기억 장소	영구적	컴파일시 0으로 설정
외부 정적 변수				
외부 변수	extern			

02 자동(auto) 변수

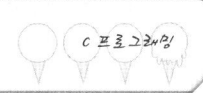

키워드 auto를 사용하거나 생략하고 함수나 블록 내부에서 선언되는 모든 변수는 auto 변수에 해당한다. 자동 변수는 일시적으로 사용하는 기억 영역인 스택(stack) 영역에 동적 할당(dynamic allocation)되며, 다음과 같은 특징이 있다.

① 변수가 선언되어 있는 함수 또는 블록이 실행됨과 동시에 생성된다.
② 함수나 블록의 실행이 종료되면 자동적으로 기억 장소에서 제거된다.
③ auto 변수를 선언할 때는 초기값을 반드시 부여한 후에 사용해야 한다.
④ 초기치를 부여하지 않으면, 어떤 값인지 알 수 없는 쓰레기 값을 가진다.

[auto] 자료형 변수1, 변수2, …

키워드 auto는 생략할 수 있다. 일반적으로 대부분 생략하고 선언한다.

[실습] ex_08-01.c : 자동(auto) 변수의 예(I)

```
01: #include <stdio.h>
02: #include <stdlib.h>
03:
04: void sub();
05:
06: int main(void)
07: {
08:        int hab = 0;
09:
10:        sub();
11:        printf("합: %d \n", hab);
12:
13:        return EXIT_SUCCESS;
14: }
15:
16: void sub()
17: {
18:        int su, hab = 0;
19:
20:        for (su = 1; su <= 10; su++)
21:                hab += su;
22:        printf("합: %d \n", hab);
23: }
```

08번 행의 변수 hap과 18번 행의 변수 hap의 메모리 할당 위치가 다른 완전히 다른 변수이다. 08번 행의 변수 hap은 main(void) 함수의 내부에서 선언되어 메모리가 할당되는 지역 변수이다. 18번 행의 변수 hap는 sub( ) 함수가 호출될 때 메모리 할당을 받고 sub( ) 함수가 종료될 때 해제되는 sub( ) 함수의 지역 변수이다.

두 변수는 서로 유효 범위가 달라 sub( ) 함수에서의 변수 hap은 55가 되지만 main(void) 함수에서의 변수 hap은 초기값으로 주어진 0이다.

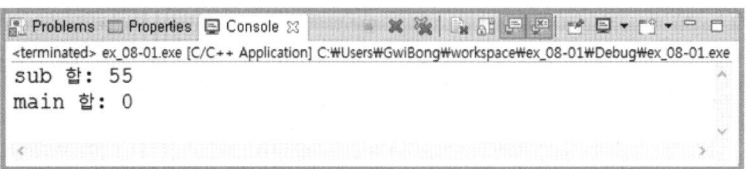

[실습] ex_08-02.c : 자동(auto) 변수의 예(2)

```c
01: #include <stdio.h>
02: #include <stdlib.h>
03:
04: int sub();
05:
06: int main(void)
07: {
08:         int hab = 0;
09:
10:         sub();
11:         printf("main hap: %d \n", hab);
12:
13:         return EXIT_SUCCESS;
14: }
15:
16: int sub()
17: {
18:         int su, hab = 0;
19:
20:         for (su = 1; su <= 10; su++)
21:                 hab += su;
22:         printf("sub hap: %d \n", hab);
23:
24:         return EXIT_SUCCESS;
25: }
```

sub( ) 함수의 타입을 int형으로 정의해도 결과는 같다. 24번 행에서 return 문장이 추가 되어야 하는 것은 sub( ) 함수의 반환형이 void가 아니고 int형으로 선언되었기 때문이다.

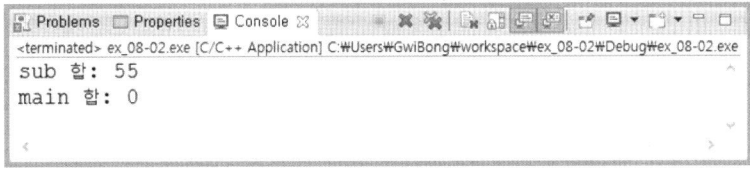

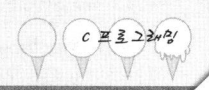

03 정적(static) 변수

기억장소를 정적 영역인 Data 영역에 할당하는 변수로서 생성되는 시점부터 프로그램이 종료할 때까지 메모리 상태를 해제하지 않는 변수이다. 선언하는 위치에 따라 내부 정적 변수와 외부 정적 변수로 나누어진다.

초기값을 부여하지 않으면 전역 변수와 같이 0으로 초기화되어 프로그램의 실행 시 초기 값을 지정하지 않음으로 인한 오류를 방지하고 프로그램의 실행 중에는 변수의 값을 유지하므로 외부 정적 변수는 다른 블록이나 다른 모듈에서도 사용할 수 있다는 장점이 있으나 기억 장소에 상주하므로 기억 장소의 낭비를 가져오는 단점도 있다.

---

static 자료형 변수1, 변수2, …

---

1) 내부 정적 변수

함수나 블록 내에서만 사용할 수 있는 지역 변수에 static 키워드를 사용하여 선언한 변 수로 프로그램 실행 시 할당되는 것이 아니라 실행 도중 선언된 시점까지 진행하여 할당 받는다. 해제는 프로그램이 종료될 때 이루어진다.

2) 외부 정적 변수

파일(여러 개의 함수로 구성된 프로그램) 내의 어느 곳에서든지 사용할 수 있는 전역 변 수로 취급되는 변수이다. 변수의 초기값은 프로그램이 시작될 때 '0'으로 메모리에 할당 되고 프로그램의 종료와 동시에 메모리에서 제거된다. 어느 곳에서든지 사용할 수 있는 외부 정적 변수의 특징을 이용하면 인수나 반환값을 사용하지 않고도 데이터 전달이 가 능하다.

[실습] ex_08-03.c : 정적(static) 변수의 예

```
01: #include <stdio.h>
02: #include <stdlib.h>
03:
04: void stat()
05: {
06:     static int test=0; // 내부 정적 변수
07:
08:     test=test+5;
09:     printf("test = %d\n", test);
10: }
11:
```

```
12: int main(void)
13: {
14:     printf("첫번째 호출\n");
15:     stat();
16:     printf("두번째 호출\n");
17:     stat();
18:     printf("세번째 호출\n");
19:     stat();
20:
21:     return EXIT_SUCCESS;
22: }
```

06번 행의 변수 test는 stat( ) 함수의 내부에서 static으로 선언된 내부 정적 변수이다. 함수가 호출될 때 변수가 만들어지고 함수가 반환될 때 해제되어야 하지만, 두 번째 함수 호출에서 값이 유지되고 연산 결과가 증가하는 것을 알 수 있다. 이처럼 정적 변수는 한 번 할당되면 프로그램이 종료될 때까지 해당 메모리의 값을 유지하는 특징을 가진다.

[실습] ex_08-04.c : 자동 변수와 정적 변수의 유효 범위

```
01: #include <stdio.h>
02: #include <stdlib.h>
03:
04: void sum(void);
05:
06: int main(void)
07: {
08:     int su_1;
09:
10:     printf("auto변수  static변수\n");
11:     printf("--------------------\n");
12:     for (su_1=1; su_1<=3; su_1++)
13:             sum();
14:
15:     return EXIT_SUCCESS;
16: }
17:
18: void sum(void)
```

```
19: {
20:        auto int su_1=1;
21:        static int su_2=1;
22:
23:        printf(" su_1 = %d, su_2 = %d \n", su_1, su_2);
24:        su_1++, su_2++;
25: }
```

20번 행은 자동 지역 변수를 선언하고, 21번 행에 정적 지역변수를 선언한다. 08번 행의 지역 변수와 이름을 동일하게 정의하였다. 그러나 08번 행의 변수 su_1과 20번 행의 변수 su_1은 값을 저장하는 메모리 위치가 다른 별도의 변수이다.

21번 행의 정적 지역 변수는 sum( ) 함수가 첫 번째 호출될 때 메모리를 할당하고 계속 유지되므로 두 번째 호출될 때부터는 할당이라는 의미가 없어진다. 즉 할당하지 않고 메모리의 값을 그대로 사용함으로써 값이 유지되는 것이다.

```
Problems  Properties  Console ✕       ▪ ✖ ✖ ▯ ▯ ▯ ▯ ⬛ ⬛ ▾ ▯ ▾ ▯ ▾ ▯
<terminated> ex_08-04.exe [C/C++ Application] C:\Users\GwiBong\workspace\ex_08-04\Debug\ex_08-04.exe
auto변수 static변수
--------------------
 su_1 = 1, su_2 = 1
 su_1 = 1, su_2 = 2
 su_1 = 1, su_2 = 3
```

04 레지스터(register) 변수

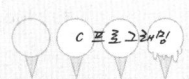

연산 처리의 고속화를 위한 장치로 준비되어 있는 메모리 종류인 레지스터 영역에 저장할 수 있도록 할당되는 변수이다.

---
 register 자료형 변수1, 변수2, …

레지스터는 컴퓨터에 따라 개수가 다르다. 이러한 레지스터는 컴퓨터 시스템에서 특수 용도로 사용한다. 이렇게 사용하고 남은 레지스터를 레지스터 변수로 사용하도록 준비하여 둔 선언자가 register 키워드이다.

레지스터 변수를 사용할 때는 다음과 같은 다음과 같은 사항에 주의하여야 한다.

✔ 사용할 수 있는 변수 개수의 범위를 초과하여 레지스터 변수를 선언한 경우 자동
  (auto) 변수로 취급한다.
✔ register 변수에는 번지 연산자(&)를 사용할 수 없다

[실습] ex_08-05.c : 레지스터 변수

```
01: #include <stdio.h>
02: #include <stdlib.h>
03:
04: int GOB(register int su1, register int su2)
05: {
06:     register int i;
07:     int result = 1;
08:
09:     for(i = 1; i <= su2 i++)
10:             result = result * su1;
11:
12:     return(result);
13: }
14:
15: int main()
16: {
17:     int x1, x2;
18:
19:     printf("x1, x2 => ");
20:     fflush(stdout);
21:     scanf("%d, %d", &x1, &x2);
22:     printf("%d ^ %d = %d \n", x1, x2, GOB(x1, x2));
23:
24:     return EXIT_SUCCESS;
25: }
```

키보드 입력을 '2 7'이 아닌 '2, 7'로 입력한다. 이유는 scanf(...) 함수의 입력 형식이
"%d, %d" 형식으로 설정되어 있기 때문이다. 만약에 '2 7'로 입력을 한다면 변수 x2의 값
은 −1로 처리될 것이다.

```
Problems  Properties  Console
<terminated> ex_08-05.exe [C/C++ Application] C:\Users\GwiBong\workspace\ex_08-05\Debug\ex_08-05.exe
x1, x2 => 3, 7
3 ^ 7 = 2187
```

05 외부(external) 변수

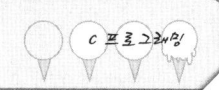

외부 변수는 두 개 이상의 소스 코드 파일을 작성하여 여러 함수나 여러 블록에서 공유하는 변수이다. 프로그램의 어느 곳에서든 extern이 붙은 변수이며 전역 변수와 약간의 차이가 있다.

전역 변수는 main( ) 함수가 포함되어 있는 파일의 선두에 선언되어 모든 함수에서 값을 공유할 수 있다. 그러나 파일이 달라지면 컴파일러에서 해당 변수의 존재 사실을 알 수 없다. 이를 해결하는 키워드가 extern이다.

extern으로 선언하는 변수는 다른 파일에서 해당 변수의 존재를 인지할 수 있다. 즉, 동일 파일 또는 다른 파일에서 정의된 그 외부 변수를 참조한다는 뜻이다. 같은 파일에서 외부 변수로 사용하려고 하는 변수는 이를 사용하려는 함수보다 앞서 선언하는 경우는 별도로 extern을 선언할 필요가 없다.

외부 변수의 장점과 단점

장 점	단 점
· 매개변수처럼 변수값의 전달이 필요 없으므로 시간적으로 보다 효율적이다.	· 기억 장소 낭비가 크다.
· 데이터를 공유하므로 매개변수의 개수를 줄일 수 있다.	· 프로그램 유지보수가 어렵다.
· 자동으로 초기화(0또는 '\0') 된다.	· 강한 결합성으로 때문에 함수의 독립성이 훼손되어, 결과적으로 프로그램이 복잡해지고 수정이 어렵게 된다.

[실습] ex_08-06e.c : 외부(external) 변수의 예

```
01: #include <stdio.h>
02: #include <stdlib.h>
03:
04: int ext=100; /* 외부 변수 예제 */
05:
06: void x_print();
07:
08: int main(void)
09: {
10:      printf("Ex08-06e Extern = %d\n", ext);
11:      x_print();
12:
13:      return EXIT_SUCCESS;
14: }
```

ex_08-06e.c와 다음 페이지의 ex_08-06m.c를 하나의 프로젝트에 작성하고 두 개의
소스 코드 파일을 묶어서 컴파일하는 실습 예제이다.

① 프로젝트 이름을 'ex_08-06'으로 작성하고 'ex_08-06e.c' 소스 코드 파일을 작성한다.
② 프로젝트를 펼쳐서 'src' 폴더에서 마우스 오른쪽 클릭을 한 다음 [New]->[Source
　File]을 선택한다.

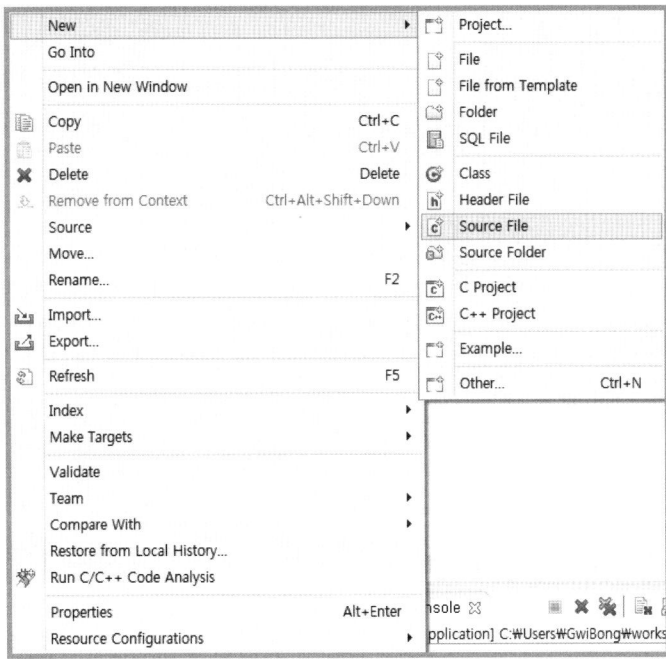

③ [New Source File] 창에서 'Source file'에 'ex_08-06m.c'를 입력하고 [Finish] 버튼
　을 클릭한다.

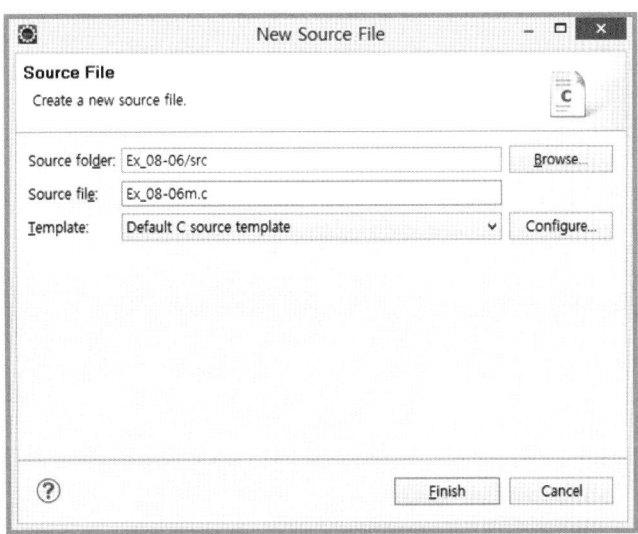

④ 'ex_08-06m.c' 편집 창에서 다음의 소스 코드를 입력하고 저장한다.

[실습] ex_08-06m.c : 외부(external) 변수의 예

```
01: #include <stdio.h>
02: #include <stdlib.h>
03:
04: extern int ext; /* 외부 변수 예제 */
05:
06: void x_print()
07: {
08:        ext++;
09:        printf("Ex_08-06m Extern = %d\n", ext);
10: }
```

⑤ 컴파일을 먼저 하고 실행을 한다.

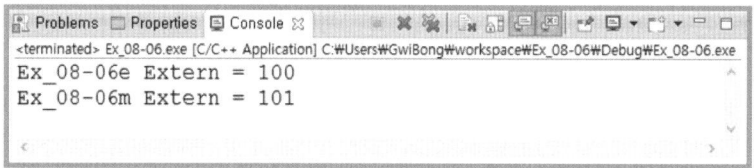

```
Problems   Properties   Console
<terminated> Ex_08-06.exe [C/C++ Application] C:\Users\GwiBong\workspace\Ex_08-06\Debug\Ex_08-06.exe
Ex_08-06e Extern = 100
Ex_08-06m Extern = 101
```

두 개의 소스 코드에서 변수 ext를 공유하는 것을 알 수 있다.

06 변수의 유효 범위(Scope Rule)

변수가 프로그램 내에서 참조될 수 있는 유효 범위를 알아야 논리적인 오류를 배제할 수 있다. 동일한 이름의 변수가 각기 다른 블록에 선언되었다면 가장 안쪽에서 선언한 변수를 우선 적용한다.

단, 자신이 선언되어 있는 블록을 벗어나면 참조할 수 없다.

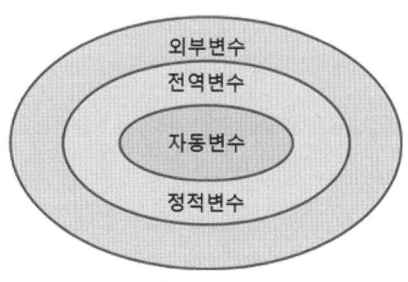

```
            int g, e;
            int main()
            {
              int i, j;          i, j는 유효범위의
                 ...              지역 변수
            }
            float func(float x)
            {
              float f;
                 ...              temp는 비 지역 변수
              while (…) {
            int temp;                                    x, f는
                 ...              temp의 유효범위의          유효범위의
              }                   지역 변수               지역 변수
                 ...              temp는 비 지역 변수
            }
```

g, e는 유효범위의 전역변수

변수의 유효 범위를 이해하여 외워 두어야 한다. 유효 범위를 벗어나면 변수에 할당되었 던 메모리는 제거되어 더는 사용할 수 없다.

[실습] ex_08-07.c : 유효 범위 test

```
01: #include <stdio.h>
02: #include <stdlib.h>
03:
04: int main(void)
05: {
06:       int su1 = 1, su2 = 2, su3 = 3;
07:       {
08:               int su2 = 4, su3 = 5;
09:               {
10:                       int su3 = 6;
11:
12:                       su2 = 7;
13:                       printf(" %d %d %d\n", su1, su2, su3);
14:               }
15:               printf(" %d %d %d\n", su1, su2, su3);
16:       }
17:       printf(" %d %d %d\n", su1, su2, su3);
18:
19:       return EXIT_SUCCESS;
20: }
```

① 08번 행에서 선언된 변수(su2, su3)는 함수 main( ) 함수의 지역 변수이다. 그러나 06번 행에서 선언한 변수(su1, su2, su3)에서 su2와 su3와 다른 변수이다.

② 10번 행에서 선언된 변수(su3)는 같은 이유로 11번 행부터 14번 행 내부에서만 사용 가능하고 외부에서는 사용할 수 없는 비 지역 변수이다. 그러나 08번 행에서 선언된 변수(su2, su3)는 아직 유효 범위 블록에 포함되므로 09번 행까지와 14번 행 블록 내부에서도 사용할 수 있다. 이때 변수 su3은 중복되어 선언되었으므로 가장 최근에 선언된 변수, 즉 자기 블록에 있는 변수(su3)가 우선 적용되어 6이라는 값을 가지게 되고 이 블록을 벗어난 15번 행에서는 변수 su3이 5라는 값을 가진 변수이다.

③ 09번 행에서 14번 행 블록 밖에서 보면 10번 행의 변수들은 비 지역 변수로 사용할 수 없지만 06번 행과 08번 행에서 선언된 변수들은 모두 사용할 수 있다. 그러나 변수의 이름이 동일하고 블록이 다른 위치이므로 중복되어 선언되었을 경우 가장 최근에 선언된 변수, 즉 자기 블록에 있는 변수가 우선 적용되어 사용된다.

④ 15번 행에서는 08번 행에서 선언된 변수와 06번 행에서 선언된 변수를 모두 사용할 수 있지만, 이 역시 가장 최근에 선언된 변수, 즉 자기 블록에 있는 변수가 우선 적용되어 사용된다.

⑤ 17번 행에서는 06번 행의 변수만 사용할 수 있다. 다른 모든 변수는 유효 범위를 벗어난 위치가 되어 사용할 수 없다.

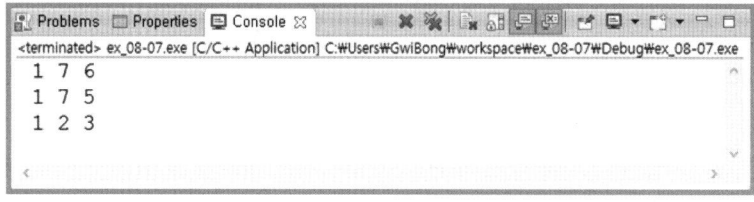

01 개요

배열(array)이란 데이터의 형과 크기가 같은 동질적인 자료의 집단을 하나의 대표적인 변수명을 이용하여 기억시키는 데이터 구조를 배열이라고 한다.

결국, 배열이란 같은 자료형의 값들이 순차적으로 나열되어 하나의 이름(배열의 대표명)에 모여 있는 것으로서 각각의 자료들은 원소(요소)라고 하며 이들은 배열의 대표명과 첨자로 각기 구분된다.

배열 역시 변수로서 변수의 3대 구성 요소를 모두 가지고 있다. 앞서 살펴본 변수의 3대 구성 요소란 변수의 이름, 변수가 위치하는 메모리상의 주소, 변수에 저장되는 값이다. 이를 배열에 대입하면 배열의 대표명이 이름에 해당하고, 주소는 배열의 첫 번째 요소의 주소와 동일한 주소를 갖는다. 배열의 대표명은 배열을 구성하는 첫 번째 원소의 주소값을 가진다.

배열의 대표명은 이름과 주소 그리고 값을 갖는 점에서는 변수와 다름이 없지만, 값의 종류가 일반 변수와 달리 포인터 변수와 매우 유사하다. 즉, 배열의 대표명이 갖는 값은 주소이다. 포인터 변수와 다른 점이 있다면 배열의 대표명이 갖는 주소값은 변경 불가능한 상수로 취급되지만, 포인터 변수가 갖는 값인 주소는 변경할 수 있다.

배열의 원소들은 포인터 변수 또는 일반 변수로 구성되고 원소들의 특징은 동일한 타입의 값을 가지며, 독립된 이름이 없고 배열명으로 순서에 해당하는 첨자를 사용하여 요소들을 구분한다.

배열 요소(array element)란 배열을 구성하는 원소를 말한다. 이러한 배열은 순서에 해당하는 배열 첨자를 이용하여 각각의 배열 요소에 접근할 수 있다.

배열 선언 예 : int array[5];

array[0]	array[1]	array[2]	array[3]	array[4]

메모리 점유 예 :

첨자란 위의 예에서 대괄호 사이의 숫자를 말한다. 선언에서 사용한 대괄호 사이의 숫자는 크기를 의미하고 각 배열 원소에 있는 대괄호 사이의 숫자는 배열 원소의 위치를 가리킨다. 여기서 한 번 더 강조하자면 배열도 변수이므로 변수의 3대 구성 요소를 가지고 있음을 기억하자.

배열의 원소는 각각 값과 이름 그리고 주소를 가지고 있다. 또한, 배열의 대표 이름을 여기에 적용해보면 배열의 이름 즉, 배열의 대표명은 변수의 3대 구성요소를 가지고 있어 포인터 변수와 유사한 특징을 가진다. 포인터와 다른 점으로 배열의 대표명은 배열 첫 번째 원소의 주소 값을 대신하여 이 값은 변경될 수 없지만, 연산에 사용될 수는 있다.

지금까지 언급한 배열의 특징을 정리하면 다음과 같다.

① 배열의 선언에 사용된 대괄호 사이의 숫자는 정수로 배열의 크기를 결정한다.
② 배열의 대표명은 선언에서 사용된 이름이다.
③ 배열의 대표명은 포인터 변수와 같이 이름과 주소 그리고 값을 가진다.
④ 배열의 대표명이 갖는 값은 배열을 구성하는 원소 중 배열 원소의 첫 번째 원소의 주소이다.
⑤ 배열의 대표명이 가지고 있는 주소값은 수정할 수 없다.
⑥ 배열의 원소는 일반 변수와 같은 특성이 있다.
⑦ 배열 원소는 첨자를 사용하며, 첨자는 대괄호를 사용하여 정수로 배열을 구성하는 각 요소의 위치에 접근한다.
⑧ 모든 첨자와 크기는 양의 정수를 사용하고 항상 0부터 시작한다.
⑨ 첨자는 선언에서 사용한 정수(배열의 크기)보다 작아야 안정적으로 프로그램이 동작한다.
⑩ 배열에 사용되는 첨자는 양의 정수이야 한다. 음수 사용은 불가능하다.
⑪ 모든 배열은 사용되기 전에 크기가 결정되어야 한다.
⑫ 예외 사항으로 함수의 '받는 인수'로 사용되는 배열은 초기화 방법을 응용하여 변수의 크기를 명기하지 않고 사용하기도 한다. 즉 가변 크기의 배열 형태가 되는 것이다.

배열은 선언되는 형태에 따라 1차원, 2차원, 3차원, 4차원, 5차원, ... 등으로 구분된다.

NOTE

배열이나 포인터 등은 선언문과 사용문의 사용 방법을 구분하여 사용해야 한다.

선언문에서 'a[10]'이라고 하면 10개의 배열을 선언한다는 의미이고, 사용문에서 'a[10]' 이라고 하면 배열 a의 11번째 원소를 가리키는 의미이다. C 언어에 입문하는 프로그래 머들이 혼란스러워 하는 첫 번째 요인이 이를 구분하지 못하는 것으로 보인다.

배열의 선언문에서 문자열을 초기값으로 지정할 때는 직접 대입할 수 있지만, 사용문에 서는 문자열을 직접 대입할 수 없다. 즉 다음과 같다.

선언문	사용문

char a[ ] = "I Love Corea";   // 배열의 크기를 대입 하는 문자열의 크기로 결정
char a[15] = "I Love Korea"; // 사용가능
	a[] = "I Love Corea"; // 사용 불가
	a[0] = "I Love Korea"; // 사용 불가

사용문에서 문자열을 배열에 저장하려고 한다면 문자 단위로 하나씩 지정하거나 반복문 을 사용하여야 한다. 이는 사용문에서 표현하는 a[10]은 배열의 원소 11번째인 원소 하 나만 가리키기 때문이다.

문장으로 문자 단위 대입하기	반복문으로 문자 단위 대입하기

a[0] = 'I';
a[1] = ' ';
a[2] = 'L';
a[3] = 'o';
a[4] = 'v';
a[5] = 'e';
a[6] = ' ';
a[7] = 'C';
a[8] = 'o';
a[9] = 'r';
a[10] = 'e';
a[11] = 'a';
a[12] = '\0';
	char a[10];
	int i = 0;
	
	for(i = 0; i <= (sizeof(a) / sizeof[0]); i++)
	        a[i] = '\0';

사용문에서 문자 단위로 저장할 때 마지막은 반드시 NULL('\0') 문자를 입력해야 한 다.

조건문에 사용된 '(sizeof(a) / sizeof[0])'는 배열을 구성하는 배열 원소의 개수를 구하는 방법이다. 즉 배열 전체 크기를 배열 원소 하나의 크기로 나누면 배열 원소의 개수를 구 할 수 있다.

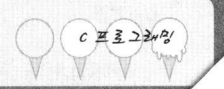

02 1차원 배열

2.1 1차원 배열의 선언

데이터형 배열명[요소의 수];

위의 선언 형식에서 **'요소의 수'**는 0부터 시작하는 양의 정수로 배열 요소의 개수를 정의한다. 정수 상수나 정수 결과를 나타내는 수식만을 사용하여 배열의 크기를 표시한다.

배열 선언 예)
int num[100];

num[0]	num[1]	......	num[98]	num[99]

2.2 1차원 배열의 초기화

데이터형 배열명[요소의 수] = {초기값1, 초기값2, ⋯, 초기값n};
데이터형 배열명[ ] = {초기값1, 초기값2, ⋯, 초기값n};

배열 선언 및 초기화 예

○ 선언과 동시에 각 원소의 초기값을 결정한다.

   int n[10]={1, 2, 3, 4, 5, 6, 7, 8, 9, 10};

   – 선언과 동시에 초기화 할 때 배열 크기보다 원소의 개수가 많으면 크기는 무시된다.

○ 선언에서 크기만 결정하고 이후 처리 과정에서 값을 대입할 수 있다. 이때는 각 배열 원소에 개별적으로 초기값을 대입해야 한다.

   int a[3];
   ⋮
   a[0]=170, a[1]=63, a[2]=96;

○ 배열의 크기가 가변적일 때는 배열의 크기를 생략하여 선언할 수 있다. 이때는 반드시 초기값이 필요하다.

   int n[]={1, 2, 3, 4, 5};

○ 배열도 변수이므로 정적으로 할당하는 변수를 선언할 때는 static 키워드를 사용한다.

   static int n[10]={3, 4, 5};

   – n[0]=3, n[1]=4, n[2]=5가 설정되고, 나머지 요소인 n[3] ~ n[9]까지는 기본값인 '0' 값으로 초기화된다.

[실습] ex_09-01.c : 1차원 배열

```c
01: #include <stdio.h>
02: #include <stdlib.h>
03:
04: int main(void)
05: {
06:        int i, a[11];
07:
08:        for(i=0; i<=10; i++) {
09:                a[i] = i;
10:                printf("&a[%d] => %x, a[%d] = %d\n", i, (unsigned int)&a[i], i, a[i]);
11:        }
12:        printf("\n\n");
13:        printf("배열 a[0]의 번지 ==> %x \n", (unsigned int)&a[0]);    /* ① */
14:        printf("배열 a의 시작 번지 ==> %x \n", (unsigned int)a);     /* ② */
15:
16:        return EXIT_SUCCESS;
17: }
```

06번 행에서 초기화하지 않은 배열 'a'를 선언하고 08번 행에서 for(...) 반복문의 증가 값을 09번 행에서 각 원소에 저장하고 10번 행에서 출력하였다. 주소를 출력하는 '%x' 형식은 16진 형식으로 출력하기 위해 부호 없는 정수 변수를 요구하므로 형 변환 캐스트 연산자를 사용하여 경고문을 해결하였다.

각 원소 배열의 크기는 정수의 크기만큼 주소값이 변하는 것을 알 수 있도록 메모리의 주소값을 출력하였다. 각 원소의 주소값이 4씩 차이가 나는 것은 정수형 변수가 4바이트로 설정되어 32비트 주소 체계임을 알 수 있다.

```
Problems   Properties   Console ⌧
<terminated> ex_09-01.exe [C/C++ Application] C:₩Users₩GwiBong₩workspace₩ex_09-01₩Debug₩ex_09-01.exe
&a[0]  => 28fee0, a[0]  = 0
&a[1]  => 28fee4, a[1]  = 1
&a[2]  => 28fee8, a[2]  = 2
&a[3]  => 28feec, a[3]  = 3
&a[4]  => 28fef0, a[4]  = 4
&a[5]  => 28fef4, a[5]  = 5
&a[6]  => 28fef8, a[6]  = 6
&a[7]  => 28fefc, a[7]  = 7
&a[8]  => 28ff00, a[8]  = 8
&a[9]  => 28ff04, a[9]  = 9
&a[10] => 28ff08, a[10] = 10


배열 a[0]의 번지 ==> 28fee0
배열 a의 시작 번지 ==> 28fee0
```

2.3 1차원 문자 배열

문자 배열을 선언하는 형식은 정수형 배열 선언과 동일하지만, NULL('\0') 문자의 존재를 추가로 인식하여야 한다.

데이터형 배열명[첨자의 수] = {초기값1, 초기값2, …, 초기값n};
데이터형 배열명[ ] = {초기값1, 초기값2, …, 초기값n};
데이터형 배열명[ ] = "문자열";

"문자열"을 초기값으로 지정하는 경우는 항상 문자열의 끝에 NULL('\0') 문자가 추가된다. 문자열을 배열에 저장하기 위해서는 배열의 선언 부분에서만 가능하다. 사용문에서 문자열을 배열에 대입할 수 없다.

1차원 문자 배열의 선언 예

선언만 하고 사용문에서 값을 대입하기에서는 항상 NULL 문자를 추가하여야 참조 오류를 줄일 수 있다.

    char a[5];
     ⋮
    a[0] = 'B', a[1] = 'E', a[2] = 'S', a[3] = 'T', a[4] = '\0';

앞서 문자열을 초기 값으로 사용하여 저장하는 것은 선언문에서만 가능하다는 것을 기억한다면 사용문에서 문자열을 배열에 직접 대입할 수 없음을 알 것이다. 추가적으로 문자열은 NULL 문자를 항상 포함한다.

char a[5] = "BEST";
char a[5] = {'B', 'E', 'S', 'T'}; // 문자 배열은 메모리를 할당하면서 '\0'을 초기값으로 설정함으로
                                  // a[4]에 해당하는 다섯 번째 값을 선언하지 않았음을 주목하기 바란다.

'B'	'E'	'S'	'T'	'\0'
a[0]	a[1]	a[2]	a[3]	a[4]

[실습] ex_09-02.c : 1차원 문자 배열

```
01: #include <stdio.h>
02: #include <stdlib.h>
03:
04: int main(void)
05: {
06:     char *irum[] = {"구세대", "신세대", "X세대", "XX세대"};
07:     int su;
08:
09:     while (1) {
10:         printf ("선택 ? ");
```

```
10:              printf ("선택 ? ");
11:              fflush(stdout);
12:              scanf ("%d",&su);
13:              if (su >= 0 && su <= 3)
14:                      printf("%s\n", irum[su]);
15:              else if (su != 9)
16:                      puts ("선택에러! \a");
17:              if (su == 9) break
18:      }
19:      puts("작업 종료...");
20:
21:      return EXIT_SUCCESS;
22: }
```

06번 행에서 선언한 포인터형 1차원 배열은 실제로는 2차원 배열이다. 하지만 이해를 돕기 위해 1차원 배열과 같은 의미로 사용하였다. 포인터에 대하여서는 다음에 자세히 다룰 것이다.

숫자로 0, 1, 2, 3 중에서 하나를 입력하면 해당 배열 원소의 값을 출력하고 9를 입력하면 종료하는 로직이다. 그 이외의 문자를 입력하면 "선택에러!" 메시지를 출력하고 다시 입력을 요구하도록 반복문으로 처리하였다.

결과 Console 창의 'ㅁ'는 프로그램을 명령 창에서 실행했을 때 '삑~' 소리가 나는 '\a'를 Eclipse의 콘솔 창에서는 표현하지 못하고 특수 문자로 대체되어 표시된 것이다.

명령 창에서 실행할 때 의도한 형태로 동작함을 알 수 있다.

03 2차원 배열

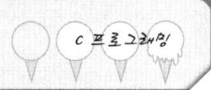

2차원 배열의 대표적인 구조가 행렬(Matrix)이다. 실제 메모리에 저장되는 형태는 1차원이지만 논리적으로 2차원 방식으로 접근할 수 있도록 제어하는 배열이다. 두 개의 첨자를 사용하여 행(row)과 열(column)로 접근하는 형태로 구성되는 배열이다. 좀 더 이해를 돕자면 1차원 배열을 선에 비유하고, 2차원 배열을 면에 비유할 때 여러 개의 1차원 배열을 나열하여 놓은 것이다.

3.1 2차원 배열의 선언

데이터형 배열명[행요소][열요소];

배열의 크기를 표시하는 '[ ]'를 두 번 사용한다. 행렬로 표시하므로 행으로 표시하는 줄과 열로 표시하는 칸으로 구성된다.

2차원 배열의 사용 예

○ 배열 선언

    int a[4][5];
    int a[][5];
    int a[4][];
    int a[][];   // 오류

2차원 배열의 선언에서 행 첨자와 열 첨자를 둘 다 생략하고 초기값을 지정하지 않으면 오류가 발생한다.

○ 메모리 접근 형태

a[0][0]	a[0][1]	a[0][2]	a[0][3]	a[0][4]
a[1][0]	a[1][1]	a[1][2]	a[1][3]	a[1][4]
a[2][0]	a[2][1]	a[2][2]	a[2][3]	a[2][4]
a[3][0]	a[3][1]	a[3][2]	a[3][3]	a[3][4]

3.2 2차원 배열의 초기화

| 데이터형 배열명[행요소][열요소] | = {초기값1, 2, …, n}; |

데이터형 배열명[][열요소]　　　　　= {초기값1, 2, …, n};

데이터형 배열명[행요소][]　　　　　= {초기값1, 2, …, n};

데이터형 배열명[][]　　　　　= {　　{초기값1, 2, …, n},
　　　　　　　　　　　　　　　　　　{초기값1, 2, …, n},
　　　　　　　　　　　　　　　　　　　　⋮
　　　　　　　　　　　　　　　　　　{초기값1, 2, …, n}
　　　　　　　　　　　　　};

데이터형 배열명[행요소][열요소];
데이터형 배열명[][];　　　　　　　　// 선언 할 수 없는 구문오류

○ 배열의 구조
　int a[3][4];

<논리적 구조>

a[0][0]	a[0][1]	a[0][2]	a[0][3]
a[1][0]	a[1][1]	a[1][2]	a[1][3]
a[2][0]	a[2][1]	a[2][2]	a[2][3]

<물리적 구조>

| …… | a[0][0] | a[0][1] | a[0][2] | a[0][3] | a[1][0] | …… |

수행문에서 배열의 초기값을 할당하는 방법은 각 배열 요소에 개별적으로 값을 할당해야 한다.

```
a[0][0]=170, a[0][1]=63, a[0][2]=96;
a[1][0]=175, a[1][1]=65, a[1][2]=92;
a[2][0]=178, a[2][1]=73, a[2][2]=98;
```

선언문에서 초기값을 할당하는 방법은 다음과 같이 논리적 구조 또는 물리적 구조를 따라서 초기값을 할당할 수 있다.

아래 세 번째 예에서처럼 행 요소의 개수를 생략하여 초기화하면 n[7][2]로 선언하는 것과 같다.

```
int a[3][3]={{170, 63, 96}, {175, 65, 92}, {178, 73, 98}};
int a[3][3]={170, 63, 96, 175, 65, 92, 178, 73, 98};
int n[][2]={{0,0}, {1,1}, {2,2}, {3,3}, {1,1}, {2,2}, {3,3}};
```

[실습] ex_09-03.c : 2차원 배열

```
01: #include <stdio.h>
02: #include <stdlib.h>
03:
04: int main(void)
05: {
06:        static int a[3][3];
07:        int i, j;
08:
09:        for(i=0; i<=2; i++)
10:                for(j=0; j<=2; j++) {
11:                        printf("a[%d][%d] => ", i, j);
12:                        fflush(stdout);
13:                        scanf("%d, ", &a[i][j]);
14:                }
15:        printf("\n 번호      C    VB    C++  ");
16:        printf("\n --------------------\n");
17:        for(i=0; i<=2; i++) {
18:                printf("%4d", i+1);
19:                for(j=0; j<=2; j++)
20:                        printf("%6d", a[i][j]);
21:                printf("\n");
22:        }
23:        printf(" --------------------\n");
24:
25:        return EXIT_SUCCESS;
26: }
```

13번 행의 주소 연산자를 사용한 것은 배열의 원소가 일반 변수로 취급되기 때문이다. 2차원 배열을 논리적 측면으로 구성하는 제일 큰 이유가 중첩 반복문을 사용하여 코드를 간소화할 수 있기 때문이다.

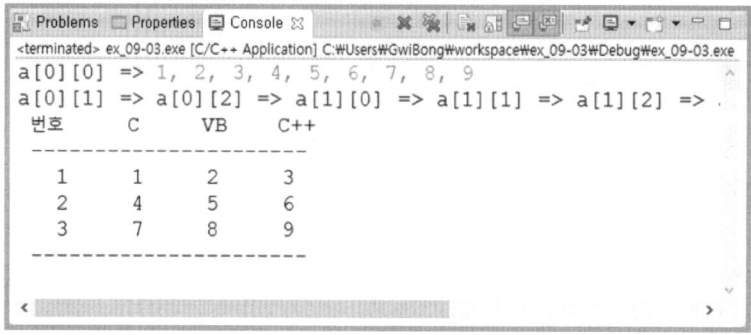

13번 행의 'scanf("%d, ", &a[i][j]);' 문장이 반복문에 의하여 계속 입력을 받기 때문에 결과 화면과 같이 ','와 '스페이스'로 구분하여 데이터를 동시에 모두 입력하면 ','와 '스페이

스'를 포함한 구분을 통하여 일괄적으로 입력을 처리하게 된다.

또 다른 입력 방법으로 하나씩 입력하는 방법이 있다. 즉, 엔터키로 구분하는 것이다.

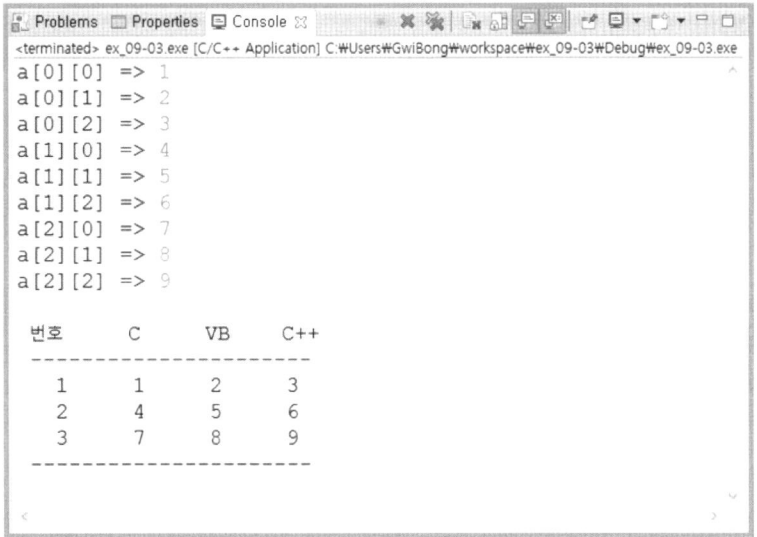

[실습] ex_09-04.c : 2차원 문자 배열의 예

```
01: #include <stdio.h>
02: #include <stdlib.h>
03:
04: int main(void)
05: {
06:     int i, j;
07:     static char a[][6]={{'P', 'h', '.', 'D', '.'}, {'L', 'G', 'B', 'O', 'N', 'G'}};
08:
09:     for(i=0; i<=1; i++)
10:             for(j=0; j<=5; j++)
11:                     printf("a[%d][%d]=> %c\n", i, j, a[i][j]);
12:
13:     return EXIT_SUCCESS;
14: }
```

배열의 물리적 측면에서 메모리 할당을 유추해 볼 수 있는 예제 프로그램이다. 2차원 배열의 초기값을 살펴보면 2행 6열이다. for 반복문은 중첩으로 09번 행이 배열의 행에 접근하는 첨자로 0과 1일 경우에 접근하게 되고, 10번 행에서 for 반복문은 6번 반복(0을 포함 하므로: 0, 1, 2, 3, 4, 5)하게 된다.

즉, 행의 첨자가 0일 때 6번, 1일 때 6번으로 모두 12번을 배열에 접근하게 된다. 문제는 배열의 첫 번째 행의 개수가 5개라는 점이다. 배열의 첫 번째 행이 5개인데 접근은 6

번을 한다. 이러한 접근이 가능한 것은 배열의 할당이 가변적으로 할당되는 것이 아니라 정방형으로 동일한 크기가 선언된다는 의미이다.

메모리 할당은 정방형으로 선언하지만, 첫 번째 행의 요소가 5개이므로 나머지 한 개는 NULL 값을 지정하고 할당한다. 이러한 결과로 배열의 첫 번째 행의 첨자가 5에 해당하는 원소 값은 NULL 값으로 출력된다. 화면에는 'ㅁ'로 보이나 '%c'로 출력하는 형식에 영향을 받은 것이다. '%x'로 형식을 지정하면 '0'의 값이 출력된다.

10번 행의 for(...) 문장의 조건을 5가 아닌 6으로 바꿀 때 배열의 접근 범위를 벗어나게 된다. 그 결과는 다음과 같다.

10:	for(j=0; j<=6; j++)

a[0][6]의 값에 접근할 때 다음 행의 첫 번째 값을 가져온 것을 알 수 있다. 즉 두 번째 행의 첫 번째 요소에 접근하는 값과 동일하다. 이는 배열이 2차원으로 선언되어 있지만, 접

근은 1차원 방식으로 접근함을 알려준다. a[1][6]의 '?' 값은 배열의 범위를 넘어서 가져온 쓰레기 값이다.

NOTE 배열의 범위를 넘어서는 데이터에 접근하는 경우 데이터를 읽는 것은 오작동으로 프로그램이 중지되지 않지만, 데이터 쓰기를 하면 프로그램의 오동작 때문에 프로그램이 중지되는 점을 주의하여야 한다.

다음은 배열의 첫 번째 행의 5번 열의 값이 NULL임을 확인하는 내용이다. 위의 프로그래밍 실습 예에서 11번 행의 내용을 다음과 같이 변경해 보면 확인할 수 있다.

11.	printf(" a[%d][%d]=> %x\n", i, j, a[i][j]);

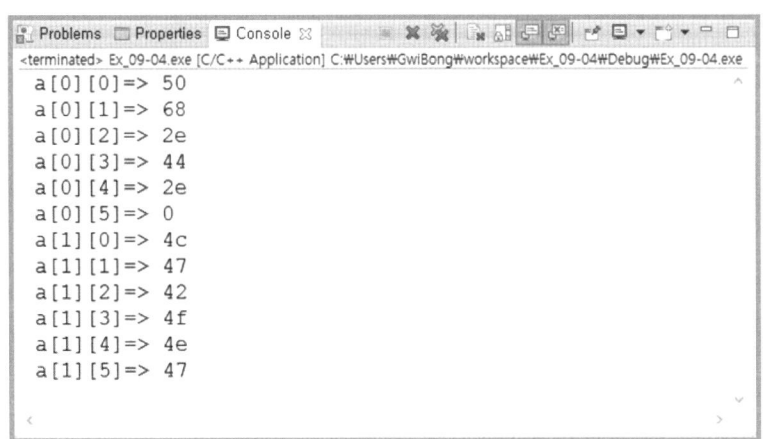

04 3차원 배열

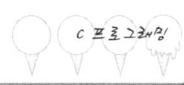

3차원 배열은 면, 열, 행을 구분하여 표시하는 배열이다. 세 개의 첨자를 사용하여 접근하며, 공간을 표현하는 정육면체를 생각하면 된다.

3차원 배열 선언 예

```
int sum[2][3][4];
```

위의 예는 정수형 값을 저장할 수 있는 4개짜리 배열이 3줄로 나열되어 있고, 이렇게 만들어진 2차원 배열이 2층으로 쌓여 있는 형태로 3행 4열인 크기의 배열이 두 면을 갖는

3차원 배열을 선언하는 형식으로 논리적 구조는 다음과 같다.

3차원 배열의 논리적 구조와 물리적 구조를 비교해 보면 다음과 같다.

<계 논리적 구조>

[면0]

SUM(0, 0, 0)	SUM(0, 0, 1)	SUM(0, 0, 2)	SUM(0, 0, 3)
SUM(0, 1, 0)	SUM(0, 1, 1)	SUM(0, 1, 2)	SUM(0, 1, 3)
SUM(0, 2, 0)	SUM(0, 2, 1)	SUM(0, 2, 2)	SUM(0, 2, 3)

[면1]

SUM(1, 0, 0)	SUM(1, 0, 1)	SUM(1, 0, 2)	SUM(1, 0, 3)
SUM(1, 1, 0)	SUM(1, 1, 1)	SUM(1, 1, 2)	SUM(1, 1, 3)
SUM(1, 2, 0)	SUM(1, 2, 1)	SUM(1, 2, 2)	SUM(1, 2, 3)

<물리적 구조>

| ...... | SUM[0][0][0] | SUM[0][0][1] | SUM[0][0][2] | SUM[0][0][3] | SUM[0][1][0] | ...... |

물리적 구조가 1차원이므로 3차원 배열 역시 접근을 1차원으로 수행할 수 있다.

4.1 3차원 배열의 선언

3차원 배열의 선언 형식은 다음과 같다.

데이터형 배열명[면 요소의 수][행 요소의 수][열 요소의 수];

[면 요소의 수], [행 요소의 수], [열 요소의 수] 순서로 요소의 수는 생략할 수 있다. 그러나 사용되기 전에 반드시 그 크기가 결정되어야 한다. '사용되기 전'이라 함은 배열의 요소 위치에 값을 저장하거나, 저장된 값을 읽기 위해 접근하는 경우이다.

```
int a[2][2][2]; // 면, 행, 열의 요소의 수를 모두 결정한 선언
int a[ ][2][2]; // 행, 열의 요소의 수를 결정하고 면의 요소 수를 결정하지 않는 선언
int a[ ][ ][2];  // 열의 요소의 수를 결정하고 면, 행의 요소 수를 결정하지 않는 선언
int a[ ][ ][ ];   // 모든 면, 행, 열의 요소의 수를 결정하지 않는 선언 (오류)
```

4.2 3차원 배열의 초기화

3차원 배열의 초기화 형식은 다음과 같다.

데이터형 배열명[면요소][행요소][열요소] = {초기값1, 2, ···, n};
데이터형 배열명[ ][행요소][열요소]   = {초기값1, 2, ···, n};
데이터형 배열명[면요소][행요소][열요소] = {{초기값1, 2, ···, n},
                                         {초기값1, 2, ···, n}};

[실습] ex_09-05.c : 3차원 배열

```
01: #include <stdio.h>
02: #include <stdlib.h>
03:
04: int main(void) {
05:     static int a[][2][2]={1, 11, 21, 31, 41, 51, 61, 71};
06:     int i, j, k;
07:
08:     for(i=0; i<2; i++)
09:             for(j=0; j<2; j++)
10:                     for(k=0; k<2; k++)
11:                             printf("a[%d][%d][%d] = [%d]\n", i, j, k, a[i][j][k]);
12:
13:     return EXIT_SUCCESS;
14: }
```

배열 변수를 선언하면서 가변 크기로 면의 개수를 확정하기 위하여 초기값을 지정하였다. 면의 개수가 확정되어 08번 행부터 10번 행까지의 반복문으로 배열 요소의 값에 접근한다.

```
 int main(void) {
     static int a[][2][2]={1, 11, 21, 31, 41, 51, 61, 71};
     int i, j, k;          ⓘ (near initialization for 'a[0]') [-Wmissing-braces]
                                                      Press  F2  for focus
```

초기값을 지정할 때 행, 열을 구분하지 않으면 경고 메시지가 나온다. 경고문이 보기 싫다면 다음과 같이 구분해 주어야 한다.

05: static int a[][2][2] = { { {1, 11}, {21, 31} }, { {41, 51}, {61, 71} } };

면, 행, 열을 중괄호, 즉 블록으로 꼼꼼히 묶어야 한다는 경고문이다. 다소 가독성이 떨어지는 단점이 있다.

이럴 때 다음과 같이 줄을 바꿈을 이용하여 가독성을 높일 수 있다.

```
05: static int a[][2][2]={
                    { {1, 11}, {21, 31} },
                    { {41, 51}, {61, 71} }
            };
```

```
Problems  Properties  Console ☒       ✖ ※ | ▣ ▦ ▦ ▦ | ▫ ▫ ▾ ▫ ▾ ▭ ▭
<terminated> Ex_09-05.exe [C/C++ Application] C:\Users\GwiBong\workspace\Ex_09-05\Debug\Ex_09-05.exe
a[0][0][0] = [1]
a[0][0][1] = [11]
a[0][1][0] = [21]
a[0][1][1] = [31]
a[1][0][0] = [41]
a[1][0][1] = [51]
a[1][1][0] = [61]
a[1][1][1] = [71]
```

배열의 그림을 그리고 반복문을 따라 하나씩 확인해 보는 수고를 아끼지 않으면 이해가 **빠를** 것이다.

C/C++의 배열 선언에서 3차원 이상의 다차원은 '[ ]'를 계속 나열하면 선언이 된다. 그러나 필자는 4차원 배열의 구조를 설명할 시원한 방법을 찾지 못하였다. 다만 선언 방법은 다음과 같다.

```
char a[2][3][4][5];          // 4차원 배열
char a[2][3][4][5][2];       // 5차원 배열
...
char a[2]...[n];             // n차원 배열
```

CPU 연산의 효율성과 자원의 한계를 생각하여 3차원 이상의 배열은 권장하지 않는다.

Tip 간단하게 배열 초기화하기

배열을 초기화하기 위하여 for 문장을 사용하는 것은 아무래도 프로그램이 복잡해 보일 수 있다. 이러한 불편을 해소하기 위하여 C/C++에서 준비해둔 함수를 소개한다.

```
포함 파일 : mem.h
함수 원형 : void *memset(void *s, int c, size_t n)
memset(array, '\0', sizeof(array));
```

이 함수는 배열이나 구조체 등이 점유한 메모리상의 영역 s에 c의 값으로 n개만큼 채운다.

함수 사용	반복문 사용
char array[SIZE]; memset(array, '\0', sizeof(array));	char array[SIZE]; int i; for(i=0; i<SIZE; i++) array[i] = '\0';

int array[SIZE];
 	
memset(array, 0, sizeof(array));
	int i, array[SIZE];
	
	for(i=0; i<SIZE; i++)
	    array[i] = 0;

위 두 가지 방법의 효과는 같다.

메모리에 접근하여 배열을 다루는 유용한 함수 몇 가지를 추가로 소개하고자 한다. 이 함들의 원형은 헤더 파일 "mem.h"에 정의되어 있으므로 사용하기 위해서는 #include 〈mem.h〉 문장을 추가해야 한다.

① void *memccpy(void *dest, const *src, int c, size_t n);
　　src의 내용을 dest로 n개만큼 복사한다. 단 c를 만나면 복사를 중지한다.
　　n이 src의 크기보다 크면 dest가 파괴될 수 있다.
　　반환값으로는 복사에 성공하면 0을 void *에 저장하고, 실패하면 복사가 중지된
　　위치+1의 값을 void *에 저장한다.

② void *memcpy(void *dest, const void *src, size_t n);
　　src의 내용을 dest로 n개만큼 복사한다.
　　n이 src의 크기보다 크면 dest가 파괴될 수 있다.
　　반환값으로는 복사에 성공하면 0을 void *에 저장하고, 실패하면 복사가 중지된
　　위치+1의 값을 void *에 저장한다.

③ void *memchr(const void *src, int c, size_t n);
　　src 위치부터 n개 바이트 범위 내에 있는 문자 c를 찾는다.
　　c와 일치하는 값이 있다면 위치의 주소를 리턴하고 일치하는 값을 못 찾으면
　　NULL을 반환한다.

④ void *memcmp(const void *s1, const void *s2, size_t n);
　　s1과 s2를 비교한다. 부호 없는 값으로 처리하므로 음수가 큰 것으로 판단한다.
　　s1<s2이면 음수를 반환한다. s1=S2이면 0을 반환한다. s1>s2이면 양수를 반환
　　한다.
　　유사한 함수로 문자열만 비교하는 strcmp(const char *1, const char *s2);가
　　있다.

⑤ void *memmove(void *dest, const void *src, size_t n);
src의 내용을 dest에 n개만큼 복사한다.
n이 src보다 크더라도 dest는 파괴되지 않는다.
반환값은 복사가 성공하면 dest의 주소를, 실패하면 NULL을 반환한다.
memcpy는 대상 메모리가 파괴 될 수 있지만 memmove는 dest가 파괴되지 않는다.

05 함수와 배열

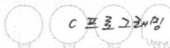

함수의 인수로 사용하는 변수에는 배열 요소를 사용할 수 있다. 이는 배열의 요소의 값을 인수로 사용하거나 또는 배열 자체를 함수의 인수로 사용할 수 있다는 의미이다. 호출 함수의 인수로 사용하는 변수는 배열의 이름을 사용하고, 수행 함수의 인수로 사용하는 배열은 호출 함수의 배열과 같은 차원의 배열로 선언하여야 한다.

아래와 같이 배열의 첫 번째 요소의 수를 나타내는 크기는 빈칸으로 표시할 수 있다. 즉, C/C++에서 가변 크기의 배열을 선언하고 사용할 수 있는 몇 안 되는 방법이다. 배열 변수의 크기를 지정할 경우는 호출 함수의 인수로 사용되는 배열 변수의 크기와 동일해야 수행 오류를 만나지 않는다.

수행함수(char s[]);	// 가변 크기를 사용하는 1차원 배열을 선언하는 경우
수행함수(int a[][3]);	// 가변 크기를 사용하는 2차원 배열을 선언하는 경우
수행함수(float d[][2][4]);	// 가변 크기를 사용하는 3차원 배열을 선언하는 경우

수행 함수의 '받는 인수'로 사용하는 배열 변수는 배열의 선언과 사용법은 같지만, 초기값은 호출 함수에서 제공하는 값을 사용한다. Call By Value(CBV, 값에 의한 호출)를 사용하거나 Call By Reference(CBR, 참조에 의한 호출)를 사용하여도 초기값은 호출 함수 쪽에서 결정한다. 즉, 수행 함수에서 초기값을 지정하지 않는다.

[실습] ex_09-06.c : 배열을 인수로 전달하기

```
01: #include <stdio.h>
02: #include <stdlib.h>
03:
04: int count(char s[ ])
05: {
06:        int x=0;
07:        while(s[x] != '\0')
08:                 x++;
09:        return(x);
10: }
11:
12: int main(void)
13: {
14:        static char a[30] = "GNU C/C++ Function Reference"
15:        printf("\"%s\" => %d글자\n", a, count(a));
16:
17:        return EXIT_SUCCESS;
18: }
```

04번 행의 count( ) 함수는 수행 함수이다. 이 수행 함수의 '받는 인수'로 사용된 배열 변수 s[ ]는 크기가 결정되지 않은 상태에서 컴파일하게 된다. 실행하면 count( ) 함수를 호출하는 main( ) 함수에서 배열의 크기를 결정한다. 즉 14번 행에서 크기가 결정되었고, 15번 행에서 크기가 결정된 a[30]의 배열 변수를 보내는 인수로 전달하였다.

배열의 대표명인 a를 인수로 사용한 점은 눈여겨보아야 한다. 이는 뒤에서 다룰 포인터 변수와 연결되는 C 언어의 성격이다. 배열의 대표명은 주소값을 갖는 포인터 변수와 성격이 같다. 다만 한 가지 다른 점이 있다면 포인터 변수의 주소값은 변경이 가능하지만, 배열 대표명의 주소값은 변경할 수 없는 고정된 상수와 같은 성격을 가진다.

09번 행의 return(x); 문은 return x; 문과 같은 의미이다. 15번 행의 printf(…); 함수의 두 번째 인수인 배열의 변수 대표명인 a는 30개의 크기이지만 30개를 전부 출력하지 않는다. 배열의 대표명이 배열의 시작 주소이므로, 해당 주소부터 null 문자를 만날 때까지를 출력한다. 이를 알 수 있는 것은 배열 'a[30] = ' ';' 문장을 15번 행의 출력 문장 직전에 추가해 보면 메모리상에 존재하는 알 수 없는 값이 출력되는 것을 확인할 수 있다.

```
 Problems   Properties  Console ☒     ✖ ✖ | 🗐 🗐 🗗 🗗 | 🗗 🖳 ▾ 🗂 ▾ ▾ ▾
<terminated> ex_09-06.exe [C/C++ Application] C:\Users\GwiBong\workspace\ex_09-06\Debug\ex_09-06.exe
"GNU C/C++ Function Reference" => 28글자
```

[실습] ex_09-07.c : 히스토그램 그리기

```
01: #include <stdio.h>
02: #include <stdlib.h>
03:
04: #define SIZE 10
05:
06: int main(void)
07: {
08:        int v[SIZE] = {13, 3, 19, 17, 2, 21, 5, 11, 1, 7};
09:        int i, j;
10:
11:        printf("%7s  %5s  %s\n", "Element", "Value", "Histogram");
12:        for(i=0; i<SIZE; i++) {
13:                printf("%7d %6d  ", i, v[i]);
14:                for(j=1; j<=v[i]; j++)
15:                        printf("%c", '*');
16:                printf("\n");
17:        }
18:
19:        return EXIT_SUCCESS;
20: }
```

12번 행의 조건문을 'i<SIZE'가 아닌 'i<=SIZE'라고 정의하면 이 프로그램은 무한 반복에 빠질 위험이 있다. 즉 배열 v의 10번째를 참조하게 되는데, 이때 배열 v의 10번째는 정의되지 않은 메모리를 참조하게 되어 쓰레기 값이 정의된다. 운이 좋으면 프로그램이 잘 끝날 것이고 그렇지 않다면 무한히 반복하게 된다.

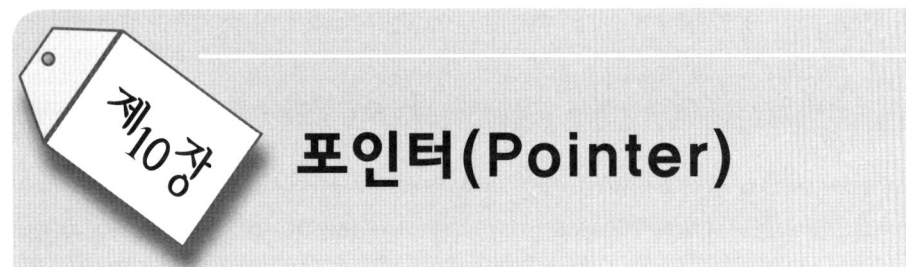

포인터(Pointer)

01 포인터(pointer) 개요

앞서 변수의 3대 구성 요소를 살펴보았다. 이러한 변수의 3대 구성 요소인 값, 주소, 이름 중에서 주소값을 저장하여 사용하며 주소를 바꾸어가면서 메모리에 저장되어 있는 값에 접근하여 읽고 쓰기를 하고자 하는 생각에서 출발하는 것이 포인터 변수이다. 즉, 값이 기억되어 있는 일반 변수의 메모리의 위치(주소, address)를 저장하는 변수를 포인터 변수라고 한다.

사무실의 어떤 위치에 책이 있고 이 책을 읽어보려고 하는 학생이 있다면 우선 책의 위치를 알고 있는 사람에게 책의 위치를 물어야 할 것이다. 그래야 빨리 찾을 수 있으니까. 이때 찾고자 하는 책의 위치는 메모리상의 위치, 즉 주소에 해당하고 이 위치를 알고 있는 사람이 포인터 변수이다. 그럼 학생은? 당연히 그 책을 읽고자 하는 처리 과정이 될 것이다. 책의 위치를 이미 알고 있다면 직접 가서 읽으면 된다. 이럴 때는 일반 변수에 해당한다. 위치를 모를 경우는 포인터에게 물어보아야 할 것이다.

포인터 변수는 **가리키는 곳이 있고 그곳의 값을 읽거나 그곳에 값을 저장할 수 있도록 도우미 역할을 하는 변수**이다. 이러한 이유로 포인터 변수는 값을 직접 가질 수 없도록 하여 메모리를 간접적으로 접근하도록 하고 있다.

포인터 변수의 크기는 그 구조가 어떻게 생겼든 간에 무조건 정수형 크기를 가진다. 컴파일러가 16비트라면 2바이트 크기의 주소값을 갖는 정수형 변수가 되고 컴파일러가 32비트를 지원한다면 4바이트 크기의 주소값을 가진다. 흠…. 64비트 컴파일러가 빨리 나온다면 포인터 변수의 힘은 더욱 강해질 것이다.

포인터 변수가 가리키는 곳의 크기는 다양하지만, **포인터 변수 자신의 크기는 정수형으로 고정되어 있다고 이해하기 바란다.**

포인터 변수의 사용에 대하여 혼선을 최대한 줄이고자 다음과 같이 몇 가지를 정리하였다.

① 포인터 변수임을 알리는 '*'는 선언문에서 사용하면 포인터 변수 선언 이외의 의미는 없다.
② 수행문에서 '*'를 사용하면 가리키는 곳의 값에 접근한다는 의미이다.
③ 포인터 변수에서 '*'를 사용하지 않으면 포인터 변수에 저장된 값 즉, 주소를 사용한다는 의미이다.
④ 포인터 변수도 메모리 공간을 할당받으므로 메모리 주소를 사용하여 저장되어 있는 값(여기서는 주소)에 접근할 수 있다.
⑤ 포인터 변수의 선언 형이 어떤 형이든 메모리의 할당 크기는 무조건 정수형이다.
⑥ 수행문에서 포인터 변수에 주소값을 저장하려고 할 때는 '*'를 사용하지 않는다.
⑦ 모든 변수의 주소를 획득할 때는 '&' 연산자를 사용한다.
⑧ 포인터 변수에 주소값이 없을 때 포인터 변수가 가리키는 곳의 값에 접근하려고 하면 메모리 접근 오류가 발생한다. 가리키는 주소가 없으므로 당연하다.
⑨ 포인터 변수는 가리키는 대상에 따라 그 형을 결정한다. 즉, int형 변수는 int형 포인터 변수가 가리키도록 해야 한다는 것이다.
⑩ 포인터 변수에 저장된 값의 증가는 형의 크기만큼 증가한다.

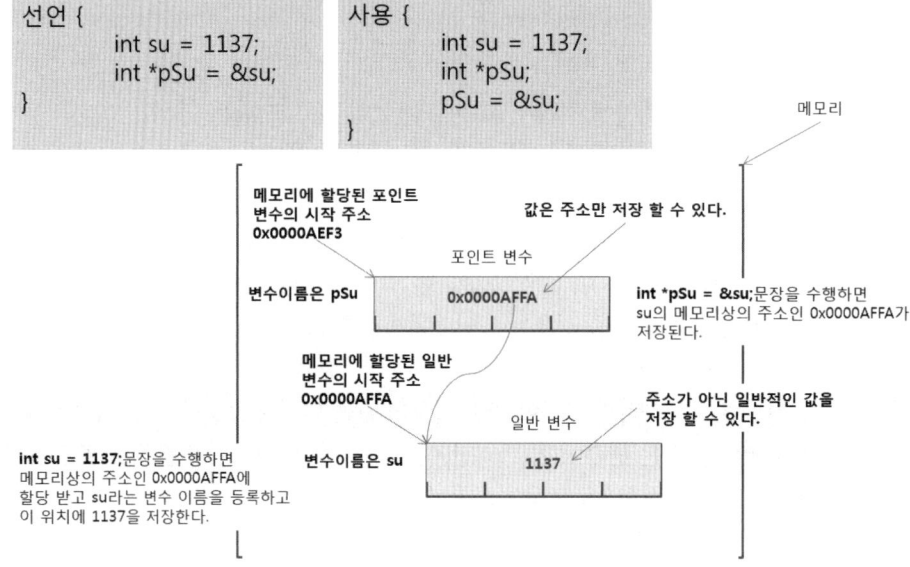

위의 선언문에서 '*'는 포인터 변수임을 인식하게 하는 것이고, 수행문에서 '*'는 가리키는 곳의 값이다. 또한, 선언문에서 초기화는 '*'가 표시되어 있지만, 수행문에서 초기화는 '*'를 사용하지 않는다. 그 이유는 '*'를 사용하면 가리키는 곳의 값이 초기화되기 때문이다.

'*'를 사용하는 위치에 따른 의미 비교

선언문	int *p = &i;	선언과 동시에 초기화하는 경우
사용문	int *p; p = &i; *p = 10;	p가 가리키는 곳 즉, i 변수에 10을 저장한다. 이 문장을 프로그램 처리 과정의 시작 값으로 설정하는 의미라면 이 또한 초기화이다.

 ## 포인터 변수의 선언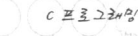

2.1 포인터 변수의 선언

자료형 *포인터변수명;

포인터를 선언할 때는 변수명 앞에 '*'를 붙이고, 자료형은 포인터 변수가 가리키는 기억 장소의 주소에 보관될 일반 변수의 데이터형을 사용한다. 포인터 변수의 선언과 동시에 값을 대입할 수도 있다.

2.2 포인터 연산자

주소 연산자(&)
간접 연산자(*)

1) 주소 연산자(address operator : &)

일반 변수로 할당되어 있는 기억 장소의 주소를 알고자 할 때 사용하는 주소 추출 연산자로 데이터를 저장하고 있는 기억 장소의 주소를 연산의 결과로 가진다.

[실습] ex_10-01.c : 주소 연산자(&)

```
01: #include <stdio.h>
02: #include <stdlib.h>
03:
04: int main(void)
05: {
06:     int a, b, c;
07:     int *sum;
08:
09:     printf("a => ");fflush(stdout);
10:     scanf("%d", &a);/* ① */
11:     printf("b => ");fflush(stdout);
12:     scanf("%d", &b);
13:
14:     c = a + b;
15:     sum = &a;
16:     printf("변수 a가 보관된 주소 = %x\n", &a+1);
17:     printf("변수 b가 보관된 주소 = %x\n", &b);
18:     printf("변수 c가 보관된 주소 = %x, c = %d\n", &c, c);
19:     printf("포인변수 sum의  주소 = %x, sum = %x sum이 가리키는 값=%d\n",
20:                                       &sum, sum, *sum);
21:
22:     return EXIT_SUCCESS;
23: }
```

변수의 메모리 할당은 선언되는 순서의 역으로 주소가 할당됨을 다음의 결과로 알 수 있다.

```
🔲 Problems 🔲 Properties 🖳 Console ☒      ✖ 🔏 | 🖳 🗗 🗗 🔛 | 🖳 ▾ 🗗 ▾ 🗂 ▾ ▾ 🔲
<terminated> ex_10-01.exe [C/C++ Application] C:\Users\GwiBong\workspace\ex_10-01\Debug\ex_10-01.exe
a => 12
b => 13
변수 a가 보관된 주소 = 28ff10
변수 b가 보관된 주소 = 28ff08
변수 c가 보관된 주소 = 28ff04, c = 25
포인변수 sum의 주소 = 28ff00, sum = 28ff0c sum이 가리키는 값=12
```

2) 간접 연산자(indirect operator : *)

포인터 변수에 저장된 데이터(주소)가 가리키는 곳의 값(내용)을 나타낼 때 사용하는 연산자이다.

포인터 변수의 예

```
int a, y, *x;
a = 10;      ①
x = &a;      ②
y = *x;
              ③
```

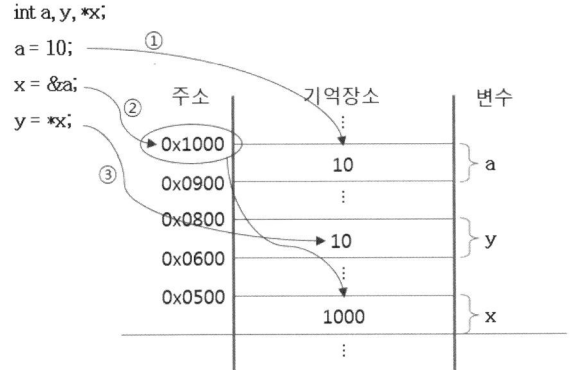

	일반 변수	**포인터 변수**
선언 형식	int sum; // sum을 int형으로 선언	int *sum; //*sum 주소의 내용이 int형임을 선언
값의 대입	sum = 123; // 변수 sum에 123을 대입	*sum = 123; // sum 주소의 내용에 123을 대입
내용	값	가리키는 대상의 주소
주소 참조	&sum // sum이 할당받은 주소	&sum // sum 자신이 할당받은 주소
주소 연산	피연산자로 사용은 가능	sum++; // 포인터(주소)를 1만큼 증가
대입	sum = 123; //sum이 갖는 값에 123을 대입	sum =123; // sum이 갖는 주소값에 123을 대입
주소 변경	&sum = &sum +1; &sum++; 등의 연산은 불가능	

[실습] ex_l0-02.c : 일반 변수와 포인터 변수

```
01: #include <stdio.h>
02: #include <stdlib.h>
03:
04: int main(void)
05: {
06:        int a, b, c;
07:        int *pa, *pb, *pc;
08:
09:        a=10, b=20, c=30;
10:        pa=&a, pb=&b, pc=&c;
11:
12:        printf("a의 주소 = %x \t a의 값 = %d\n", (unsigned int)&a, a);
13:        printf("b의 주소 = %x \t b의 값 = %d\n", (unsigned int)&b, b);
14:        printf("c의 주소 = %x \t c의 값 = %d\n", (unsigned int)&c, c);
15:        printf("\n");
16:        printf("pa의 값 = %x \t *pa의 값 = %d \t pa의 주소 = %x\n",
17:                   (unsigned int)pa, *pa, (unsigned int)&pa);
18:        printf("pb의 값 = %x \t *pb의 값 = %d \t pb의 주소 = %x\n",
19:                   (unsigned int)pb, *pb, (unsigned int)&pb);
```

```
20:        printf("pc의 값 = %x \t *pc의 값 = %d \t pc의 주소 = %x\n",
21:                    (unsigned int)pc, *pc, (unsigned int)&pc);
22:
23:        return EXIT_SUCCESS;
24: }
```

07번 행에서 사용한 '*'와 17, 19, 21번 행에서 사용한 '*'는 그 의미가 다르다. 07번 행에서 사용한 '*'는 포인터 변수를 선언하는 의미이고, 17, 19, 21번 행에서 사용된 '*'는 해당 포인터 변수가 가리키는 대상의 값에 접근하는 의미이다. 이 둘의 차이점을 명심하고 해석하면 포인터는 쉽다.

```
 Problems  Properties  Console Ⅹ       ✖ ✖ |  ▣ ▤ ▤ ▤ | ▤ ▣ ▾ ▫ ▾ ▭
<terminated> ex_10-02.exe [C/C++ Application] C:\Users\GwiBong\workspace\ex_10-02\Debug\ex_10-02.exe
a의 주소 = 28ff0c    a의 값 = 10
b의 주소 = 28ff08    b의 값 = 20
c의 주소 = 28ff04    c의 값 = 30

pa의 값 = 28ff0c    *pa의 값 = 10    pa의 주소 = 28ff00
pb의 값 = 28ff08    *pb의 값 = 20    pb의 주소 = 28fefc
pc의 값 = 28ff04    *pc의 값 = 30    pc의 주소 = 28fef8
```

03 포인터 변수의 초기화

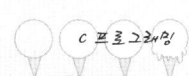
C 프로그래밍

자료형 *포인터변수명 = 초기값(주소);

---

int a;   // 변수 a를 선언한다. 메모리 할당을 받아야 성공한다.
int *p = &a;   // 포인터 변수를 선언함과 동시에 초기화하는 방법으로
                    // "int *p; p = &a;"와 동일하다.
*p = 1000;   // 포인터 변수 p는 변수 a를 가리키고 있으므로
                    // 이 수행문은 변수 a에 1000을 저장한다.

[실습] ex_10-03.c : 포인터 변수

```
01: #include <stdio.h>
02: #include <stdlib.h>
03:
04: int main(void)
05: {
06:        int a = 1, b = 2, c = 3, *p;
07:
08:        p = &a;
09:        printf(" p = &a = %x\n", (unsigned int)&a);
10:
11:        *p = 4;
12:        printf("*p = %x\n", *p);
13:
14:        p = &c;
15:        printf(" p = &c = %x\n", (unsigned int)&c);
16:
17:        *p = 5;
18:        printf("*p = %x\n", *p);
19:
20:        printf("a = %d, b = %d, c = %d\n", a, b, c);
21:
22:        return EXIT_SUCCESS;
23: }
```

06번 행에서 정수형 변수에 초기값으로 변수 a에는 1, 변수 b에는 2, 변수 c에는 3을 할당하는 변수를 선언하였다. 뒤에 있는 *p는 포인터 변수 p를 선언한 것이다.

08번 행에서 변수 a에 할당된 메모리의 주소를 포인터 변수에 대입한 것이다. 즉, 포인터 변수 p는 변수 a를 가리키게 된다. 11번 행에서 *p는 06번 행의 *p와 의미가 다르다 하였으므로 이를 해석해 보면 포인터 변수 p가 가리키는 메모리 주소에 4를 대입하라는 의미가 된다. 해당 주소는 변수 a의 주소이므로 결국 a의 값이 4로 대입되는 결과가 된다.

```
 Problems  Properties  Console
<terminated> ex_10-03.exe [C/C++ Application] C:\Users\GwiBong\workspace\ex_10-03\Debug\ex_10-03.exe
 p = &a = 28ff04
*p = 4
 p = &c = 28ff00
*p = 5
a = 4, b = 2, c = 5
```

04 포인터 변수의 연산

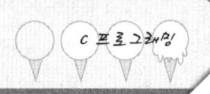

포인터 변수 선언	포인터 변수의 크기	포인터가 가리키는 대상의 크기
int *p;	정수형 크기 (주소를 정수형으로 저장하기 때문)	*p는 4바이트
char *p;		*p는 1바이트
float *p;		*p는 4바이트

즉, 포인터 변수는 가리키는 대상이 어떠한 구조와 형을 갖는지와 상관없이 자신은 정수형 크기를 갖는다.

[실습] ex_I0-04.c : 포인터 변수의 연산

```
01: #include <stdio.h>
02: #include <stdlib.h>
03:
04: int main(void)
05: {
06:         int *a;
07:         char *b;
08:
09:         a = (int *)100;
10:         b = (char *)100;
11:
12:         printf("%d\n", (unsigned int)++a);
13:         printf("%d\n", (unsigned int)++b);
14:         printf("%d\n", (unsigned int)(a += 2));
15:         printf("%d\n", (unsigned int)(b += 2));
16:
17:         return EXIT_SUCCESS;
18: }
```

포인터 변수는 대상의 이름이 없어도 데이터가 있는 곳의 주소가 저장되면 사용할 수 있다. 09번 행과 10번 행에서 포인터 변수의 초기화를 수행하였다. 이는 대상 없이 포인터 변수가 가리키는 주소를 확보하는 것과 같다. 즉 포인터 변수 a와 b에 주소값을 지정하여 대입한 것이다. '100'이 일반 변수에 저장하는 '100'이라는 상수가 아니고 명시적인 형변환 연산자를 통하여 100이라 정수를 정수형 포인터 주소값으로 변환하여 메모리의 위치를 가리키는 주소값임을 명심하여야 한다. 즉, 메모리상의 주소로 100이 되고, 100번지에는 정수값을 저장해야 한다는 의미이다.

(unsigned int)를 사용한 것은 변수 a와 b가 포인터형 변수이고 "%d"는 정수형 출력으로 서로 형이 맞지 않아 생기는 경고문을 제거하기 위함이다.

포인터 변수를 앞서 정의한 원칙을 끝까지 흔들림 없이 의심하지 말고 믿고 해석하자.

12번 행에서 '104'가 출력되는 것은 대상 주소의 자료형이 정수형으로 주소를 '1' 증가하는 것은 실제 주소에서 정수형의 크기인 '4' 바이트가 증가한 주소값이 되므로 '104'가 출력된 것이다.

13번 행의 포인터 변수 'b'는 'char *'형이므로 대상의 크기가 '1 바이트'이다. 따라서 포인터 증가는 char형의 크기인 '1'씩 증가한다.

 이중, 삼중 포인터 변수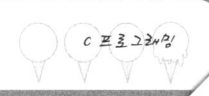

자료형 **포인터변수명; /* 이중 포인터 변수 */

---

int **p;의 선언은 포인터 변수 p가 가리키는 대상이 포인터 변수임을 표현하는 이중 포인터 변수이다. 이렇게 이중, 삼중, 사중으로 포인터 변수를 사용할 수 있지만, 일반적으로 이중 포인터까지만 권고하고 있다.

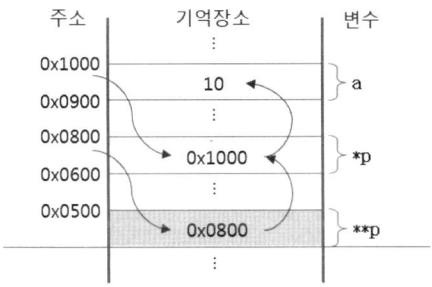

변수 a는 10이라는 값을 저장하고 메모리상의 주소가 0x1000이다. *p는 포인터 변수로 a의 주소 0x1000을 값으로 저장하고 자신의 메모리상의 주소는 0x0800이다.

**p는 이중 포인터 변수로 포인터 변수를 가리킬 때 사용한다. **p는 값으로 *p의 주소 0x0800을 저장하고 자신의 메모리상의 주소는 0x500이 된다. 사용문에서 **p를 사용하면 가지고 있는 값인 0x0800 주소로 넘어간다. 이곳은 다시 주소 0x1000을 가지고 있는 *p 변수이다. *p가 가리키는 곳 0x1000으로 넘어가면 변수 a의 영역이다. 이곳에 저장되어 있는 값은 10이므로 결국 **p는 a 변수의 값이 저장되어 있는 메모리상의 주소에 접근하게 된다.

[실습] ex_l0-05.c : 이중 포인터 변수

```
01: #include <stdio.h>
02: #include <stdlib.h>
03:
04: int main(void) {
05:        int k, *p, **q;
06:
07:        k = 10;
08:        printf("k = %x, &k = %x\n", k, (unsigned int)&k);
09:
10:        p = &k;
11:        printf("p = &k = %x, &p = %x\n", (unsigned int)p, (unsigned int)&p);
12:
13:        q = &p;
14:        printf("q = &p = %x, &q = %x\n", (unsigned int)q, (unsigned int)&q);
15:
16:        printf("**q = %x\n", **q);
17:
18:        return EXIT_SUCCESS;
19: }
```

06번 행의 '**q'는 이중 포인터 변수이다. 이 변수가 가리키는 대상은 포인터 변수가 되어야 한다. 08번 행에서는 일반 변수 'k'에 저장된 값과 메모리에 할당된 주소를 출력하는 것이고, 11번 행에서는 포인터 변수 'p'가 일반 변수 'k'의 주소를 가지므로 08번 행에서 출력된 &k와 같은 값을 출력하고 포인터 변수 자신이 메모리에 할당된 주소를 출력한다.

14번 행에서는 이중 포인터 변수 'q'가 포인터 변수 'p'의 주소를 가지는 것을 알 수 있는 출력이고 이중 포인터 자신의 메모리 할당 주소를 출력하였다. 16번 행의 출력 결과가 '**q = a'인 것은 07번 행에서 변수 k에 10을 대입하였기 때문이다. 십진수 10을 "%x" 형식을 사용하여 16진수로 출력하면 'a'가 된다. 즉, '%x'는 16진수로 저장된 값을 출력하라는 의미이다.

```
 Problems  Properties  Console ⊠       ✳ ✖ ✖ | □ □ | □ □ □ | ⬦ □ ▾ □ ▾ ▫ □
<terminated> ex_10-05.exe [C/C++ Application] C:￦Users￦GwiBong￦workspace￦ex_10-05￦Debug￦ex_10-05.exe
k = a,  &k = 28ff0c
p = &k = 28ff0c,  &p = 28ff08
q = &p = 28ff08,  &q = 28ff04
**q = a
```

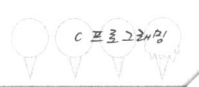

06 포인터 배열

포인터 배열이란 포인터 변수를 배열로 선언하여 사용하는 것을 말한다. 포인터 변수도 변수이므로 배열로 선언할 수 있다. 이 포인터 배열은 각 배역의 원소가 포인터 변수로 구성되어 각각 가리키는 값이 다를 수 있다.

6.1 포인터와 1차원 배열

자료형 *포인터변수명[크기];

---

1) 배열과 포인터의 관계

'int a[5];'로 선언된 경우를 다음 그림을 통하여 살펴본다.

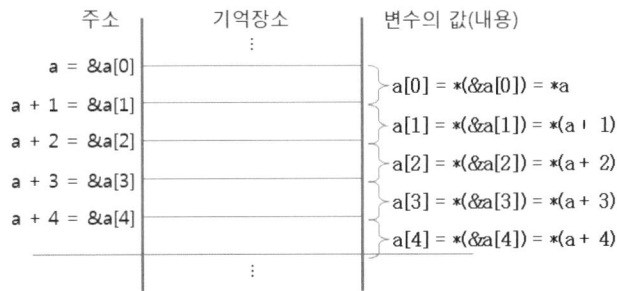

여기서 a는 배열의 대표명이고 a[0]은 배열 a의 첫 번째 원소이다.

'a[0] = *(&a[0]) = *a'의 경우 a[0]는 a[0]의 주소가 가리키는 값(*(&a[0]))으로 포인터로 표시하면 *a와 같다는 의미이다.

'a[1] = *(&a[1]) = *(a +1)'의 경우는 배열의 원소 a[1]은 a[1]의 주소가 가리키는 곳의 값(*(&a[1]))이고 *(a + 1)과 같다는 의미이다. 여기서 (a + 1)은 배열의 원소의 크기만 큼 한 번 더 증가한다는 의미이다. 배열의 형이 int형이므로 +1은 int형의 크기만큼 하나 더 이동하니까 a에서 1이 증가한 위치, 즉 a[1]이 된다. 이후의 증가하는 방법은 이와 동 일하다.

[실습] ex_l0-06.c : 배열 요소의 참조

```
01: #include <stdio.h>
02: #include <stdlib.h>
03:
04: int main(void)
05: {
06:         int a[5]={1, 2, 3, 4, 5};
07:         int i, *p;
08:
09:         p = a;
10:         for(i = 0; i <= 4; i++) {
11:                 printf("*(p+%d) = %d", i, *(p+i));
12:                 printf(" p+%d  = %x \n", i, p+i);
13:         }
14:
15:         return EXIT_SUCCESS;
16: }
```

09번 행에서 포인터 변수 'p'에 배열 a의 대표명을 주소연산자를 사용하지 않고 대입한 것은 배열의 대표명이 주소를 갖고 있기 때문이다. 동일한 결과를 얻을 수 있는 다른 표 현법은 'p = &a[0];'가 된다. 이는 배열의 대표명이 배열의 첫 번째 요소의 주소와 같은 값을 갖기 때문이다.

선언된 배열의 크기를 넘는 첨자를 사용할 수 있는 C/C++ 언어의 맹점을 살펴보자. 일 반적인 배열의 첨자에서는 컴파일 오류, 또는 비정상적인 메모리 접근으로 프로그램이 동작을 멈추지만, 포인터 연산을 사용하면 컴파일 단계에서 오류는 발생하지 않는 특수 한 경우이다.

```
int  a[5];
a[5] = 1;
```

	a[0]	a[1]	a[2]	a[3]	a[4]	?	?	
......								......

5개의 int형 데이터 영역이 배열 'a'에 할당된다. 뒤의 '?' 부분은 다른 용도(다른 변수 영역 등)로 사용되기 때문에, 'a[5] = 1;'은 다른 용도로 사용되는 영역에 값을 임의로 쓰기를 시도하는 것으로 다른 변수가 의도하는 값을 훼방 놓는 위험한 문장으로 오류를 발생시킨다. 의도가 오동작이 목적이라면 사용해도 좋을 것이다. 그러나 똑똑한 컴파일러는 실행 프로그램을 만들지 않을 것이다.

[실습] ex_10-07.c : 배열의 범위를 벗어난 요소의 참조
```
01: #include <stdio.h>
02: #include <stdlib.h>
03:
04: int main(void)
05: {
06:         int a[5]={1, 2, 3, 4, 5};
07:         int i, *p;
08:
09:         p = a;
10:         for(i=0; i<=5; i++) {
11:                 printf("*(p+%d) = %d", i, *(p+i));
12:                 printf("  p+%d  = %x \n", i, (unsigned int)p+i);
13:         }
14:
15:         return EXIT_SUCCESS;
16: }
```

배열 변수 a의 주소를 포인터 변수에 대입하고 포인터 변수의 주소값을 변경할 경우 배열의 범위를 넘어가는 현상을 보기 위한 코드이다. 10번 행에서 반복문의 조건 값을 5보다 작거나 같을 때까지 반복하도록 하였으니 0에서 4까지는 문제가 없다. 그러나 반복문의 변수 i의 값이 5가 되는 경우를 살펴보기 바란다. 컴파일 오류는 없다. 그러나 실행을 하면 배열의 첨자가 5가 되는 여섯 번째 값이 이상하게 출력됨을 알 수 있다.

```
Problems  Properties  Console
<terminated> ex_10-07.exe [C/C++ Application] C:\Users\GwiBong\workspace\ex_10-07\Debug\ex_10-07.exe
*(p+0)  = 1    p+0  = 28fee4
*(p+1)  = 2    p+1  = 28fee5
*(p+2)  = 3    p+2  = 28fee6
*(p+3)  = 4    p+3  = 28fee7
*(p+4)  = 5    p+4  = 28fee8
*(p+5)  = 2686692  p+5  = 28fee9
```

메모리 주소 0x28fee9 번지는 어떤 변수가 사용하고 있는지 또는 어떤 프로세스에 의한 동작 값을 저장하고 있는지, 사용하지 않는 과거의 잔재물인지를 알 수 없다. 우리는 이 러한 값을 쓰레기 값이라고 부르며 가비지(garbage) 데이터라고 한다. 지금은 읽기만 하였기에 실행의 안전성에 문제가 발생하지 않았지만 만약에 쓰기를 했다면 그 결과는 장담할 수 없다. 배열 변수를 포인터로 바꾸어 사용할 때 명심해야 할 것이 프로그래머 스스로 배열의 범위를 제한하여야 한다.

6.2 포인터와 2차원 배열

```
int b[2][3];
int *p;
p = b;              // "p = &b[0][0];"와 동일한 의미
```

2차원 배열, 3차원 배열, …, n차원 배열 모두 물리적으로 1차원적인 메모리 맵에 대응하여 할당되므로 1차원 배열과 동일한 접근이 가능하다. 1차원 배열로 분해하여 보면 행하나하나가 1차원 배열이고, 이러한 행이 모여서 2차원 배열이 되는 것이다.

2차원 배열에서는 행의 대표명이 주소를 갖는 것으로 1차원 배열의 대표명과 같은 역할을 한다. 이러한 행의 대표 명을 다시 묶어 이를 대표하는 2차원 배열의 대표명 역시 주소값을 갖는 배열 변수가 된다.

2차원 배열의 대표명은 각 행에 접근할 수 있는 주소 정보를 가지며 각 행의 배열 대표명은 배열의 각 행을 구성하는 원소에 접근할 수 있도록 정보를 갖는다.

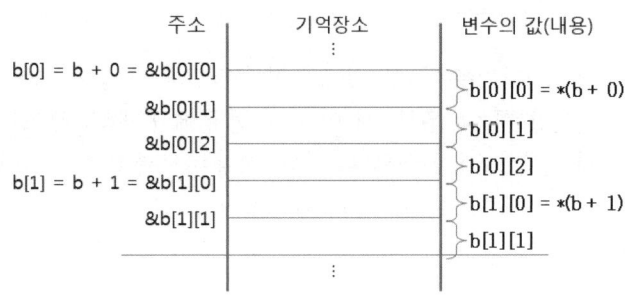

[실습] ex_10-08.c : 포인터와 2차원 배열

```
01: #include <stdio.h>
02: #include <stdlib.h>
03:
04: int main(void)
05: {
06:     static int a[][3]={ {1,2,3}, {4,5,6}, {7,8,9}, {10,11,12} };
07:     int k, *p;
08:
09:     p = a[2];
10:     for(k=0; k<4; k++)
11:             printf("a[2][%d] = %d\n", k, *(p+k));
12:
13:     return EXIT_SUCCESS;
14: }
```

06번 행에서 선언한 정수형 배열 a는 행의 값이 가변으로 선언하였지만, 초기값에 의해 4행으로 크기가 할당된다. 즉, 4행 3열의 배열이 잡혀 1차원적인 배열의 대표명이 4개 있다는 의미가 된다.

09번 행에서 2차원 배열의 원소인 세 번째 행의 대표명이 가지는 주소를 포인터 변수 p에 대입하였다. 포인터 변수 p를 사용하여 배열에 접근하므로 순차적인 접근 즉, 1차원 배열처럼 접근하는 방법이다.

반복문의 변수 k값이 4보다 작은 값일 때까지 반복하는 문장이니까 변수 k가 3이 되면 배열 변수 a의 세 번째 행인 a[2]가 가지는 세 개의 원소를 지나 a[3]에 있는 첫 번째 값까지 접근한다.

```
🔲 Problems 🔲 Properties 🔲 Console ⌗       ☰  ✖ 🗶 | 🗔 🗔 📭 🗖 | 🖆 🖵 ▾ 🖰 ▾ ▭ ▭
<terminated> ex_10-08.exe [C/C++ Application] C:₩Users₩GwiBong₩workspace₩ex_10-08₩Debug₩ex_10-08.exe
a[2][0] = 7
a[2][1] = 8
a[2][2] = 9
a[2][3] = 10
```

6.3 포인터 배열

포인터 배열은 배열의 원소로 포인터 변수를 갖는 것이다. 문자열을 배열로 처리하는 경우와 포인터 배열로 선언하는 경우를 비교하여 포인터 배열을 사용하는 예를 살펴보기로 하자.

다음과 같이 문자열을 배열의 원소로 갖는 배열 선언을 보자.

char juso[ ] = { "Seoul", "Kyeongki", "Bucheon"};

juso[0]	S	e	o	u	l	\0			
juso[1]	K	y	e	o	n	g	k	i	\0
juso[2]	B	u	c	h	e	o	n	\0	

배열 선언은 가장 긴 문자열을 기준으로 하여 정방형 크기로 메모리를 할당하여 각 행의 길이가 고정 길이로 설정되어 사용하지 않는 부분은 메모리 낭비가 발생한다.

char *pJuso[] = { "Seoul", "Kyeongki", "Bucheon"};

*pJuso[0]	S	e	o	u	l	\0			
*pJuso[1]	K	y	e	o	n	g	k	i	\0
*pJuso[2]	B	u	c	h	e	o	n	\0	

포인터를 사용하면 1차원 배열의 크기는 실제 설정되는 값의 크기만 할당하므로 고정길이가 아니므로 메모리를 절약할 수 있다.

[실습] ex_10-09.c : 포인터와 문자열

```
01: #include <stdio.h>
02: #include <stdlib.h>
03:
04: int main(void) {
05:       static char a[ ] = "Seoul";
06:       char *p;
07:       int i;
08:
09:       p = a;
10:       for(i = 0; i < sizeof(a) - 1; i++) {
11:              printf("*(p + %d) => %c \t", i, *(p + i));
12:              printf("p[%d] => %c \t", i, p[i]);
13:              printf("a[%d] => %c \n", i, a[i]);
14:       }
15:
16:       return EXIT_SUCCESS;
17: }
```

10번 행에서 배열 변수 a의 크기를 구하기 위해 sizeof(a); 함수를 호출하였다. 05번 행의 초기화 과정에서 문자열의 글자 수가 변동이 있거나 글자 수를 가늠할 수 없을 때 유용하게 사용할 수 있다. sizeof( ) 함수는 배열 변수의 크기를 구할 때 실제 할당된 메모리의 크기를 반환하므로, 위의 경우에서는 '문자 수 + 마지막 NULL 문자'의 결과인 '6'이 나온다. 실제 배열에 있는 문자는 5자이고 배열의 첨자는 '0'에서 출발하므로 '0, 1, 2, 3, 4'의 다섯 개가 된다. 즉 '5'보다 작은 경우의 조건을 설정해야 하므로 'sizeof(a) - 1' 을 하여 첨자의 범위를 제한하여야 한다.

11번 행의 '*(p + i)'는 포인터 변수가 가지고 있는 주소값을 변수 i의 값만큼 이동하여 그 곳에 있는 주소값이 가리키는 위치의 값에 접근한다는 의미이다.

12번 행의 'p[i]'는 포인터 변수를 배열을 사용하는 형식으로 접근한다는 의미로 14번 행의 결과와 같은 것을 알 수 있다. 11번 행의 'p+i'과 12번 행의 'p[i]'의 차이점은 앞서 언급한 바와 같이 배열의 접근은 첨자가 배열의 크기를 벗어날 수 없지만, 포인터는 배열의 크기를 벗어나는 첨자를 사용하여 배열 범위 밖의 메모리 접근이 가능하다는 것이다. 이러한 접근은 최대한 하지 않는 것이 좋다는 권고안이 전부이다. 프로그래머가 임의로 접근을 시도하는 것 자체를 막을 수 없다.

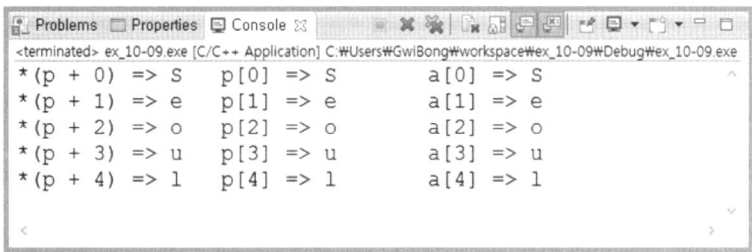

[실습] ex_I0-I0.c : 문자열의 연결

```
01: #include <stdio.h>
02: #include <stdlib.h>
03:
04: void link(char s[], char t[]);
05:
06: int main(void)
07: {
08:     char a[50], b[25];
09:
10:     printf("문자열 입력 => "), fflush(stdout), gets(a);
11:     printf("문자열 입력 => "), fflush(stdout), gets(b);
12:
13:     link(a, b);
14:
15:     printf("문자열 연결 => "), puts(a);
16:     return EXIT_SUCCESS;
17: }
18:
19: void link(char s[], char t[])
20: {
21:     int i, j;
22:
23:     for(i = 0; s[i]; i++);
24:     for(j = 0; t[j] != '\0' s[i] = t[j], i++, j++);
25:     s[i] = '\0';
26: }
```

10번 행과 11번 행의 gets( ) 함수에 배열의 대표명을 사용한 것은 gets( ) 함수의 원형이 주소를 전달받기 때문이다.

13번 행에서 호출하는 사용자 정의 함수인 link( ) 함수는 배열의 대표명을 보내는 인수로 사용하였다. 이 함수의 함수 원형이 앞서 04번 행에서 선언되어 있으므로 호출할 수 있다. 19번 행부터 26번 행까지는 수행 함수를 구현하였다.

23번 행의 반복문은 전달받은 배열 s에서 문자가 저장되어 있는 마지막 위치를 찾고자 함이다. 23번 행의 반복문에서 문자열의 끝인 Null('\0') 문자를 만나면 반복문은 종료하게 되며 이때까지 증가한 변수 'i'의 값은 다음 24번 문장에서 배열 변수 s의 첨자로 사용된다.

수행 함수의 두 번째 인수인 배열 t[ ]는 첨자로 변수 j를 사용하여 문자열을 탐색한다. 23번 행에서 증가한 변수 i의 값을 배열 변수 s의 문자열 이후 부분에 값을 넣기 위한 변수로 사용하고, 변수 j는 배열 변수 t의 첫 글자부터 Null('\0') 문자까지 탐색하여 배열 변수 s에 저장한다. 이렇게 하면 따로 입력한 두 개의 문자열을 각각 담고 있는 배열 변수 s의 문자열 뒤에 배열 변수 t의 값을 저장함으로써 두 문자열을 결합하여 배열 변수 s에 저장되는 효과를 얻을 수 있다.

25번 행은 문자열의 끝을 알리기 위함으로 결합된 문자열의 마지막 위치를 가지고 있는 변수 i를 이용하여 배열 s[i] 위치에 Null('\0') 문자를 저장하여 불필요한 값을 읽을 수 있는 경우를 사전에 차단한다. 이는 배열 변수 s와 t를 Null('\0')로 초기화하지 않아서 발생할 수 있는 메모리상의 쓰레기 값 출력을 사전에 방지할 수 있다. 사소하게 보이는 문장이지만 경험이 적은 프로그래머라면 눈여겨보아야 할 코딩 기법이다.

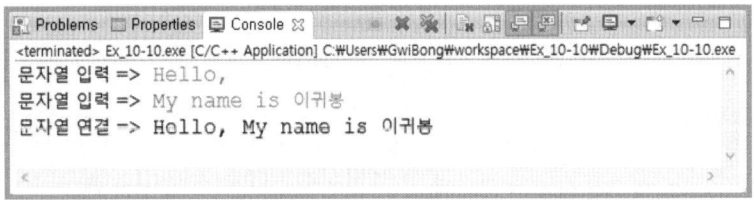

첫 번째 입력에서 "Hello, "를 입력한 결과이다. 빈칸의 여백을 첫 입력에서 감안하였지만, 입력에서 문장의 띄어쓰기가 되도록 요구하는 것보다는 프로그램에서 띄어쓰기가 적용될 수 있도록 하는 것이 사용자를 배려하는 좋은 방법이다.

07 참조에 의한 함수 호출

C/C++에서 함수 간의 인수 전달 방법은 기본적으로 Call By Value(값에 의한 호출) 기법을 사용하나, 포인터를 이용하면 참조에 의한 호출(Call By Reference) 기법으로 인수를 전달할 수 있다. 참조에 의한 호출의 장점은 대량의 데이터를 전달할 때 확실한 메모리 절약 효과를 거둘 수 있다.

다음의 두 변수의 값을 교환하는 기능의 swap( ) 함수를 비교하여 보자.

[실습] ex_10-11.c, ex_10-12.c : call by reference와 call by value의 비교

ex_10-11.c call by reference	ex_10-12.c call by value
01: #include \<stdio.h\>	01: #include \<stdio.h\>
02: #include \<stdlib.h\>	02: #include \<stdlib.h\>
03:	03:
04: void swap(int *, int *);	04: void swap(int, int);
05:	05:
06: int main(void)	06: int main(void)
07: {	07: {
08: int a=10, b=20;	08: int a=10, b=20;
09:	09:
10: swap(&a, &b);	10: swap(a, b);
11: printf("a = %d, b = %d\n", a, b);	11: printf("a = %d, b = %d\n", a, b);
12:	12:
13: return EXIT_SUCCESS;	13: return EXIT_SUCCESS;
14: }	14: }
15:	15:
16: void swap(int *x, int *y)	16: void swap(int x, int y)
17: {	17: {
18: int temp;	18: int temp;
19:	19:
20: temp = *x;	20: temp = x;
21: *x = *y;	21: x = y;
22: *y = temp;	22: y = temp;
23: }	23: }

ex_10-11.c에서는 변수 a와 b의 값이 바뀌지만, ex_10-12.c에서는 변수 a와 b의 값이 서로 바뀌지 않는다. 그 이유는 ex_10-11.c에서는 변수 a와 b에 할당된 메모리의 주소를 swap( ) 함수에 넘겨주고 대상의 주소를 기준으로 값을 변경하였지만, ex_10-12.c에서는 값 자체를 swap( ) 함수에 전달하고 값을 받은 변수 x와 y의 값을 서로 바꾸었기 때문이다.

즉, main( ) 함수의 변수 a와 b를 바꾸는 것이 아닌 swap( ) 함수의 변수 x와 y를 바꾼
결과이기 때문에 main( ) 함수의 변수 a와 b는 서로 바뀌지 않는 것이다.

포인터를 호출 함수와 수행 함수에 적용한 실행 결과

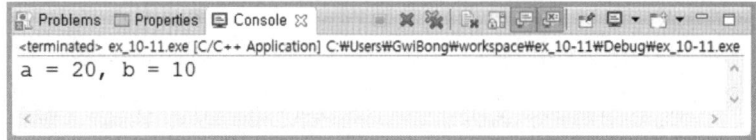

물론 swap( ) 함수는 함수의 반환값이 없다. 두 프로그램 모두 값을 반환하지 않고 사용
하였다. 그럼에도 포인터를 사용할 때는 main( ) 함수의 변수 a와 b가 바뀌는 것이다.

포인터를 호출 함수와 수행 함수에 적용하지 않은 실행 결과

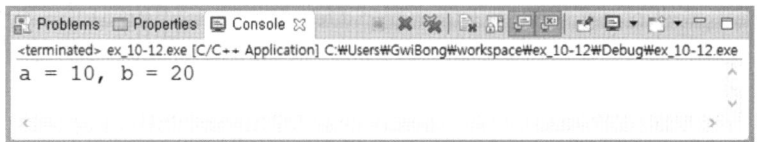

위의 두 프로그램의 결과에서 보듯이 메모리의 주소에 접근한다는 것은 대단히 큰 매력
이 아닐 수 없다. 여기서 소개한 swap( ) 함수는 유용하게 사용할 수 있는 유명한 코드이
므로 기억해두는 것이 좋다.

호출 함수	수행 함수

void main( )
{
  int a[10];
  ⋮
  abc(a);
  ⋮
}
	void abc(int *pa)
	{
	  ⋮
	  *(pa+i);
	  ⋮
	}
	
	void abc(int pa[ ])
	{
	  ⋮
	  pa[i];
	  ⋮
	}

수행 함수 abc( )의 인수가 포인터일 경우는 배열 메모리 접근을 포인터 주소의 증감 연
산으로 할 수 있지만, 배열이면 첨자를 사용하여야 한다.

[실습] ex_10-13.c : Call By Reference(문자열)

```
01: #include <stdio.h>
02: #include <stdlib.h>
03:
04: void abc(char *p)
05: {
06:         printf("%s\n", p);
07: }
08:
09: int main(void)
10: {
11:         static char s[ ]="ABCDEFGHIJK"
12:         int n;
13:
14:         for(n=0; n<=10; n++)
15:                 abc(&s[n]);
16:
17:         return EXIT_SUCCESS;
18: }
```

11번 행에서 배열 변수 s를 선언하고 초기값으로 문자열 "ABCDEFGHIJK"를 지정하였다. 14번 행에서 반복문의 첨자를 0에서 9까지 증가시키고 배열 변수의 각 원소의 주소를 수행 함수인 abc( ) 함수에 전달하여 실행하였다.

배열 항목의 주소를 제공하는 경우 수행 함수에서 해당 메모리를 참조하여 문자열의 끝까지 출력하도록 abc( ) 함수가 구현되어 있으므로 결과는 문자열의 앞쪽부터 하나씩 제거되어 출력하는 결과가 나오는 것이다.

06번 행의 출력문에서 "%s"는 문자열 출력으로 이는 시작 문자부터 문자열의 끝, 즉 널('NULL', '\0')을 만날 때까지 출력한다는 의미이다.

```
Problems  Properties  Console
<terminated> ex_10-13.exe [C/C++ Application] C:\Users\GwiBong\workspace\ex_10-13\Debug\ex_10-13.exe
ABCDEFGHIJK
BCDEFGHIJK
CDEFGHIJK
DEFGHIJK
EFGHIJK
FGHIJK
GHIJK
HIJK
IJK
JK
K
```

이 프로그램을 응용하여 볼 수 있다. 문자열 전체를 수행 함수의 인수로 전달을 하고 수행 함수에서 포인터 값을 변화시켜서 동일한 결과 값을 구현할 수 있을 것이다. main( ) 함수에 수행하던 반복문과 첨자 선언을 수행 함수로 옮긴 것이다. 즉 main( ) 함수에는 배열 변수 s의 선언과 초기값 지정, 그리고 abc(s); 함수를 호출만 하면 된다.

[실습] ex_10-14.c : call by reference(ex_10-13.c 응용)

```
01: #include <stdio.h>
02: #include <stdlib.h>
03:
04: void abc(char *p)
05: {
06:        int n;
07:
08:        for(n=0; n<=10; n++)
09:                printf("%s\n", p+n);
10: }
11:
12: int main(void)
13: {
14:        static char s[ ]="ABCDEFGHIJK"
15:
16:        abc(s);
17:
18:        return EXIT_SUCCESS;
19: }
```

ex_10-14.c는 수행 함수에서 모든 처리를 하도록 코드를 수정하였다.

08 함수 포인터 사용

다음 프로그램은 버블 정렬 프로그램을 구현한 것이다. 버블 정렬이란 인접한 데이터의 키를 비교해서 그 결과 순서화되어 있지 않으면 교환하는 방식이다. 또한, 이 프로그램은 고급 프로그래머들이 익혀야 하는 함수 포인터 호출 기법이 소개되고 있다. 자세한 설명보다는 독자의 탐구영역으로 남겨 두고자 한다.

[실습] ex_10-15.c : 데이터 정렬하기

```c
01: #include <stdio.h>
02: #include <stdlib.h>
03:
04: #define SIZE 10
05:
06: void bubble(int *, const int, int (*)(int, int));
07: int ascending(const int, const int);
08: int descending(const int, const int);
09:
10: int main(void)
11: {
12:         int a[SIZE] = {13, 3, 19, 17, 2, 21, 5, 11, 1, 7};
13:         int counter, order;
14:         printf("Enter 1 -> 오름차순 정렬 \n");
15:         printf("Enter 2 -> 내림차순 정렬 \n");
16:         printf("정렬방식 선택 : ");
17:         fflush(stdout);
18:         scanf("%d", &order);
19:
20:         printf("\n 정렬 전 데이터 \n");
21:         for(counter = 0; counter < SIZE; counter++)
22:                 printf("%4d", a[counter]);
23:
24:         if(order == 1) {
25:                 bubble(a, SIZE, ascending);
26:                 printf("\n 오름차순으로 정렬된 데이터 \n");
27:         }
28:         else {
29:                 bubble(a, SIZE, descending);
30:                 printf("\n 내림차순으로 정렬된 데이터 \n");
31:         }
32:
33:         for(counter = 0; counter < SIZE; counter++)
34:                 printf("%4d", a[counter]);
```

```
35:        printf("\n");
36:
37:        return EXIT_SUCCESS;
38: }
39:
40: void bubble(int *work, const int size, int (*compare)(int, int))
41: {
42:        int pass, count;
43:        void swap(int *, int *);
44:
45:        for(pass = 1; pass<SIZE; pass++)
46:                for(count = 0; count<SIZE-1; count++)
47:                        if((*compare)(work[count], work[count+1]))
48:                                swap(&work[count], &work[count+1]);
49: }
50:
51: void swap(int *element1, int *element2)
52: {
53:        int temp;
54:
55:        temp = *element1;
56:        *element1 = *element2;
57:        *element2 = temp;
58: }
59:
60: int ascending(const int a, const int b)
61: {
62:        return b < a;
63: }
64:
65: int descending(const int a, const int b)
66: {
67:        return b > a;
68: }
```

06번 행의 함수 원형은 버블 정렬을 수행하기 위한 함수를 정의한 것이다. 이 함수의 3
번째 인수는 함수 포인터를 호출하기 위한 인수 형식이다. 첫 번째 인수는 정렬 대상이
되는 데이터를 저장하고 있는 주소이다. 두 번째 인수는 정렬할 데이터의 개수이다. 세
번째 인수는 int (*)(int, int)이다.

세 개의 인수를 더욱 상세하게 살펴보자. 첫 번째 int는 함수 포인터를 이용하여 호출하
는 함수의 반환값이 정수형이라는 의미이다. 두 번째 (*)에는 함수 이름이 대입된다. 앞
서 말하자면 ascending이라는 함수 이름과 descending이라는 함수 이름이 대입되는 곳
이다. 세 번째 (int, int)는 함수 포인터를 이용하여 호출하는 함수의 인수가 2개의 int 형

식의 데이터라는 의미이다.

bubble( ) 함수에 들어와서 45번 행과 46번 행은 인접한 데이터에 접근하기 위하여 시계의 톱니바퀴 원리로 반복한다. 47번 행에서는 비교 결과를 확인하는 조건문이다.

(*compare)(work[count], work[count+1]) 조건문에서 앞의 (*compare)는 전달되어 온 인수의 3번째 값으로 ascending 또는 descending 값이다. 뒤따르는 (work[count], work[count+1])는 이들 호출되는 함수의 인수가 int형으로 2개에 work 배열의 현재 값과 다음 값을 전달하는 것이다. 이렇게 호출되어 되돌아오는 값은 참과 거짓 둘 중 하나만 넘어온다. 만약 참의 값이라면 swap(&work[count], &work[count+1]);를 수행한다.

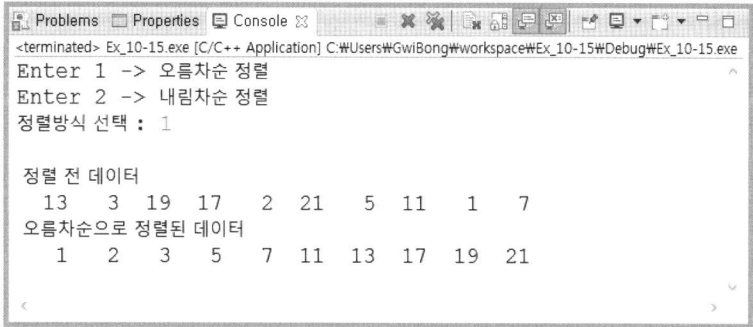

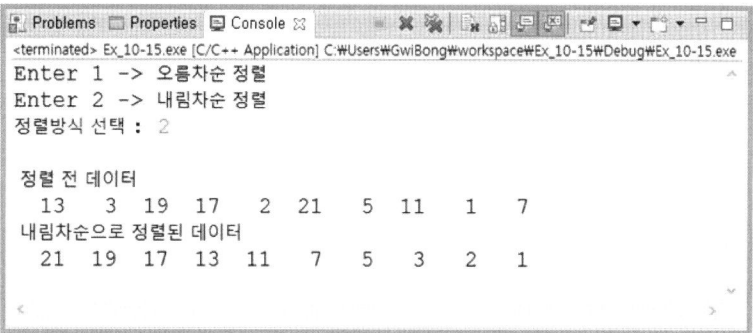

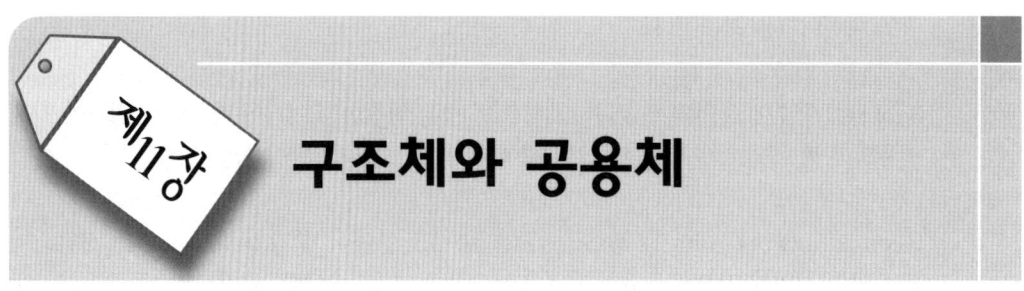

구조체와 공용체

01 개요

구조체와 공용체는 자료 표현의 유용성을 제공하는 자료 구조 형식이다.

1) 구조체

구조체는 C/C++의 서로 다른 데이터 타입의 여러 변수를 묶어서 하나의 변수처럼 사용할 수 있는 형식이다. 구조체는 C++에서 함수를 포함하여 클래스로 발전하게 된다. 객체지향 프로그래밍에서 클래스를 이해하기 가장 빠른 방법은 구조체를 이해하는 것이다.

구조체는 서로 다른 여러 가지 멤버를 묶는다 하였으므로 서로 다르거나 같은 형의 다양한 여러 개의 변수가 구조체 속에 묶여있다. 여러 개의 변수라고 하였으니 구조체 변수도 예외일 수 없으므로 당연히 포함된다. 이런 경우는 중첩 구조체에 해당한다.

2) 공용체

공용체는 구조체와 같은 서로 다른 자료형의 묶음이지만, 메모리 할당 영역을 각각의 변수들이 공유한다는 차이점이 있다.

기억장소 할당은 공용체 멤버 중에서 가장 큰 멤버의 기억장소를 할당하고 다른 변수들은 이 기억 장소를 공유함으로써 메모리 사용의 효율성을 높인다. 그러나 공용체 멤버 각각의 변수에 저장된 값의 독립성은 보장하지 않기 때문에 프로그램 설계 단계에서 신중하게 사용해야 한다.

 **구조체(struct)**

서로 다른 데이터 형(data type)이나 같은 데이터 형의 여러 변수가 모여서 구성된 데이터 구조이다. 구조체의 구성 요소(structure members)는 구조체를 구성하는 각 변수이고 이를 멤버(member)라고 부른다.

구조체의 장점은 서로 관련 있는 데이터들을 하나의 단위로 취급하여 구조체 단위로 데이터를 사용함으로써 여러 가지 데이터를 통합하여 제어하기가 쉽다.

[배열과 구조체의 비교]

배열	구조체
동질적인 자료의 집단이다.	이질적인 자료의 집단이다.
첨자를 통해서 배열의 각 요소에 접근한다.	멤버의 이름을 이용하여 각 요소에 접근한다.
고정된 크기를 갖는 테이블 등의 처리에 유용하다.	기억 장소의 할당과 반환 등의 동적인 관리가 가능하다.
기억 장소의 낭비가 심하며, 새로운 배열 원소의 삽입과 삭제가 어렵다.	기억 장소의 동적 관리 기능으로 기억 장소를 효율적으로 사용할 수 있다.

2.1 구조체의 정의와 선언

구조체를 선언하는 방법과 구조체 변수를 선언하는 방법은 사용자 편의에 따라 유연하게 사용할 수 있도록 두 가지 형태를 제공하고 있다.

1) 구조체의 형식과 변수를 동시에 선언

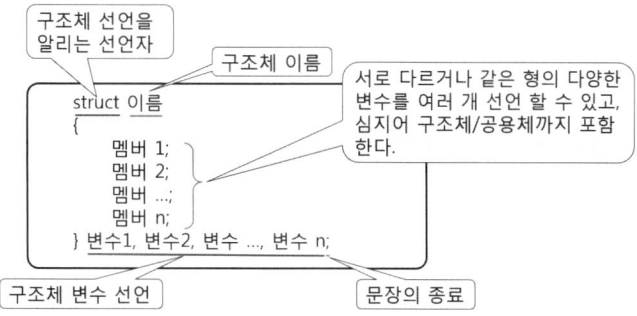

'struct'라는 키워드 바로 다음에 구조체 이름이 선언되고 멤버가 있어야 구조체라고 할 수 있다. 구조체 변수 선언은 구조체 정의와 동시에 선언할 수도 있고 나중에 따로 선언할 수도 있다.

2) 구조체의 형식과 변수를 따로 선언

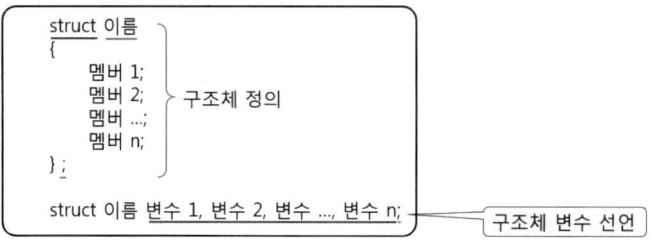

구성 요소들인 멤버 1, 멤버 2, 멤버 ..., 멤버n은 변수의 형이 서로 달라도 되고 같아도 상관이 없다. 또한, 구조체/공용체 등의 다른 집합 형태를 구성 요소로 사용할 수도 있다.

3) 구조체 멤버 접근

구조체 변수명.구성 요소명

구조체 변수명->구성 요소명

구조체 멤버를 접근하는 방법은 위의 형식처럼 두 가지로 요약할 수 있다. 다음 예제를 통하여 살펴보자

필드1 멤버1 ↓	필드2 멤버2 ↓	필드3 멤버3 ↓	필드4 멤버4 ↓	필드5 멤버5 ↓	필드6 멤버6 ↓	필드7 멤버7 ↓	
학번 hakbun	성명 irum	국어 korean	영어 english	수학 match	총점 tot	평균 avg	
20130310	이승우	90	100	95	285	95.00	레코드 1(구조체 변수1)
20130708	이승희	80	90	90	260	86.67	레코드 2(구조체 변수2)
20130807	이승원	99	80	100	279	93.60	레코드 3(구조체 변수3)
20130807	이승일	90	80	80	250	85.33	레코드 4(구조체 변수4)

위와 같은 자료를 묶음 처리를 통하여 반복적으로 입력한다고 가정하면, 다음과 같은 구조체를 정의하고 하나의 레코드에 해당하는 데이터를 사용한다.

```
struct sungjuk    /* 구조체 정의 */
{
    int         hakbun;
    char        irum[7];
    int         korean;
    int         english;
    int         match;
    int         tot;
    float       avg;
};

struct sungjuk stu_1, stu_2, *stu_3, *stu_4;  /* 구조체 변수 선언 */
```

'sungjuk'이라는 구조체 형식으로 구조체 변수 stu_1, stu_2, *stu_3, *stu4의 4개를 선언하였다. 멤버에 값을 대입하는 방법은 다음과 같다.

구조체 변수 stu_1과 stu_2는 일반 구조체로 'hakbun', 'irum', 'korean', 'english', 'match', 'tot', 'avg'의 멤버 변수가 있으므로 각 멤버에 다음과 같이 값을 대입할 수 있다.

```
stu_1.hakbun = 20120310;
strcpy(stu_1.irum, "이승우");
stu_1.korean = 90;
stu_1.english = 100;
stu_1.match = 95;
stu_1.tot = stu_1.korean + stu_1.english + stu_1.match;
stu_1.avg = stu_1.tot / 3.0;
```

주의할 점은 C 언어의 사용문에서 배열 변수는 문자열을 직접 저장할 수 없음을 우리는 앞서 살펴보았다. 문자열을 사용문에서 배열에 저장하려고 한다면 'strcpy( )' 등의 문자열 처리와 관련한 함수를 호출하여야 한다.

*stu_3과 *stu_4는 구조체 포인터 변수이다. 역시 멤버로 'hakbun', 'irum', 'korean', 'english', 'match', 'tot', 'avg'가 있으므로 각각에 대입하는 방법은 멤버 참조 연산을 하여야 한다.

```
stu_3->hakbun = 20130807;
strcpy(stu_3->irum, "이승원");
stu_3->korean = 99;
stu_3->english = 80;
stu_3->match = 100;
stu_3->tot = stu_3->korean + stu_3->english + stu_3->match;
stu_3->avg = stu_3->tot / 3.0;
```

이후 포인터 변수 p의 구성 요소에 접근하기 위해서는 '.'(구성 요소 접근 연산자) 대신에 '->'(참조 접근 연산자)를 사용한다. 즉 'x'에 접근하기 위해서는 'p->x'의 형식으로 표현하고 구성 요소 변수 'x'에 '10'을 저장하기 위해서는 'p->x = 10;'으로 표현하면 된다.

4) 기억장소 할당

구조체 선언에 따른 기억 장소의 할당을 살펴보면 다음과 같다.

```
struct s {
     int  x;       /* 4 bytes */
     char c;       /* 1 byte */
     int  y;       /* 4 bytes */
} st;
```

구조체를 구성하는 구성 요소 각각 크기는 물리적으로 동일한 크기의 기억장소를 할당하므로 낭비되는 기억장소가 발생할 수 있다. 위와 같이 선언하면 실제 메모리 점유는 다음과 같이 3바이트가 낭비된다.

구조체 형식을 사용하여 포인터 변수를 선언하게 되면 구조체의 구성 요소를 가지는 포인터 변수가 된다. 각각의 구성 요소의 주소는 구조체 선두 주소부터 출발한다.

또한, 포인터형 구조체 변수의 크기는 일반 포인터 변수와 같이 'int'형의 크기를 벗어날 수 없다. 즉, 구조체 대상이 아무리 크더라도 주소를 사용하는 것은 동일하기 때문이다.

```
struct s *p;
p = (struct s *) malloc (5);
p = (struct s *) malloc (sizeof(struct s));
```

첫 번째 행에서 구조체 s형의 포인터 변수 p를 선언하여 int형 크기의 메모리를 할당받았지만 정작 중요한 저장 값인 주소 정보는 없는 비어 있는 구조가 된다.

두 번째 행의 메모리 할당 함수인 'malloc(5);'를 만나서 비로소 구조체 크기와 형식을 가지는 메모리 영역을 할당한다. 여기서 5는 정수형 숫자로 메모리를 할당하기 위한 크기이다. 이렇게 할당된 메모리 위치의 주소를 구조체 포인터 변수 'p'에 저장한다.

세 번째 행에서 sizeof( ) 함수를 사용한 것은 구조체에 필요한 메모리의 크기를 계산하여 할당하도록 하는 문장이다.

2.2 구조체 변수의 초기화

구조체 변수 역시 초기화하는 방법은 선언문에서 초기화하는 방법과 사용문에서 초기값을 대입하는 방법으로 초기화하여 일반 변수와 비슷한 특징을 가지고 있다.
구조체의 멤버를 기술하는 구조체 정의의 선언과 구조체 변수의 선언을 따로 구분하여 생각하기 바란다.

1) 구조체 변수 선언과 동시에 초기화

---
struct 구조체명 구조체변수명 = {초기값1, 초기값2, 초기값…, 초기값n};

초기값은 구성 요소의 순서와 개수 및 형을 고려하여, 구분하여 대입하도록 하여야 한다.

[실습] ex_11-01.c : 구조체의 예

```
01: #include <stdio.h>
02: #include <stdlib.h>
03:
04: struct sung {
05:     int bunho
06:     char *irum
07:     int jumsu
08: };
09:
10: int main(void)
11: {
12:     struct sung rec = {123, "이승우",  95};
13:
14:     printf(" 번 호     성 명   점수\n");
15:     printf("%4d%9s%6d\n", rec.bunho, rec.irum, rec.jumsu);
16:
17:     return EXIT_SUCCESS;
18: }
```

04번 행에서 08번 행까지 구조체를 정의하였다. 12번 행에서 선언된 구조체 sung를 사용하여 구조체 변수 rec을 선언하고 초기값을 지정하였다. 15번 행에서 구조체를 구성하는 멤버 변수의 값을 출력하는 프로그램이다. 문자열 관련 함수를 사용하지 않고 문자열을 대입할 수 있는 곳은 선언문밖에 없다.

17번 행의 출력 형식을 살펴보면 첫 번째 "%4d"는 4칸을 확보하고 구조체 멤버 변수 rec.bunho에 저장된 값을 확보된 위치에 정수형으로 출력하라는 의미이다. 두 번째 "%9s"와 "%6d" 역시 같은 의미이고 각 형식 사이에 빈칸이 없으므로 이어서 출력한다는 의미이다. 그럼에도 여백이 출력되는 것은 형식 지정자의 폭이 여유있게 4칸, 9칸, 6칸으로 지정되었기 때문이다.

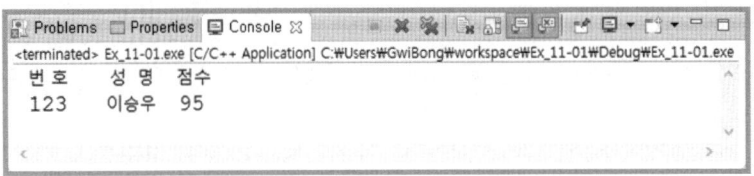

2) 구조체 정의와 동시에 구조체 변수를 선언하고 초기화

```
struct 구조체명 {
        구성 요소1 선언;
        구성 요소2 선언;
                ⋮
        구성 요소n 선언;
} 구조체 변수 = {초기값1, 초기값2, 초기값…, 초기값n};
```

구조체를 정의하고 선언하면서 구조체 변수를 지정하는 경우 초기화까지 수행할 수 있다. 초기값은 구성 요소, 즉 구조체 멤버와 순서 및 데이터 형까지 일치하여야 한다.

[실습] ex_ll-02.c : 구조체

```
01: #include <stdio.h>
02: #include <stdlib.h>
03:
04: struct rec {
05:         char name
06:         char gu
07:         int age
08: } a = {'J', 'M', 40};
09:
10: struct rec b = {'W', 'F', 31};
11: struct rec c = {'K', 'M', 29};
12:
13: int main(void)
14: {
15:         printf("a    %c    %c    %d\n", a.name, a.gu, a.age);
16:         printf("b    %c    %c    %d\n", b.name, b.gu, b.age);
17:         printf("c    %c    %c    %d\n", c.name, c.gu, c.age);
18:
19:         return EXIT_SUCCESS;
20: }
```

08번 행의 구조체 변수 a는 구조체 rec 형의 변수이다. 즉, 구조체 변수에 초기값을 'J', 'M', '40'을 지정하였다. 10번 행과 11번 행은 구조체 선언이 완료된 이후 구조체 변수로 b와 c를 선언하고 동시에 초기값을 대입하는 형태를 보여준다. 이러한 구조체 변수 a, b, c의 선언 위치가 함수 선언 외부에서 일어나고 있음은 이후 함수들에 대한 전역변수임을 알리는 것이다. 즉 main(void) 함수 입장에서 구조체 변수 a, b, c는 전역변수이다.

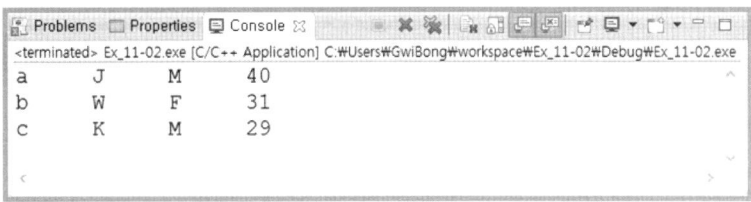

2.3 구조체와 배열(structure array)

1) 구조체 배열의 선언

선언 형식	선언 예
struct 구조체명 { 　　구성 요소1 선언; 　　구성 요소2 선언; 　　⋮ 　　구성 요소n 선언; } 배열명[ ];	struct list { 　　char name[10]; 　　char sex; 　　int age; } **man[60];**

struct 구조체명 {
　　구성 요소1 선언;
　　구성 요소2 선언;
　　⋮
　　구성 요소n 선언;
};
　　⋮
stuct 구조체명 **배열명[ ];**
	struct list {
	　　char name[10];
	　　char sex;
	　　int age;
	　　char *addr;
	}
	　　⋮
	struct list **man[60];**

2) 사용문에서 구조체 배열의 구성 요소 참조

배열명[첨자].멤버명

구조체 멤버 또한 배열이라면 접근 형식은 '배열명[ ].멤버명[ ]'이 된다.

3) 구조체 배열의 초기화

---

struct 구조체명 {
      구성 요소1 선언;
      구성 요소2 선언;
        ⋮
      구성 요소n 선언;
} **배열명[]** = { {⋯}, {⋯}, ⋯, {⋯} };

struct 구조체명 {
      구성 요소1 선언;
      구성 요소2 선언;
        ⋮
      구성 요소n 선언;
};
    ⋮
stuct 구조체명 **배열명[]** = { {⋯}, {⋯}, ⋯, {⋯} };

[실습] ex_ll-03.c : 구조체 배열

```
01: #include <stdio.h>
02: #include <stdlib.h>
03:
04: struct sungjuk {
05:         int hakbun
06:         char irum[7];
07:         int korean
08:         int english
09:         int match
10:         int tot
11:         float avg
12: };
13:
14: int main(void)
15: {
16:         int i;
17:         struct sungjuk stu[4] = {
18:                 {900310, "이승우", 90, 100, 95},
19:                 {910708, "이승희", 80,  90, 90},
20:                 {960807, "이승원", 99,  80, 100},
21:                 {960807, "이승일", 96,  80, 80}
22:         };
23:
24:         for(i=0; i<4; i++) {
25:                 stu[i].tot = stu[i].korean + stu[i].english + stu[i].match
26:                 stu[i].avg = stu[i].tot / 3.0f;
27:         }
```

```
28:
29:      printf(" 학번       성 명   점수1 점수2 점수3   총점       평균\n");
30:      printf("-------------------------------------------------\n");
31:      for(i=0; i<4; i++) {
32:              printf("%6d %-8s %5d %5d %5d %6d %6.2f\n",
33:                          stu[i].hakbun, stu[i].irum, stu[i].korean,
34:                          stu[i].english, stu[i].match, stu[i].tot, stu[i].avg);
35:      }
36:
37:      return EXIT_SUCCESS;
38: }
```

04번 행에서부터 12번 행까지는 구조체의 형식을 전역으로 선언하는 것이다. 17번 행에서 전역으로 선언한 구조체(sungjuk)를 사용하여 구조체 배열 변수 stu를 선언하고 초기화한다. 24번 행에서 27번 행까지는 합계와 평균을 구하는 과정으로 특히 26번 행의 나눗셈에서 '3.0f'를 제수로 사용한 것은 소수점과 소수점을 연산하므로 암시적 형 변환 연산을 수행하지 않도록 하는 효과를 거두는 것이다. 가령 '3.0f'가 아닌 '3.0'을 사용하면 double 값으로 기본 인식된다.

```
Problems  Properties  Console ⌧        ✖ ✖  ⌧⌧ ⌧⌧ ⌧⌧  ⌧ ⌧ ▾ ⌧ ▾ ⌧ ⌧
<terminated> Ex_11-03.exe [C/C++ Application] C:\Users\GwiBong\workspace\Ex_11-03\Debug\Ex_11-03.exe
 학번       성 명   점수1   점수2   점수3     총점     평균
-------------------------------------------------
900310 이승우     90    100     95      285   95.00
910708 이승희     80     90     90      260   86.67
960807 이승원     99     80    100      279   93.00
960807 이승일     96     80     80      256   85.33
```

float와 double을 연산하면 결과 값이 double이 되어야 하므로 float 형식의 값이 double로 자동 변환되어 연산을 수행하고 결과 값을 다시 float에 넣어야 하므로 double을 float로 또 형 변환을 수행하게 된다. 결과적으로 형 변환 연산을 두 번 수행하는 결과가된다. 정수형 상수 '3'을 제수로 사용하여도 같은 결과이므로 '3.0f'를 제수로 사용하는 것이 더욱 안전하고 빠른 수행을 보장받는다.

물론 이 한 줄의 수행 시간의 차이는 미미하지만 이러한 문장이 많아지면 그 결과는 무시할 수 없는 성능 저하를 가져오므로 처음부터 습관을 기르는 것이 좋다.

2.4 구조체형 포인터

구조체로 생성된 변수의 할당된 메모리 영역의 주소를 가리키는 포인터 변수로 앞서 설명한 구조체 포인터 변수를 상기하기 바란다. 이러한 구조체 포인터는 리스트(list) 구조

나 트리(tree) 구조를 나타낼 때 많이 사용한다.

1) 구조체 포인터의 선언

struct 구조체명 {	struct 구조체명 {
구성 요소1 선언;	구성 요소1 선언;
구성 요소2 선언;	구성 요소2 선언;
⋮	⋮
구성 요소n 선언;	구성 요소n 선언;
};	} ***포인터변수명;**
⋮	
struct 구조체명 ***포인터변수명;**	

2) 포인터 구조체의 구성 요소 참조

직접 참조	간접 참조
(*구조체포인터변수명).구성요소명	구조체포인터변수명->구성요소명

직접 참조는 멤버 접근 연산자(.)을 이용하고, 간접 참조는 멤버 참조 연산자(->)를 이용한다.

```
struct date {
      int month;
      int day;
      int year;
};

struct date *p;

(*p).month = 1;          p->month = 1;
(*p).day = 31;           p->day = 31;
(*p).year = 1996;        p->year = 1996;
```

'(*p).month = 1;'과 'p->month = 1;'은 같은 접근법으로 연산자만 다르게 표현한 것이다. 두 가지 연산자 중 프로그래머의 취향에 따라 선택하면 되지만, 멤버 참조 연산자를 따로 만들어 표현한 것을 보면 고전적인 프로그래머들은 괄호('(', ')') 사용을 좋아하지 않는 것 같다. 한편으로 괄호가 많아지면 가독성이 떨어지는 것은 사실이다.

[실습] ex_11-04.c : 구조체 포인터

```
01: #include <stdio.h>
02: #include <stdlib.h>
03:
04: struct sungjuk {
05:        unsigned int no;
06:        char *name;
07:        int jum1, jum2, jum3, hap;
08:        float avg;
09: };
10:
11: int main(void)
12: {
13:        int i;
14:        struct sungjuk student[] = {
15:                {8605, "정필순", 97,100, 98},
16:                {9521, "홍길동", 80, 90, 90},
17:                {9347, "이순신", 90, 80, 80}
18:        };
19:        struct sungjuk *std;
20:        std = student;
21:
22:        for(i=0; i<3; i++, std++) {
23:                (*std).hap = (*std).jum1 + (*std).jum2 + (*std).jum3
24:                (*std).avg = (*std).hap / 3.0;
25:        }
26:
27:        printf(" 학번   성 명   국어 영어 수학  총점   평균\n");
28:        printf("---------------------------------------\n");
29:        std=student;
30:        for(i=0; i<3; i++, std++) {
31:                printf("%5d %-6s  %7d %5d %5d %6d %6.2f \n",
32:                        std->no, std->name, std->jum1, std->jum2,
33:                        std->jum3, std->hap, std->avg);
34:        }
35:
36:        return EXIT_SUCCESS;
37: }
```

ex_11-03.c 프로그램과 다른 점은 포인터를 사용하여 접근하였다는 것이다. 19번 행에서 구조체 포인터 변수를 선언하였다. 이 구조체 변수는 거듭 말하지만 주소만 담는 빈 그릇으로 크기는 정수형 크기이다. 여기에 활성화된 메모리 주소를 담아야 비로소 사용할 수 있다.

19번 행에서 구조체 배열 변수의 대표명을 대입하여 활성화된 주소를 갖도록 하였다.

멤버의 접근 방법은 앞서 설명한 바와 같이 두 가지 형식을 취할 수 있다. '.'(멤버 직접 접근 연산자)를 사용하는 방법과 '->'(멤버 주소 접근 연산자)를 사용하는 방법이다. 예제에서는 '.' 연산자를 사용하여 접근하였다. 즉 '(*std).hap'으로 표현된 의미는 형 변환 연산이 아니고 std가 가리키는 곳(*std)의 멤버인(.) hap에 접근하라는 의미이다. 이를 '->' 연산자로 바꾼다면 'std->hap'으로 표현할 수 있다. 즉 '(*std).hap' 표현과 'std->hap' 표현은 같은 구조체 멤버를 참조한다.

```
Problems  Properties  Console ☒           ※ ※ ※  ☒ ☒ ☑ ☑  ☑ ☑ ▾ ☐ ▾ ☐ ▾
<terminated> Ex_11-04.exe [C/C++ Application] C:\Users\GwiBong\workspace\Ex_11-04\Debug\Ex_11-04.exe
   학번   성 명    국어    영어    수학      총점     평균
  ----------------------------------------------------
   8605  정필순    97    100     98      295   98.33
   9521  홍길동    80     90     90      260   86.67
   9347  이순신    90     80     80      250   83.33
```

2.5 리스트(list) 구조

구조체 포인터를 살펴보면 구조체 속에 구조체를 구성 요소로 사용할 수 있다는 것을 기억할 것이다. 이는 구조체 속에 구조체 포인터를 사용할 수도 있다는 것을 눈치 빠른 독자는 짐작하였을 것이다. 이를 다시 구조체 포인터로 선언할 수도 있다. 그러면 여기서 한 가지 의문이 생긴다.

자기 자신의 구조체를 자신의 구성 요소로 포함한다면 어떻게 될까? 구조체는 선언 당시에 메모리를 확보하는 것이 아니므로 이러한 구조가 가능하다. 즉 구조체 속에 자신의 구조체를 구성 요소로 사용한다면 재귀적인 구조체가 될 것이다. 이때 단점은 자원의 제약이 크다는 것인데 자원 절약을 위한 극복 방안으로 포인터를 사용하면 자원 제한 문제가 해결된다.

이러한 리스트 구조는 시스템 프로그래밍에서 많이 활용하는 트리(tree)나 그래프 등의 재귀적(recursive) 구조에 주로 사용된다. 여기서는 기초적인 내용만 살펴보고 자세한 공부는 자료구조를 활용하기 바란다.

```
struct node {
     char *name;
     char sex;
     int age;
     struct node *next;
} a,b,c;
struct node *head;
```

구조체 node를 선언하면서 마지막 구성 요소로 자신의 구조체로 다음 구조체의 선두 주소를 가리키는 포인터를 포함하였다. 이는 리스트 구조의 전형적인 예제이다. 이를 다이어그램 구조로 보면 다음과 같다.

마지막 구조체인 구조체 변수 c의 멤버인 *next의 값이 NULL('\0')이므로 더는 연결되지 않는다. 마지막 구조체 변수인 c의 멤버인 *next 값에 '&a' 즉, 구조체 변수 a의 주소를 입력하면 순환 리스트 구조가 된다.

[실습] ex_11-05.c : 리스트 구조

```
01: #include <stdio.h>
02: #include <stdlib.h>
03:
04: struct node {
05:       char *name
06:       char sex
07:       int age
08:       struct node *next
09: } a, b, c;
10:
11: int main(void)
12: {
13:       int i;
14:       struct node *head, *cur;
15:
16:       a.name ="정필순"   a.sex = 'f'   a.age = 30;
17:       b.name ="홍길동"   b.sex = 'm'  b.age = 20;
18:       c.name ="이순신"   c.sex = 'm'  c.age = 40;
19:
20:       head = &a;   a.next = &b;   b.next = &c;   c.next = '\0';
21:
22:       cur = head;
23:       for (i=0; i<3; i++) {
24:             printf("%s   %c   %d\n", cur->name, cur->sex, cur->age);
25:             cur = cur->next
26:       }
27:
28:       return EXIT_SUCCESS;
29: }
```

14번 행은 구조체로 정의된 node 형식의 구조체 포인터 변수인 *head와 *cur을 만들었다. 20번 행은 리스트 구조를 만드는 과정이다. 25번 행에서 현재 구조체의 next를 참조하게 되면 cur은 다음 구조체로 이동하게 된다.

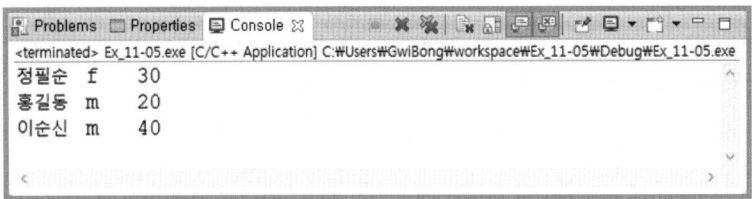

2.6 중첩(nested) 구조체

구조체 안에 또 다른 구조체를 포함하는 구조체를 중첩 구조체라 한다.

```
struct id {
        unsigned int no;
        char *name;
};
struct sung {
        int jum1;
        int jum2;
        int jum3;
};
struct sum {
        struct id ptr1;
        struct sung ptr2;
        int hap;
        float avg;
} jumsu;
```

sum						
id		sung			hap	avg
no	*name	jum1	jum2	jum3		

구조체 변수 jumsu는 id 구조체 변수 ptr1과 sung 구조체 변수 ptr2를 구성 요소로 갖고 추가로 변수 hap과 avg를 멤버로 갖는 구조체이다.

[실습] ex_11-06.c : 중첩 구조체

```
01: #include <stdio.h>
02: #include <stdlib.h>
03:
04: struct list1 {
05:         char *a;
06:         char b[4];
07: } x = {"ABC", "DEF"};
08:
```

```
09: struct list2 {
10:        char c[4];
11:        struct list1 d;
12: } y = {"LGB", "KGB", "PMB"};
13:
14: int main(void)
15: {
16:        printf("x.b[0]   \t => %c \n", x.b[0]);
17:        printf("x.b[1]   \t => %c \n", x.b[1]);
18:        printf("y.d.a[0] \t => %c \n", y.d.a[0]);
19:        printf("y.d.b[0] \t => %c \n", y.d.b[0]);
20:        printf("y.d.a    \t => %s \n", y.d.a);
21:        printf("y.d.b    \t => %s \n", y.d.b);
22:        printf("x.a      \t => %s \n", x.a);
23:        printf("x.b      \t => %s \n", x.b);
24:        printf("++y.d.a  \t => %s \n", ++y.d.a);
25:
26:        return EXIT_SUCCESS;
27: }
```

04번 행에서 07번 행까지는 list1의 구조를 정의하고 구조체 변수 x를 선언한 후 구성 요소인 변수 a와 b에 초기값을 대입하여 구조체 변수 x를 메모리 할당을 받은 것이다.

09번 행부터 12번 행까지는 구조체 list2를 정의하고 구성 요소로 변수 c와 구조체 list1으로 선언하는 구조체 변수 d를 선언하고 이를 바탕으로 구조체 변수 y를 선언하여 메모리 할당을 받았다.

list1의 구조체 변수인 x는 초기값이 두 개이나 list2의 구조체 변수 y는 초기값이 세 개다. 즉, x를 초기값으로 지정하였다고 해서 y의 중첩 구조체인 d의 값이 결정되지 않았으므로 처음 값은 c에 대입되고 다음 두 개는 d에 대입된다. 이러한 결과의 출력을 비교 분석하여 본인 것으로 만들기 바란다.

24번 행에서 ++y.d.a의 결과가 GB인 것은 list1의 a에 KGB 문자열이 대입되었으며 변수 a는 char형으로 1바이트 크기이므로 선행 증가 연산자에 의하여 주소값을 1바이트 증가한 결과인 GB가 출력된 것이다.

```
Problems  Properties  Console ⊠
<terminated> Ex_11-06.exe [C/C++ Application] C:\Users\GwiBong\workspace\Ex_11-06\Debug\Ex_11-06.exe
x.b[0]              => D
x.b[1]              => E
y.d.a[0]            => K
y.d.b[0]            => P
y.d.a               => KGB
y.d.b               => PMB
x.a                 => ABC
x.b                 => DEF
++y.d.a             => GB
```

2.7 구조체와 함수

구조체 변수도 하나의 변수이므로 함수의 반환값과 인수로 사용할 수 있다. 함수의 반환값으로 구조체를 사용하면 함수의 반환값이 하나밖에 없는 제약을 피하여 여러 개의 값을 동시에 반환하는 효과를 얻을 수 있다. 즉 반환하고자 하는 개수의 변수를 구조체로 묶어서 반환하면 여러 개를 반환하는 효과를 거둘 수 있기 때문이다.

구조체 및 함수 원형 정의	호출 함수	수행 함수

struct nm {
　　char *irum;
　　char sex;
　　int   age;
};
 	
void read(struct nm r);
	int main(void)
	{
	　　struct nm s;
	　　⋮
	　　read(s);
	　　⋮
	}
		void read(struct nm r)
		{
		　　char m[5], f;
		　　int i;
		　　⋮
		　　r.irum = *m;
		　　r.sex = f;
		　　r.age = i;
		}

일반 구조체 변수를 인수로 사용하는 경우 호출 함수에서 수행 함수로 단일 방향으로 진행한다. 즉 수행 함수에서 변경된 값을 호출 함수에서 받을 수 없다.

[실습] ex_II-07.c : 구조체 일반 변수를 인수로 사용하기

```
01: #include <stdio.h>
02: #include <stdlib.h>
03:
04: struct nm {
05:     char *irum; char sex; int age;
06: };
07:
08: void read(struct nm);
09:
10: int main(void)
```

```
11: {
12:     struct nm s = {"홍길동", 'm', 40};
13:
14:     read(s);
15:     printf("main 함수 s.irum = %s, s.sex = %c, s.age = %d\n", s.irum, s.sex, s.age);
16:
17:     return EXIT_SUCCESS;
18: }
19:
20: void read(struct nm r)
21: {
22:     char m[10] = "이귀봉", f = 'm';
23:     int i = 27;
24:
25:     printf("read 함수 s.irum = %s, s.sex = %c, s.age = %d\n", s.irum, s.sex, s.age);
26:     r.irum = m; r.sex = f; r.age = i;
27:     printf("read 함수 r.irum = %s, r.sex = %c, r.age = %d\n", r.irum, r.sex, r.age);
28: }
```

08번 행의 함수 원형을 정의할 때는 변수명을 적지 않아도 된다. 14번 행에서 구조체 일반 변수를 선언하고 초기화하였다. 초기화란 꼭 '0'이나 NULL('\0') 값이 들어가야 한다는 것이 아니다. 처음으로 설정하는 값이 초기값이다.

이어서 read( ) 함수를 호출하고 read( ) 함수에서 값을 변경하기 전에 값을 출력하고 값을 변경한 다음 값을 출력하였다. 호출 함수로 되돌아왔을 때 변경된 값이 반영되지 않는 것을 확인할 수 있다.

```
 Problems  Properties  Console ☒              ✖ ✖  ▣ ▣ ▣ ▣  ▣ ▣ ▼ ▣ ▼  ▭ ▭
<terminated> Ex_11-07.exe [C/C++ Application] C:\Users\GwiBong\workspace\Ex_11-07\Debug\Ex_11-07.exe
main 함수 s.irum = 홍길동,  s.sex = m,  s.age = 40
read 함수 r.irum = 홍길동,  r.sex = m,  r.age = 40
read 함수 r.irum = 이귀봉,  r.sex = m,  r.age = 27
main 함수 s.irum = 홍길동,  s.sex = m,  s.age = 40
```

구조체를 인수로 사용하는 경우 : 포인터 구조체

구조체 및 함수 원형 정의	호출 함수	수행 함수

struct nm {
　　char *irum;
　　char sex;
　　int   age;
};
 	
void read(struct nm *r);
	int main(void)
	{
	　　struct nm *s;
	　　　⋮
	　　read(s);
	　　　⋮
	
	}
		void read(struct nm *r)
		{
		　　char m[5], f;
		　　int i;
		　　　⋮
		　　r->irum = *m;
		　　r->sex = f;
		　　r->age = i;
		}

구조체 전체를 보내는 인수로 수행 함수에 전달할 때 Call By Reference(CBR, 참조에 의한 호출) 기법으로 구조체의 주소를 보내는 인수로 사용하는 것이 좋다. 그 이유는 값 전달 방식을 사용하면 구조체의 크기만큼 수행 함수에서 메모리를 추가로 확보하여 자원을 사용하게 되며, 반환할 때에도 보내는 인수의 구조체의 값이 반영되어 되돌아오지 않으므로 다시 구조체 반환값을 받을 수 있도록 함수의 형을 선언해야 한다.

이러한 번거로움을 한꺼번에 해결하는 방식이 주소 전달 방법이다. 이때는 반환값에 대한 지정이 필요 없다.

[실습] ex_ll-08.c : 구조체 포인터 변수를 인수로 사용하기

```
01: #include <stdio.h>
02: #include <stdlib.h>
03:
04: struct nm {
05:        char *irum; char sex; int age;
06: };
07:
08: void read(struct nm *);
09:
10: int main(void)
11: {
12:        struct nm s = {"홍길동", 'm', 40};
13:
14:        printf("main 함수 s.irum = %s, s.sex = %c, s.age = %d\n",
15:                        s.irum, s.sex, s.age);
16:        read(&s);
17:        printf("main 함수 s.irum = %s, s.sex = %c, s.age = %d\n",
18:                        s.irum, s.sex, s.age);
19:
20:        return EXIT_SUCCESS;
21: }
22:
23: void read(struct nm *r)
24: {
25:        static char m[10] = "이귀봉", f = 'm';
26:        int i = 27;
27:
28:        printf("read 함수 r->irum = %s, r->sex = %c, r->age = %d\n",
29:                        r->irum, r->sex, r->age);
30:
31:        r->irum = m; r->sex = f; r->age = i;
32:
33:        printf("read 함수 r->irum = %s, r->sex = %c, r->age = %d\n",
34:                        r->irum, r->sex, r->age);
35: }
```

16번 행에서 구조체 일반 변수의 주소를 인수로 넘긴 것에 주의해야 한다. 구조체 포인터 변수를 선언하고 구조체 일반 변수의 주소를 구조체 포인터 변수에 대입하였을 경우는 주소 연산자 없이 바로 구조체 포인터 변수명을 사용하면 되지만 구조체 일반 변수는 주소 연산자를 사용하여야 한다.

25번 행에서 'static'으로 정적 변수를 선언하지 않으면 read( ) 함수 수행이 종료될 때 메모리가 해제된다. 이는 'irum'이 포인터 변수이고 'm'이 배열의 대표명이기 때문이다. 즉, 주소를 사용하므로 메모리가 해제되면 main( ) 함수에서 제대로 된 값을 돌려받지 못한다. 이러한 이유는 값을 복사한 것이 아니라 참조를 하였기 때문이다.

```
Problems  Properties  Console ☒
<terminated> ex_11-08.exe [C/C++ Application] C:\Users\GwiBong\workspace\ex_11-08\Debug\ex_11-08.exe
main 함수 s.irum = 홍길동, s.sex = m, s.age = 40
read 함수 r->irum = 홍길동, r->sex = m, r->age = 40
read 함수 r->irum = 이귀봉, r->sex = m, r->age = 27
main 함수 s.irum = 이귀봉, s.sex = m, s.age = 27
```

결과는 수행 함수에서 바뀐 값을 호출 함수에서 되돌려받았다.

구조체 일반 변수를 반환하는 경우

구조체 및 함수 원형 정의	호출 함수	수행 함수

struct nm {
    char *irum;
    char sex;
    int age;
};
 	
struct nm read(struct nm r);
	int main(void)
	{
	    struct nm sa;
	    ⋮
	    sa = read(sa);
	    ⋮
	}
		struct nm read(struct nm r)
		{
		    ⋮
		    r.irum = *m;
		    r.sex = s;
		    r.age = i;
		    return r;
		}

수행 함수에서 변경 저장된 구조체 값을 호출 함수로 반환하는 함수의 형태이다. 자원을 적게 사용하는 구조체의 경우이거나 꼭 필요하다고 판단되는 경우에만 구조체 반환을 사용한다.

[실습] ex_ll-09.c : 구조체 일반 변수를 반환하는 경우

```
01: #include <stdio.h>
02: #include <stdlib.h>
03:
04: struct nm {
05:         char *irum; char sex; int age;
06: };
07:
08: struct nm read(struct nm);
09:
10: int main(void)
11: {
12:         struct nm s = {"홍길동", 'm', 40};
13:
14:         printf("main 함수 s.irum = %s, s.sex = %c, s.age = %d\n",
15:                         s.irum, s.sex, s.age);
16:         s = read(s);
17:         printf("main 함수 s.irum = %s, s.sex = %c, s.age = %d\n",
18:                         s.irum, s.sex, s.age);
19:
20:         return EXIT_SUCCESS;
21: }
22:
23: struct nm read(struct nm r)
24: {
25:         static char m[10] = "이귀봉", f = 'm';
26:         int i = 27;
27:
28:         printf("read 함수 r.irum = %s, r.sex = %c, r.age = %d\n",
29:                         r.irum, r.sex, r.age);
30:
31:         r.irum = m; r.sex = f; r.age = i;
32:
33:         printf("read 함수 r.irum = %s, r.sex = %c, r.age = %d\n",
34:                         r.irum, r.sex, r.age);
35:
36:         return r;
37: }
```

수행 함수의 형을 구조체 정의 형식으로 정의하였다. 이럴 때 반환값도 구조체 변수여야
한다. 구조체 변수를 사용한 결과 구조체 구성 요소인 멤버 변수 3개를 동시에 반환하는
것이 되었다.

```
Problems  Properties  Console ⌘                 ✖ ✖ | ⬛ ⬛ ⬛ ⬛ | ⬛ ⬛ ▼ ⬛ ▼ ⬛ ⬛
<terminated> ex_11-09.exe [C/C++ Application] C:\Users\GwiBong\workspace\ex_11-09\Debug\ex_11-09.exe
main 함수 s.irum = 홍길동, s.sex = m, s.age = 40
read 함수 r.irum = 홍길동, r.sex = m, r.age = 40
read 함수 r.irum = 이귀봉, r.sex = m, r.age = 27
main 함수 s.irum = 이귀봉, s.sex = m, s.age = 27
<                                                              >
```

구조체 포인터 변수를 반환하는 경우

구조체 및 함수 원형 정의	호출 함수	수행 함수

struct nm {
    char *irum;
    char sex;
    int   age;
};
 	
struct nm *read();
	int main(void)
	{
	    struct nm s;
	    struct nm *t;
	    ⋮
	    t = read(s);
	    ⋮
	}
		struct nmcd *read(struct nmcd r)
		{
		    struct nm *c;
		    ⋮
		    c->irum = r.irum;
		    c->sex = r.sex;
		    c->age = r.age + 10;
		    return c;
		}

호출 함수에서 구조체 일반 변수('s')와 구조체 포인터 변수('*t')를 선언하고 이 구조체 일반 변수('s')를 수행 함수에 인수로 전달하였다. 수행 함수는 수신한 구조체 일반 변수('r')를 수행 함수 내부에서 정의한 구조체 포인터 변수('*c')에 값을 변경하여 저장한다. 저장된 구조체 포인터 변수('*c')를 수행 함수의 반환값으로 사용하였다. 이제 호출 함수에서는 수행 함수의 반환값인 구조체 포인터형을 받을 구조체 포인터 변수('*t')에 저장한다.

호출 함수의 구조체 일반 변수(s)와 포인터 변수('*t')는 지역변수이다. 수행 함수의 인수가 구조체 포인터 변수('*r')이라면 호출 함수의 구조체 일반 변수('s')는 주소 연산자('&s')를 사용해야 한다.

[실습] ex_II-I0.c : 구조체 포인터 변수를 반환하는 경우

```
01: #include <stdio.h>
02: #include <stdlib.h>
03:
04: struct nm {
05:        char *irum;
06:        char sex;
07:        int age;
08: };
09:
10: struct nm *read(struct nm);
11:
12: int main(void)
13: {
14:        struct nm s = {"홍길동", 'm', 40};
15:        struct nm *v;
16:
17:        printf("main 함수 s.irum = %s, s.sex = %c, s.age = %d\n",
18:                          s.irum, s.sex, s.age);
19:        v = read(s);
20:        printf("main 함수 v->irum = %s, v->sex = %c, v->age = %d\n",
21:                          v->irum, v->sex, v->age);
22:
23:        return EXIT_SUCCESS;
24: }
25:
26: struct nm *read(struct nm r)
27: {
28:        static struct nm *ret;
29:        static char m[7] = "이귀봉", f = 'm'
30:        int i = 27;
31:
32:        printf("read 함수 r.irum = %s, r.sex = %c, r.age = %d\n",
33:        r.irum, r.sex, r.age);
34:        r.irum = m;
35:        r.sex = f;
36:        r.age = i;
37:        printf("read 함수 r.irum = %s, r.sex = %c, r.age = %d\n",
38:        r.irum, r.sex, r.age);
39:        ret = &r;
40:
41:        return ret;
42: }
```

구조체 포인터 변수를 반환하는 경우 반환해야 하는 변수는 반드시 동일한 구조체 포인터 변수여야 한다. 28번 행과 39번 행은 지역변수의 메모리 해제를 막기 위함이다. 함수의 인수는 static 선언이 불가능한 이유 때문에 별도의 포인터 변수를 만들어 주소를 저장하였다. 이러한 방법도 꼼꼼히 따져보면 버그가 존재할 가능성 매우 높다.

실제 데이터를 가지고 있는 영역은 해제되고 그 영역의 주소를 가지고 있는 포인터 변수는 고정되는 현상으로 실제 데이터가 변경될 가능성이 높다. 이 같은 경우 디버그를 통하여 값을 추적하여야 하는 골치 아픈 상황에 직면할 수 있다. 이를 해결하는 방법은 인수로 넘어온 값을 정적 지역변수에 값을 복사한 다음 그 주소를 넘기는 것이 안전하다.

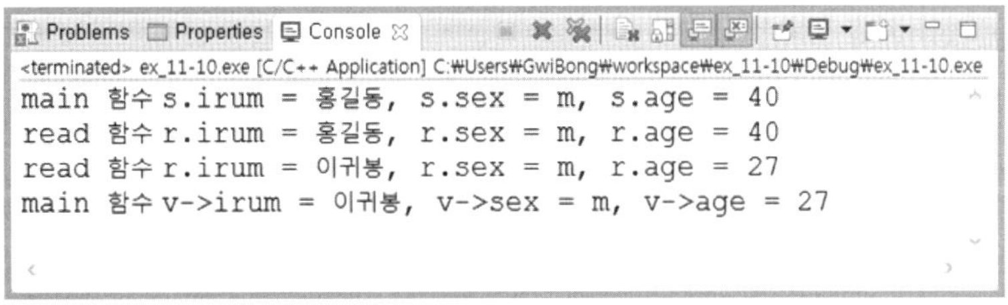
Problems
Properties
Console
<terminated> ex_11-10.exe [C/C++ Application] C:₩Users₩GwiBong₩workspace₩ex_11-10₩Debug₩ex_11-10.exe
main 함수 s.irum = 홍길동, s.sex = m, s.age = 40
read 함수 r.irum = 홍길동, r.sex = m, r.age = 40
read 함수 r.irum = 이귀봉, r.sex = m, r.age = 27
main 함수 v->irum = 이귀봉, v->sex = m, v->age = 27

구조체와 구조체 변수를 전역으로 선언하는 경우

구조체 및 함수 원형 정의	호출 함수	수행 함수

struct nm {
    char *irum;
    char sex;
    int age;
} nmcard;
 	
void read(void);
	int main(void)
	{
	    ⋮
	    read();
	    ⋮
	}
		void read(void)
		{
		    char m[5], s;
		    int i;
		    ⋮
		    nmcard.irum = m;
		    nmcard.sex = s;
		    nmcard.age = i;
		}

구조체 변수를 전역으로 선언하였으므로 수행 함수에서 변경한 모든 값을 그대로 호출 함수에 반영된다. 또한, 호출 함수에서 변경하게 되면 변경된 값이 수행 함수에 반영되므로 값의 신뢰성을 보장받을 수 없다는 단점이 있지만 이러한 단점을 고려하고 사용한다면 꽤 편리한 방법이다.

[실습] ex_ll-ll.c : 구조체와 구조체 변수를 전역으로 선언하는 경우

```
01: #include <stdio.h>
02: #include <stdlib.h>
03:
04: struct nm {
05:       char *irum;
06:       char sex;
07:       int age;
08: } s = {"홍길동", 'm', 40};
09:
10: void read(void);
11:
12: int main(void)
13: {
14:       printf("main 함수 s.irum = %s, s.sex = %c, s.age = %d\n",
15:                         s.irum, s.sex, s.age);
16:       read();
17:       printf("main 함수 s.irum = %s, s.sex = %c, s.age = %d\n",
18:                         s.irum, s.sex, s.age);
19:
20:       return EXIT_SUCCESS;
21: }
22:
23: void read(void)
24: {
25:       static char m[10] = "이귀봉", f = 'm'
26:       int i = 55;
27:
28:       printf("read 함수 s.irum = %s, s.sex = %c, s.age = %d\n",
29:                         s.irum, s.sex, s.age);
30:       s.irum = m;
31:       s.sex = f;
32:       s.age = i;
33:       printf("read 함수 s.irum = %s, s.sex = %c, s.age = %d\n",
34:                         s.irum, s.sex, s.age);
35: }
```

전역으로 선언된 구조체 일반 변수는 어느 함수에서나 값의 접근이 가능하여 누구나 데이터의 읽기 및 쓰기를 할 수 있다.

```
Problems   Properties   Console ⌗
<terminated> ex_11-11.exe [C/C++ Application] C:\Users\GwiBong\workspace\ex_11-11\Debug\ex_11-11.exe
main 함수 s.irum = 홍길동, s.sex = m, s.age = 40
read 함수 s.irum = 홍길동, s.sex = m, s.age = 40
read 함수 s.irum = 이귀봉, s.sex = m, s.age = 55
main 함수 s.irum = 이귀봉, s.sex = m, s.age = 55
```

구조체 배열을 함수에 전달하는 경우

호출 함수	수행 함수
| ```
struct rec {
     char *irum;
     char sex;
     int age;
};

void main( )
{
     int i,;
     struct rec saram[10];
     struct rec *p = saram;
     for(i=0; i<10; i++) {
         read(p++);
            ⋮
     }
     prn(saram, i);
}
``` | ```
read(struct rec *p)
{
     char na[5], sex;
     int age;
        ⋮
     p->irum = na;
     p->sex = sex;
     p->age = age;
        ⋮
}

prn(struct rec *a, int su)
{
     int j;
     for(j=0; j<=su; j++)
     printf(...)
        ⋮
}
``` |

배열의 대표명은 자신이 가진 주소값을 수정하지 못한다는 것만 제외하면 포인터와 동일한 성격이므로 배열의 대표명을 전달한다. 즉, 배열의 대표명은 포인터 상수이므로 수행 함수에서 새로운 포인터 변수 또는 동일한 크기의 배열을 선언하여 인수를 전달받아야 한다.

2.8 비트 필드(bit field) 구조체

구조체 구성 요소의 비트 위치와 크기를 정의하여 비트 단위로 기억 장소를 할당하는 방법이다.

1) 비트 필드 구조체의 선언

```
struct 구조체명 {
     unsigned [비트필드명] : 비트 크기;
     unsigned [비트필드명] : 비트 크기;
        ⋮
     unsigned [비트필드명] : 비트 크기;
}; 구조체변수명1, 구조체변수명2, 구조체변수명…, 구조체변수명n;
```

2) 비트 필드 구조체의 참조와 할당

구조체변수명.비트필드명 = 0 ;

비트 필드의 길이는 정수형(int)의 크기인 4바이트이다.
비트 필드 구조체의 자료형은 int나 unsigned를 사용하지만, 주로 unsigned형으로 정의하는 것이 전체 비트를 제어하는데 편리하다.

[실습] ex_II-I2.c : 구조체와 구조체 변수를 전역으로 선언하는 경우

```
01: #include <stdio.h>
02: #include <stdlib.h>
03:
04: struct byte {
05:         unsigned int  bit_0 : 1;
06:         unsigned int  bit_1 : 1;
07:         unsigned int  bit_2 : 1;
08:         unsigned int  bit_3 : 1;
09:         unsigned int  bit_4 : 1;
10:         unsigned int  bit_5 : 1;
11:         unsigned int  bit_6 : 1;
12:         unsigned int  bit_7 : 1;
13: } var;
14:
15: int main(void)
16: {
17:         var.bit_0 = 0; // 2^1 = 1
18:         var.bit_1 = 0; // 2^2 = 2
19:         var.bit_2 = 1; // 2^3 = 4
20:         var.bit_3 = 1; // 2^4 = 8
21:         var.bit_4 = 0; // 2^5 = 16
22:         var.bit_5 = 0; // 2^6 = 32
23:         var.bit_6 = 1; // 2^7 = 64
24:         var.bit_7 = 0; // 2^8 = 128
25:
26:         printf("[%d %d %d %d %d %d %d %d] => %c(%d)\n",
27:                 var.bit_0, var.bit_1, var.bit_2, var.bit_3,
28:                 var.bit_4, var.bit_5, var.bit_6, var.bit_7,
29:                 var, var);
30:
31:         return EXIT_SUCCESS;
32: }
```

13번 행에서 선언되는 구조체 변수 var은 정수형도 아니고 문자형도 아닌 struct byte형이다. 그러나 문자형으로 출력하면 ASCII Code TABLE의 해당 위치 값을 2진수로 계산하여 출력한다.

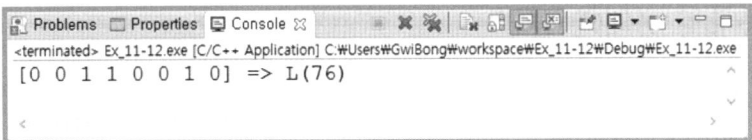

```
Problems  Properties  Console ☒          ✖ ✖ | ☐ ☐ ☐ | ☐ ☐ ▾ ☐ ▾ ☐ ☐
<terminated> Ex_11-12.exe [C/C++ Application] C:\Users\GwiBong\workspace\Ex_11-12\Debug\Ex_11-12.exe
[0 0 1 1 0 0 1 0] => L(76)
```

03 공용체(union)

서로 다른 데이터 형(data type)의 여러 변수가 모여서 구성된 데이터 구조라는 점에서는 구조체와 유사하지만, 메모리 할당은 구성 요소들 중에서 가장 큰 크기의 멤버에 대한 메모리만 할당하고 다른 구성 요소들은 이 메모리를 공유하는 형태이다.

그러나 구성 요소들의 메모리 공유 때문에 독립된 값을 보장하지 않으므로 사용에 신중을 기하여야 한다.

[공용체의 구조]

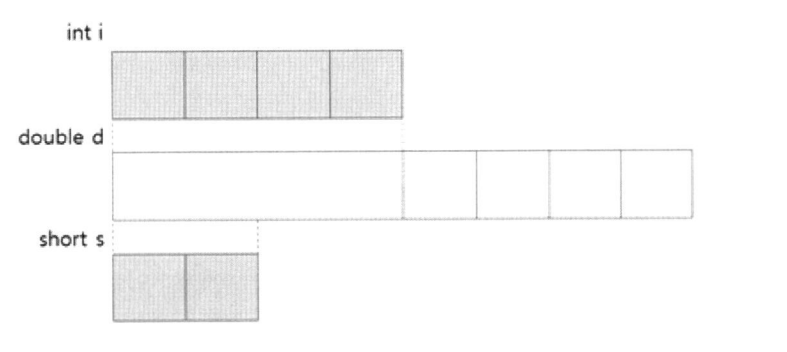

공용체의 구성 요소인 멤버가 3개가 있다고 할 때, 첫 번째의 구성 요소는 int형으로 크기가 4바이트이고, 두 번째 구성 요소는 double형으로 메모리가 8바이트이며, 세 번째의 구성 요소는 short형으로 크기가 2바이트라면 앞의 그림과 같다. 이때 첫 번째와 세 번째 구성 요소는 두 번째 구성 요소의 값을 같이 사용한다. 즉 세 개의 구성 요소 모두 메모리 시작 주소의 값이 동일하다.

3.1 공용체의 정의와 선언

공용체를 정의하고 공용체 변수를 선언하는 방법은 두 가지가 있다. 공용체 정의를 먼저 하고 나중에 공용체 변수를 선언하는 방법이 있고, 공용체 정의와 변수를 동시에 선언하는 방법이 있다.

1) 공용체의 형식과 변수를 동시에 선언

공용체의 형식과 변수를 동시에 선언하는 형식은 다음과 같다.

```
union 공용체명 {
        구성요소형     변수1;
        구성요소형     변수2;
              ⋮                          공용체 정의
        구성요소형     변수n;
}; 공용체명 공용체변수1, 공용체변수 2, ..., 공용체변수n;         공용체 변수 선언
```

'union'이라는 키워드 바로 다음에 공용체 이름이 선언되고 멤버가 있어야 공용체라고 할 수 있다. 공용체 변수 선언은 공용체 정의와 동시에 선언할 수도 있고 나중에 따로 선언할 수도 있다.

2) 공용체의 형식과 변수를 따로 선언

공용체의 형식과 변수를 구분하여 따로 선언하는 형식은 다음과 같다.

```
union 공용체명 {
        구성요소형     변수1;
        구성요소형     변수2;
              ⋮                          공용체 정의
        구성요소형     변수n;
};

union 공용체명 공용체변수1, 공용체변수 2, ..., 공용체변수n;        공용체 변수 선언
```

공용체를 정의하고 변수를 선언하는 방법의 예를 살펴보자.

union	선언	예1)	```
			union color {
			        int red;
			        char blue;
			        double green;
			} u;
			``

		예2)	```
			union color {
			        int red;
			        char blue;
			        double green;
			};
			union color u;
			``

예1)과 예2) 모두 u라는 변수를 공용체형으로 선언한다. 크기는 구성 요소 중 최대 크기 하나만 가진다.

3.2 공용체 변수의 구성 멤버 접근

공용체 변수의 구성 요소에 접근하는 방법은 멤버 접근 연산자('.')와 멤버 참조 연산자 ('->')를 사용하는 방법이 있다. 공용체 변수를 포인터 형식으로 선언할 때 공용체 변수의 멤버를 접근하고자 할 때는 멤버 참조 연산자('->')를 사용하여야 한다.

공용체 멤버에 접근하는 예를 살펴보자.

union	멤버 접근 연산자
	사용방법
		``
		union color {
		        int red;
		        char blue;
		        double green;
		    } u;
		u.red = 10;
		u.blue = 'a';
		u.double = 3.1415;
		``

	멤버 참조 연산자
	사용방법
		``
		union color {
		        int red;
		        char blue;
		        double green;
		    } *pu;
		pu->red = 10;
		pu->blue = 'a';
		pu->double = 3.1415;
		``

[실습] ex_II-I3-0.c : 공용체의 예

```
01: #include <stdio.h>
02: #include <stdlib.h>
03:
04: union abc {
05:         char a;
06:         int b;
07:         long c;
08: };
09:
10: int main()
11: {
12:         union abc woo;
13:
14:         woo.a = 'A';
15:         woo.b = 10;
16:         woo.c = 12345;
17:
18:         printf("woo.a = %c, &woo.c = %x \n", woo.a, (unsigned int)&woo.a);
19:         printf("woo.b = %d \n", woo.b);
20:         printf("woo.c = %ld \n", woo.c);
21:         printf("woo   size = %d, &woo   = %x \n", sizeof(woo),   (unsigned int)&woo);
22:         printf("woo.a size = %d, &woo.a = %x \n", sizeof(woo.a), (unsigned int)&woo.a);
23:         printf("woo.b size = %d, &woo.b = %x \n", sizeof(woo.b), (unsigned int)&woo.b);
24:         printf("woo.c size = %d, &woo.c = %x \n", sizeof(woo.c), (unsigned int)&woo.c);
25:
26:         return EXIT_SUCCESS;
27: }
```

4행부터 8행까지는 union의 멤버를 나열하여 공용체의 구조를 만든다. 12행에서는 union 변수 woo를 선언하였다.

14번 행에서 16번 행까지가 union 멤버인 변수에 값을 지정하는 수행문이다.

18번 행에서 명시적인 형 변환을 위한 캐스팅 연산(unsigned int)을 사용한 것은 C11의 문법에서는 printf( ) 함수에서 사용되는 형식 지정자 '%x(16진 정수 형식)'에 대응하는 값이 부호 없는 정수만을 취급하기 때문에 경고 메시지가 나오기 때문이다. union 멤버인 변수 'a'의 메모리 위치(주소, address)를 확인해 본 것이다. 결과에서 알 수 있는 것은 union 변수의 멤버는 사용하는 메모리 크기는 다르지만 같은 주소를 사용하고 있음을 확인할 수 있다.

21행부터 24행까지는 union의 특징을 보여주기 위하여 크기와 주소를 출력하였다.

```
Problems  Properties  Console  ☒       ✖ ❊  □ □ □ □  ⌐ □ ▼ □ ▼ □ □
<terminated> Ex_11-13-0.exe [C/C++ Application]
woo.a = 9, &woo.c = 28ff1c
woo.b = 12345
woo.c = 12345
woo   size = 4, &woo   = 28ff1c
woo.a size = 1, &woo.a = 28ff1c
woo.b size = 4, &woo.b = 28ff1c
woo.c size = 4, &woo.c = 28ff1c
```

[실습] ex_11-13.c : 공용체 값 저장 결과보기

```
01: #include <stdio.h>
02: #include <stdlib.h>
03:
04: union intbox {
05:        int i;
06:        double d;
07:        short s;
08: };
09:
10: int main(void)
11: {
12:        union intbox u;
13:
14:        u.i=100;
15:        printf("u.i:%d\nu.d:%lf\nu.s:%d\n", u.i, u.d, u.s);
16:
17:        return EXIT_SUCCESS;
18: }
```

04번 행에서 08번 행까지는 공용체 intbox의 구조를 정의하고, 12번 행에서 공용체 변수 u를 선언하였다.

14번 행에서 공용체의 멤버인 i에 접근하여 정수 데이터 100을 저장했다. 결과는 공용체 멤버인 u.i만 아니라 u.s의 값도 바뀌게 된다. 그 이유는 하나의 메모리 공간을 세 변수가 공유하여 사용하고 있기 때문이다. u.d의 값이 바뀌어 보이지 않는 것은 실수의 구조 때문이다.

```
Problems  Properties  Console  ☒       ✖ ❊  □ □ □ □  ⌐ □ ▼ □ ▼ □ □
<terminated> Ex_11-13.exe [C/C++ Application] C:\Users\GwiBong\workspace\Ex_11-13\Debug\Ex_11-13.exe
u.i:100
u.d:0.000000
u.s:100
```

[실습] ex_11-14.c : 공용체 값 저장 결과보기

```
01: #include <stdio.h>
02: #include <stdlib.h>
03:
04: union readBuf
05: {
06:         unsigned int i;
07:         unsigned short s;
08:         unsigned char c;
09: };
10:
11: int main(void)
12: {
13:         union readBuf variable;
14:
15:         variable.i = 0x12345678;
16:         printf("%x\n",variable.i);
17:         printf("%x\n",variable.s);
18:         printf("%x\n",variable.c);
19:
20:         return EXIT_SUCCESS;
21: }
```

공용체 선언에 의한 공용체 변수 variable의 멤버 값을 출력한 결과는 다음과 같다.
variable 변수의 구조를 살펴보자.

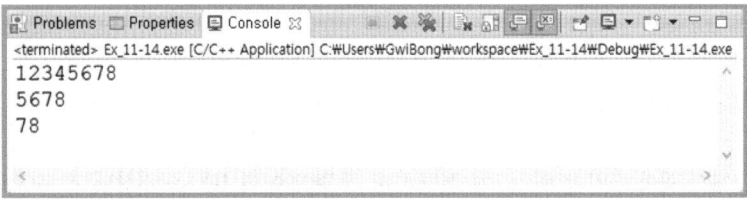

공용체 변수 variable 구조

int i   = □ □ □ □

short s   = □ □

char c   = □

이 구성 요소 세 개 중에서 제일 큰 i의 크기만큼 메모리를 할당한다.

union readBuf variable   = □ □ □ □

공용체 변수의 전체 크기는 구성 요소 중 제일 큰 i와 같게 할당하고 첫 번째 구성 요소인 i를 연결한다. 다음으로 s와 c를 크기순으로 연결한다. 결과는 다음과 같다.

union readBuf variable   = | 87 | 65 | 43 | 21 |
             int i = 0x12345678;
             short s = 0x5678;
             char c = 78;

구성 요소 변수 i에 0x12345678을 저장하는 것은 우에서 좌로 밀어 넣기이고, 데이터를 읽을 때는 다시 우에서 하나씩 꺼내는 방식이다. 마치 동전 밀어 넣기 하는 동전통과 같다. 먼저 들어간 숫자가 나중에 나오는 구조이다.

04 사용자 정의형(typedef)

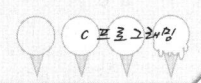

기존의 자료형 또는 구조체 등을 사용자가 필요한 새로운 자료형으로 정의하여 사용하는 것을 '사용자 정의형'이라고 하며 사용하는 키워드는 'typedef' 문을 사용한다. 거의 모든 자료형을 정의할 수 있는 장점이 있지만, 과도한 사용은 프로그램 가독성을 떨어뜨려 유지보수를 어렵게 하는 단점도 있다.

일반 자료형을 포함하여 구조체, 공용체 열거형 등의 확장 자료형까지 모두 typedef를 사용하여 사용자 정의형 사용이 가능하다.

---

typedef 기존자료형   새로운 자료형

예제를 통하여 확인해보자.

[실습] ex_ll-l5.c : 사용자 정의 자료형

```
01: #include <stdio.h>
02: #include <stdlib.h>
03:
04: typedef int INT
05: typedef double DBL
06:
07: int main(void)
08: {
09:     INT iNum = 500;
10:     DBL dPi = 3.1415872;
11:
12:     INT *pNum = &iNum;
13:
14:     printf("num = [%d]\n", *pNum);
15:     printf("pi = [%lf]\n", dPi);
16:
17:     return EXIT_SUCCESS;
18: }
```

04번 행과 05번 행에서 'int'는 'INT'로 'double'은 'DBL'로 사용자 정의 자료형을 선언하였다. 즉 기존의 자료형을 다른 이름이 자료형으로 재정의를 한 것이다.

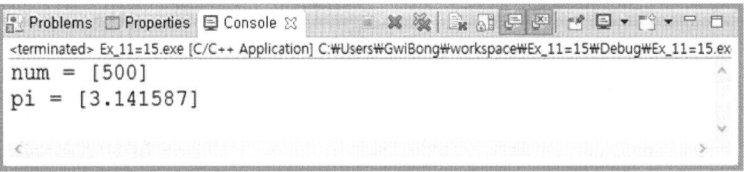

다음은 사용자 정의 자료형의 사용법으로 기존의 자료형을 사용하는 것과 동일함을 보여주는 예제 프로그램이다.

[실습] ex_II-I6.c : 복소수 계산

```c
01: #include <stdio.h>
02: #include <stdlib.h>
03:
04: typedef struct {
05:         int m;
06:         int l;
07: } COMP
08:
09: COMP complex(COMP, COMP);
10: void out(COMP, COMP, COMP);
11:
12: int main(void)
13: {
14:         static COMP a1 = {3, 4};
15:         static COMP a2 = {5, 6};
16:         COMP a3, x, y;
17:
18:         a3 = complex(a1, a2);
19:         out(a1, a2, a3);
20:         x.m = 10;
21:         x.l = 20;
22:         y.m = 30;
23:         y.l = 40;
24:         a3 = complex(x, y);
25:         out(x, y, a3);
26:
27:         return EXIT_SUCCESS;
28: }
29:
30: COMP complex(COMP a1, COMP a2)
31: {
32:         COMP a3;
33:
34:         a3.m = a1.m * a2.m - a1.l * a2.l;
35:         a3.l = a1.m * a2.l + a1.l * a2.m;
36:
37:         return(a3);
38: }
39:
40: void out(COMP a1, COMP a2, COMP a3)
41: {
42:         printf("(%d+%di) * (%d+%di) =", a1.m, a1.l, a2.m, a2.l);
43:         printf(" %d + %di\n", a3.m, a3.l);
44: }
```

이번 예제는 다소 가독성이 떨어지지만, 복소수를 구하기 위해서는 최적의 자료구조를 보여준다. 04번 행에서 07번 행까지가 '사용자 정의형' 선언이다. 여기서 'COMP'라는 형을 구조체 형식으로 선언하였고, 09번 행과 10번 행에서 선언된 사용자 정의형을 함수 원형(Prototype)에 사용한 것이다.

14번 행과 15번 행에서 사용자 정의형 구조체 변수 a1과 a2에 초기값을 지정하여 정적(static)인 변수로 만들고, 16번 행에서 사용자 정의 형 일반 구조체 변수 a3과 x, y를 선언하였다.

18번 행에서 복소수를 구하는 complex( ) 함수를 호출하여 반환값으로 복소수를 저장하고 있는 사용자 정의형 구조체 형식으로 함수 수행 결과를 반환하였다.

19번 행에서 이를 출력하는 함수를 호출하여 결과를 확인하도록 하였으며 이후 동일한 방법으로 값을 달리하여 복소수를 구하여 출력하는 프로그램이다.

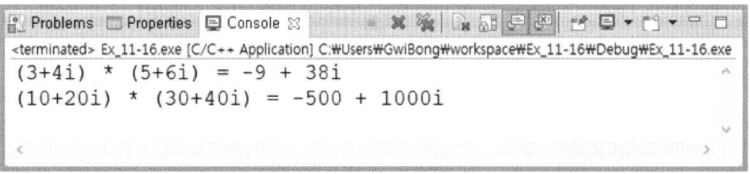

파일 입출력(File I/O)

01 파일 처리

파일 처리는 데이터베이스를 이해하는데 기초가 되는 것으로 여기서 다루는 파일 처리 프로그램을 정제하여 자료를 관리하는 프로그램을 만들면 DBMS(Data Base Management System)라고 하는 데이터베이스 엔진이 된다. 이러한 DBMS가 효율적으로 자료를 저장하고 관리하는 매체를 데이터베이스라고 하고 이를 파일 처리와 비교하여 볼 수 있다.

파일 구조의 종류는 다양하지만, 일반적으로 살펴보면 파일 구조에서 정보를 분리하여 구분하는 것을 필드라고 보면 필드의 집합은 행이 된다. 데이터베이스에서는 필드 또는 set이라고 부르며 이러한 필드의 집합을 레코드라고 부른다.

파일에서 행의 집합을 파일이라고 정의하며 이러한 파일은 데이터베이스에서 테이블과 비교할 수 있다. 데이터베이스에서 테이블의 집합은 파일의 집합으로 볼 수 있는 디렉터리에 비교할 수 있을 것이다. 리눅스에서는 아직도 데이터베이스라고 부르는 디렉터리가 있고 이 디렉터리 속에 여러 개의 파일이 존재함을 쉽게 찾아볼 수 있다.

또한, 파일 처리는 아래아 한글(HWP)과 같은 워드프로세서를 만들 수 있는 처리 기법이다. 파일에 접근하는 기법은 문자 모드와 블록 모드 두 가지가 있다. 이러한 기본적인 C 언어 함수들을 다루어 본다.

[파일 접근 처리 방법의 종류]

순차 파일 처리(SAM)	Sequential Access Method의 약자로 정의된 레코드 순서에 의하여 차례로 위치를 접근하여 읽고 쓰는 파일 처리 방법이다.
인덱스 순차 파일 처리(ISAM)	Index Sequential Access Method의 약자로 레코드를 위치 정보를 인덱스로 만들어 두고 인덱스에 의하여 파일에 접근하는 방법이다.
랜덤 파일 처리(RAM)	Random Access Method의 약자로 특정 레코드를 접근하는 순서 없이 임의의 위치를 접근하여 읽고 쓰는 파일 처리 방법이다.
직접 접근 방법(DAM)	Direct Access Method의 약자로 특정 레코드를 직접 접근하여 읽고 쓰는 파일 처리 방법으로 주소 맵핑으로 즉시 호출·처리

이 외에도 다음과 같은 파일 처리 방식이 있다.

가상 저장 접근 방법(VSAM)	Virtual Storage Access Method
대기 순차 액세스 방법(QSAM)	Queued Sequential Access Method

1.1 파일 처리 단계

C 언어 또는 C++ 언어를 포함하여 대부분 언어가 파일을 다루기 위해서는 다음의 3가지 단계를 반드시 지켜야 한다. 파일은 열지 않고 읽기 쓰기를 할 수 없으며 사용을 완료한 파일에 대하여 닫기를 하지 않으면 읽기/쓰기의 내용이 반영되지 않거나 다른 프로세스(process)의 접근을 차단하기도 한다.

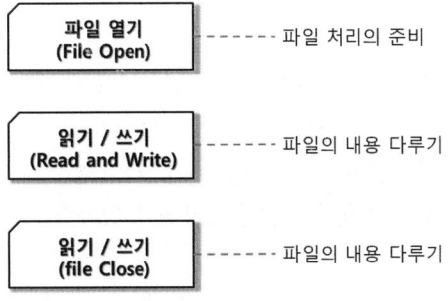

파일 열기 (File Open) ----- 파일 처리의 준비

읽기 / 쓰기 (Read and Write) ----- 파일의 내용 다루기

읽기 / 쓰기 (file Close) ----- 파일의 내용 다루기

C & C++에서 파일을 처리하기 위한 사전 준비 사항은 다음과 같다.

1) 파일을 사용하기에 앞서 파일 포인터를 선언한다. 파일 구조체는 헤더 파일에 포함되어 있다.
2) 파일에 레코드를 읽고 쓰기 위해 파일 열기는 fopen( ) 함수를 사용한다.
3) 파일 처리를 수행한다.
4) 파일 처리를 모두 수행하고 난 다음 반드시 fclose( ) 함수를 사용하여 파일 닫기를 한다.

1.2 파일 포인터

파일 구조체 포인터 변수를 선언하는 것은 입출력을 위한 기억 영역인 버퍼(buffer)를 할 당하고 초기화를 수행하는 과정이다.

선언하기	#include \<stdio.h\> ⋮ FILE *fp; FILE *fin, *fout;

파일 포인터를 위한 구조체는 'stdio.h' 헤더 파일에 이미 정의되어 있으므로 이를 포함하면 된다. 파일을 처리하기 위해서는 포인터 변수를 사용함은 컴파일러에서 제공하는 함수 및 구조가 포인터형이기 때문이다.

[파일 처리에 필요한 주요 함수]

fopen("파일명", "모드")	"모드"에 지정한 방법으로 "파일명"을 열기 한다. 결과는 파일 포인터로 반환 한다.
fclose(fp)	fp는 포인터로 선언된 파일 포인터 변수이다. 파일을 닫는다.
getc(fp), fgetc(fp)	파일에서 하나의 문자를 읽어 그 값을 반환한다.
putc(c, fp), fputc(c, fp)	파일 포인터 fp가 가리키는 파일에 c의 값을 출력한다.
fgets(s, n, fp)	파일 포인터 fp가 가리키는 파일에서 n개의 문자를 읽어 s에 저장한다.
fputs(s, fp)	s값인 문자열을 파일 포인터 fp에 저장한다.
fscanf(fp, ...)	파일 포인터 fp에서 지정된 형식에 따라 데이터를 읽는다.
fprintf(fp, ...)	파일 포인터 fp에 지정된 형식으로 데이터를 저장한다.
feof(fp)	파일 포인터 fp의 값이 EOF(End of File) 값인지 검사한다.
ferror( )	파일의 입출력시 오류가 발생하였는지를 검사한다.

이러한 함수들을 하나씩 살펴본다.

1.3 fopen( ) 함수

파일에 접근하기 위해서는 먼저 파일 열기를 하여야 한다. 읽고 쓰기를 할 수 있도록 하는 파일 처리를 준비하는 역할을 수행하는 함수이다.

헤더 파일 : <stdio.h>	
함수 선언 : FILE *fopen(char *filename, char *mode)	
사용 형식 : FILE *fopen("sample.txt", "rw+);	

파일이 정상적으로 열리면 파일 포인터를 반환하고 열 수 없는 경우에는 오류 발생으로 NULL 포인터를 반환한다.

[표 12-1 fopen 함수에서 mode에 사용할 수 있는 형식과 기능]

모드	기능	파일 존재	파일 없음
r	읽기(read)	파일 포인터 반환	NULL 반환
w	쓰기(write)	이전 내용 제거 후 새로 작성	생성
a	추가(append) 쓰기	이전 내용에 추가	생성
r+	읽고 갱신하기	파일 포인터 반환	NULL 반환
w+	읽고 쓰기	이전 내용 제거 후 새로 작성	생성
a+	추가(append) 쓰기	이전 내용에 추가	생성
rb	이진(binary)으로 파일 읽기	파일 포인터 반환	NULL 반환
wb	이진(binary)으로 파일 쓰기	이전 내용에 추가	생성
ab	이진(binary)으로 파일 추가하기	이전 내용에 추가	생성
r+b, rb+	이진(binary)으로 파일 읽고 갱신	파일 포인터 반환	NULL 반환
r+w, rw+	이진(binary)으로 파일 읽고 쓰기	이전 내용 제거 후 새로 작성	생성
r+a, ra+	이진(binary)으로 파일 읽고 추가	이전 내용에 추가	생성

1.4 fclose( ) 함수

파일 처리가 모두 끝나면 열었던 파일을 닫는 함수이다.

헤더 파일 : <stdio.h>
함수 선언 : int fclose(FILE *fp)
사용 형식 : int fclose(파일 포인터 변수)

파일 닫기가 성공적으로 수행되면 '0'을 반환하고 오류가 발생하면 EOF 값으로 '-1'을 반환한다.

O2 파일 입출력 함수

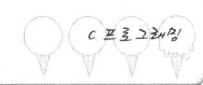

순차 파일에서의 입출력을 위하여 제공하는 함수는 다음과 같다.

콘솔 입출력 함수	파일 입출력 함수
putchar	putc, fputc
getchar	getc, fgetc
puts	fputs
gets	fgets
printf	fprintf
scanf	fscanf

파일 입출력 함수를 사용하는 예를 살펴보기 위한 전제 조건을 다음과 같이 정의한다.

전제 조건	FILE *fp; /* 파일 포인터의 선언 */ int c; /* 문자 */ char *s; /* 형식 문자열(format) */ int n; /* 최대 입력 문자수 */

2.1 getc( )와 fgetc( ) 함수

문자 읽기	int getc(fp); int fgetc(fp);

getc( ) 함수는 파일의 현재 파일 포인터 위치에서 1문자를 읽고, 파일 포인터의 위치를 1 증가하여 이동하는 매크로 함수이다.

fgetc( ) 함수는 파일의 파일 포인터(fp)의 위치에서 한 문자를 읽는다. getc( )와 같은 기능의 순수 함수이다.

2.2 putc( )와 fputc( ) 함수

문자 출력(쓰기)	int putc(c, fp); int fputc(c, fp);

putc( ) 함수는 파일의 파일 포인터(fp) 위치에 한 문자(c)를 출력, 즉 쓰기를 하는 매크로 함수이다. 반환값은 출력한 문자이고 오류인 경우는 EOF(-1)를 반환한다.

fputc( ) 함수는 파일로 한 문자(c)를 파일 포인터(fp)에 출력, 즉 쓰기를 한다. putc( ) 함수와 같은 기능의 순수 함수이다.

2.3 fgets( )와 fputs( ) 함수

문자열 읽기	char *fgets(s, n, fp);
문자열 쓰기	int fputs(s, fp);

fgets( ) 함수는 파일에서 문자열(n-1개의 문자)을 읽어 버퍼(s)에 저장하는 함수다. 버퍼(s)의 크기는 문자열 끝을 나타내는 개행 문자('\n')를 고려하여 문자열의 길이보다 1문자 크게 지정하는 것이 좋다.

fputs( ) 함수는 파일의 버퍼(s)에 저장되어 있는 문자열을 파일에 기록하는 함수이다. 문자열을 출력한 다음에는 파일 포인터(fp)가 문자열의 길이만큼 진행 방향으로 이동한다.

2.4 fscanf( )와 fprintf( ) 함수

형식 문자열 읽기	int fscanf(fp, format, arguments);
형식 문자열 쓰기	int fprintf(fp, control-format, arguments);

fscanf( ) 함수는 파일(fp)에서 입력 형식(format)으로 읽어 주어진 인수(arguments)에 데이터를 저장하는 함수이다. 입력이 정상적으로 이루어지면, 입력된 데이터 항목의 수를 반환하고 파일의 끝이거나 오류가 발생하면 'EOF'를 반환한다.

fprintf( ) 함수는 출력 형식에(control-format) 맞추어 인수(arguments)로 주어진 데이터들을 파일에 출력하는 함수이다. 출력이 정상적이면 출력된 글자 수를 반환하고, 오류가 발생하면 'EOF'를 반환한다.

[실습] ex_12-01.c : 파일을 읽어 화면에 출력하기

```
01: #include <stdio.h>
02: #include <stdlib.h>
03: main()
04: {
05:     FILE *fp;
06:     int c;
07:
```

```
08:        fp = fopen("ex_12-01.txt", "r");
09:        if (fp==NULL) {
10:                printf("\t입력 오류 !");
11:                exit(1);
12:        }
13:
14:        printf("\t <12-01.txt> \n");
15:        while((c=getc(fp)) != EOF)
16:                putchar(c);
17:
18:        fclose(fp);
19:
20:        return EXIT_SUCCESS;
21: }
```

05번 행에서 파일 구조체(FILE)로 포인터(*fp)를 선언하고 08번 행에서 파일에서 읽기 모드로 열어(fopen)서 함수의 수행 결과 값을 'fp'에 저장한다. fopen( ) 함수의 실행이 성공하면 파일 포인터가 저장되지만 실패하면 NULL 값이 저장되므로 09번 행에서 오류 검사를 수행한다. 오류가 발생하였다면 11번 행의 수행문으로 프로그램은 운영체제에 1 이라는 반환값을 던지고 종료하게 된다.

15번 행에서 16번 행까지는 파인 포인터를 1씩 증가하면서 한 글자씩 읽어(getc(fp)) 화 면에 출력(putchar(c))한다. 읽어오는 함수(getc(fp))가 'EOF'가 아닐 때(!=)까지 반복문 을 수행하므로 'EOF'가 되면 반복문을 종료한다.

18번 행에서 파일을 닫는 것은 반드시 수행하여야 할 예절과 같은 것이다. 열린 파일을 닫지 않고 종료하게 되면 대부분 자동 닫힘이 수행되지만, 간혹 닫히지 않는 경우가 발생 하면 다른 프로그램(예를 들어 메모장)에서 이 파일에 저장하거나 열기를 수행할 수 없는 경우가 발생할 수 있다. 이러한 경우가 발생하지 않도록 하기 위해서는 시스템을 재시작 하거나 프로그램에서 파일 닫기를 철저하게 수행해 주어야 한다.

프로그램을 실행하기 위해서는 먼저 메모장을 사용하여 일반 문서(text) 파일을 작성하 여야 한다. 실행을 위하여 "ex_12-01.txt" 파일을 "workspace\ex_12-01\" 폴더에 작 성해야 한다.

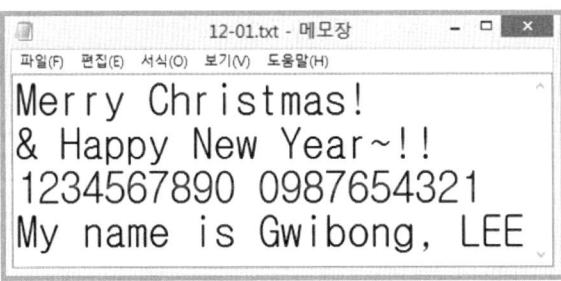

메모장을 사용하여 내용을 입력하여 'ex_12-01.txt'로 저장한다.

Eclipse에서 ex_12-01 프로젝트 디렉터리 찾기

○ WindowsXP일 경우 기본 적용 디렉터리
  C:\Document and Settings\사용자이름\workspace\프로젝트 디렉터리

○ Windows7 또는 Windows8일 경우 기본 적용 디렉터리
  C:\Users\사용자이름\workspace\프로젝트 디렉터리

작성된 프로그램을 컴파일하고 실행을 하면 다음과 같이 메모장에서 작성한 파일의 내용이 출력된다.

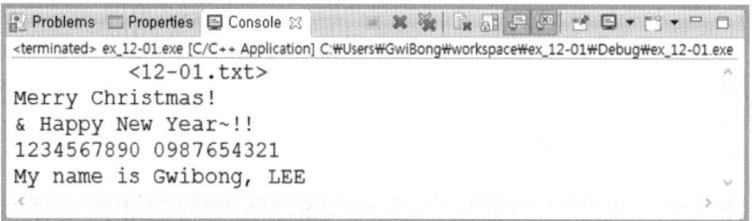

03 순차 파일 블록 단위 입출력 처리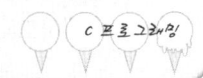

블록 단위의 입출력인 "size 바이트 * n"의 계산 결과 값을 사용하여 파일에서 읽거나 파일로 출력하는 것을 블록 단위 입출력 처리라고 한다.

3.1 fread( ) 함수

헤더 파일 : <stdio.h>

함수 선언 : size_t fread(void *buf, size_t size, size_t n, FILE *fp)

사용 형식 : fread(읽은 값 저장할 변수, 크기, 반복횟수, 파일포인터 변수)

파일 포인터 fp로부터 변수 size 크기의 레코드를 n개 (size*n 바이트) 읽어서 변수 buf에 저장한다.

fread(...) 함수의 반환값은 읽은 레코드의 수(데이터의 개수)를 반환하고 오류 또는 비어 있는 파일일 경우는 'EOF'나 '0'을 반환한다.

3.2 fwrite( ) 함수

헤더 파일 : <stdio.h>

함수 선언 : size_t fwrite(void *buf, size_t size, size_t n, FILE *fp)

사용 형식 : fwrite(데이터 값을 가진 변수, 크기, 반복 횟수, 파일 포인터)

buf의 내용 중 size 크기의 레코드 n개(size*n 바이트)를 fp 파일에 출력(저장)한다. fwrite(...) 함수가 반환하는 값은 출력된 레코드 개수이다.

[실습] ex_12-02.c : 블록 입출력 예제1

```
01: #include <stdio.h>
02: #include <stdlib.h>
03:
04: #define SIZE 10
05:
06: int main()                                     // 블록단위 파일 입출력 예제
07: {
08:       FILE *fp;
09:
10:       char *fname="ex_12-02.txt"
11:       char ch[20]="Good morning lgobng!!!!?"
12:       char buf[3]="  "
13:
14:       fp = fopen(fname, "w");                   // 파일 쓰기 모드로 열기
15:       if (fwrite(ch, SIZE, 2, fp) != 2) {       //ch 값을 SIZE 크기로 2번 파일에 출력
16:              printf("Error writing file\n");
17:              exit(1);
18:       }
19:
20:       fclose(fp);
21:       if ((fp = fopen(fname, "r")) ==NULL) {    // 파일 읽기 모드로 다시 열기
22:              printf("File open error.");
23:              exit(1);
24:       }
25:
26:       if (fread(buf, SIZE, 2, fp) != 2) {       // SIZE 바이트짜리 2개의 데이터를
27:              printf("Error reading file\n");    // 파일에서 입력하여 buf로 읽어 들임
28:              exit(1);
29:       }
30:
34:       printf("buffer=%s\n",buf);
35:       fclose(fp);                               // 파일 닫기
36:
37:       return EXIT_SUCCESS;
38: }
```

08번 행에서 파일 포인터 변수 *fp를 선언하고, 14번 행에서 fopen(...) 함수의 반환값을 저장하였다.

15번 행의 fwrite(...) 함수에서는 변수 ch의 문자열을 파일 포인터 fp가 가리키는 곳에 SIZE 바이트 짜리 2개의 데이터를 기록하는 수행문이다. 기록에 성공하였을 경우의 반환값은 파일에 기록하기 위해 전달된 SIZE 크기의 데이터 개수가/파일에 쓰기가 성공된 SIZE 크기의 데이터 개수가 된다. 여기서는 2개를 기록하였으므로 반환값이 2가 나오면 2개 모두 성공한 것이다. 이보다 작은 수가 나오면 성공한 개수만 반환되므로 실패한 내용이 존재한다는 의미가 되고 0이 나오면 전체를 실패한 경우로 디스크의 여유 공간이 없거나 파일이 생성되지 않았을 경우이다.

20번 행에서 기록 파일을 닫는 것은 쓰기 모드를 종료하고 파일을 완성하였다는 의미이다. 이때 파일의 쓰기 위치는 맨 끝을 가리킨다.

21번 행에서 파일을 읽기 모드로 다시 열기한 것은 위의 쓰기 모드와 상관이 없이 기존에 존재하는 파일을 읽기 모드로 열었다고 이해하기 바란다. 이렇게 열기하게 되면 파일의 읽기 위치는 파일 포인터의 선두인 처음을 가리키게 된다.

26번 행의 fread(...) 함수는 15번 행의 fwrite(...) 함수의 역을 수행하는 기능으로 사용법과 반환값은 fwrite(...) 함수와 동일하다. 즉 buf라는 변수에 파일 포인터의 위치가 0인 선두부터 SIZE 크기만큼 2개의 블록을 읽어오는 함수이다.

변수 buf에는 파일로부터 읽은 값이 'SIZE * 2'의 크기로 문자열이 들어오게 된다. 이는 SIZE가 10이므로 20바이트 문자열이 된다. 34번 행은 변수 buf의 내용을 문자열로 출력하는 수행문이다.

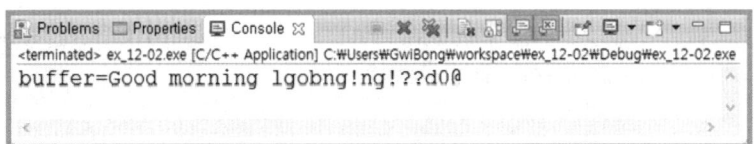

출력된 결과에서 '...lgbong' 이후에 '!'가 한 개만 표현된 것은 파일에 저장된 문자열이 'Good morning lgbong!'까지만 기록된 것의 결과이다. 저장하려는 변수 ch의 값이 20바이트가 넘으면 전체를 파일에 기록하지 않고 20개의 문자열만 기록하는 것을 알 수 있다.

'!' 이후의 'ng!??d0@' 문자열은 메모리상의 쓰레기 값으로 변수 buf의 마지막에 문자열의 종료 인식 값인 '\0'이 없어서 발생하는 현상이다. 즉, 앞서 설명하였지만 "%s" 형식 문자는 시작 포인터부터 '\0'을 만날 때까지 메모리의 값을 읽어 출력하는 기능을 수행하기 때문이다.

실행 예제 프로그램을 수행하고 난 후에 생성된 'ex_12-02.txt' 파일의 내용이다.

 ## 04 랜덤 파일 입출력 처리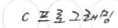

랜덤 파일 처리(RAM : Random Access Method)는 파일의 임의의 지점에 접근하여 읽고 쓰기를 수행하는 방법으로 함수는 다음과 같다.

함수	기능
fseek( )	파일의 지정된 위치로 이동
ftell( )	현재 파일 위치 제공
fflush( )	버퍼에 들어 있는 모든 문자의 파일 쓰기
fgetpos( )	파일 내부의 접근 위치의 정보를 제공
fsetpos( )	fgetpos로 읽은 정보로 파일 위치 설정
rewind( )	파일 내부의 접근 위치를 뒤로 이동, 지정하지 않으면 처음으로 이동

4.1 fseek( ) 함수

파일 입출력의 위치를 설정하는 함수이다.

헤더 파일 : <stdio.h>

함수 선언 : int fseek(FILE *fp, long offset, int origin);

사용 형식 : fseek(파일 포인터, 파일내의 위치 값, 기준 값)

첫 번째 인수인 FILE *fp는 파일을 지정하는 파일 포인터로 선언된 포인터 변수를 그대로 사용하면 된다.

두 번째 인수인 offset은 기준점인 origin으로부터 얼마만큼 떨어진 위치 인지를 정수 값으로 지정한다.

세 번째 인수인 origin은 파일의 읽고 쓸 위치의 위치에 대한 기준점을 정의하는 것으로 다음과 같다.

[파일의 위치의 기준 값]

○ 파일의 일고 쓰는 위치의 기준점(origin) 지정
  - SEEK_SET : 파일 처음부터 offset이 지정하는 위치까지 이동
  - SEEK_CUR : 파일의 현재 위치
  - SEEK_END : 파일의 끝

○ 기준점의 정의는 <stdio.h> 헤더 파일에 다음과 같이 정의되어 있다.
  - #define SEEK_SET 0
  - #define SEEK_CUR 1
  - #define SEEK_END 2

함수 수행 결과 반환값은 정수형 값으로 정상적으로 수행한 경우에는 "0"을 반환하고 오류가 발생했을 때에는 "0"이 아닌 값을 반환한다.

[fseek( ) 함수의 사용 예]

① 파일의 선두 위치를 지정	fseek(fp, 0L, SEEK_SET);
② 파일의 선두 위치에서 100바이트 떨어진 위치를 지정	fseek(fp, 100L, SEEK_SET);
③ 파일의 끝 위치를 지정	fseek(fp, 0L, SEEK_END);
④ 파일의 끝 위치에서 20바이트 앞의 위치를 지정	fseek(fp, -20L, SEEK_END);
⑤ 파일의 현재 위치를 지정	loc=ftell(fp); fseek(fp, loc, SEEK_SET); (==fseek(fp, 0L, SEEK_CUR);)

[실습] ex_12-03.c : 랜덤 파일 처리 예제|

```
01: #include <stdio.h>
02: #include <stdlib.h>
03:
04: int main()
05: {
06:     FILE *fp;
07:     char temp[15];
08:
09:     fp=fopen("ex_12-03.txt", "r");
10:
11:     fseek(fp, 20, 0);
12:     fscanf(fp, "%s", temp);
13:     temp[14] = '\0';
14:     printf("%s\n", temp);
15:     fclose(fp);
16:
17:     return EXIT_SUCCESS;
18: }
```

먼저 'ex_12-03.txt' 파일을 생성하거나 만들어 두어야 한다. 간단하게 메모장을 사용하여 만들면 된다. 11번 행에서 SEEK_SET인 파일의 선두에서 20바이트를 건너뛰는 위치로 이동한다.

12번 행에서 fscanf(…) 함수로 문자열을 읽는다. 이는 Null('\0')을 만날 때까지 읽게 되므로 temp의 크기가 15바이트로 읽은 문자열의 크기가 15바이트를 넘어가면 메모리 참조 오류가 발생하게 된다. 즉 'ex_12-03.txt' 파일의 첫 번째 행의 문자열이 "1234567890lgbongabcdefghijklmnopqrst"일 경우는 다음과 같은 오류가 발생한다. 일부 운영체제에서는 이 오류가 발생하여도 결과가 마지막 글자인 't'를 제외하고 정상 출력되지만, 신뢰 수준은 매우 낮다.

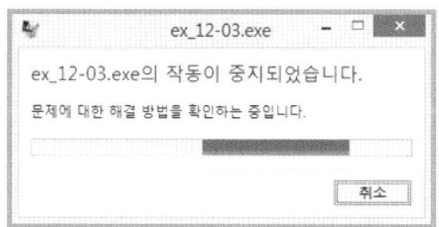 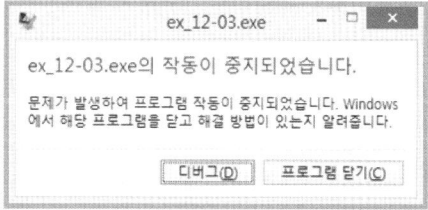

이러한 오류는 파일의 오류가 아니라 프로그램의 논리 오류에 속한다. 그러나 20바이트를 건너뛰고 나서 읽어야 하는 문자열이 temp 크기보다 작은 "1234567890lgbongabcdefghijklmnopqr"의 경우라면 오류가 발생하지 않는다.

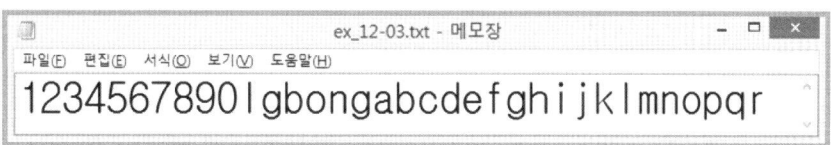

Eclipse에서의 결과 출력 화면은 다음과 같다.

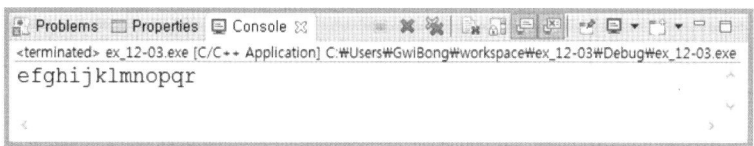

05 오류 처리

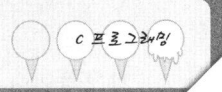

5.1 feof( ) 함수

feof( ) 함수는 파일의 끝에 도달하였는지를 확인할 수 있는 함수이다. 파일의 끝에 도착하거나, 오류가 발생한 경우에 EOF 값을 반환한다.

헤더 파일 : <stdio.h>

함수 선언 : int feof(FILE *fp)

사용 형식 : feof(파일 포인터)

파일의 끝에 도달하면 '0'이 아닌 정수 값(참 값)을 반환하고 파일의 끝에 도달하지 않았다면, '0'(거짓 값)을 반환하는 함수이다. feof( ) 함수를 사용하여 파일의 끝을 확인하는 방법은 다음과 같다.

```
FILE *fp;
int a;
  :
while(!feof(fp)) {
        a=fgetc(fp);
         :
}
```

위 방법은 반복문을 사용하여 파일의 위치가 끝에 도달하지 않았을 때 하나의 문자를 읽어 a 변수에 저장하는 기능을 반복하여 수행한다. 만일 파일의 위치가 끝에 도달하였을 때 반복문은 더는 수행하지 않는다. 즉, 'while' 문장은 판별식이 참일 경우 반복문을 계속 수행하게 된다. 만약 판별식이 거짓이라는 값을 갖게 되면 더 이상 반복문을 수행하지 않게 된다.

이를 이용하기 위하여 feof(fp) 함수의 수행 결과로 파일의 위치의 끝에 도달하였다면 참의 값을 반환하게 되고 끝이 아니라면 거짓이라는 값을 반환하므로 반환값을 반대로 뒤집는 연산자 '!' 연산을 수행한다. 이렇게 하면 'feof( )' 함수가 참을 반환하면 거짓이라는 판별을 하게 되고 거짓이라면 참이라는 판별을 하게 되므로 파일의 위치가 끝에 도달하지 않은 경우는 반복문에 포함된 fgetc( ) 함수를 수행하게 된다.

한 가지 더 알아두어야 할 것은 fgetc( ) 함수를 수행하여 문자를 읽으면 파일의 위치는 읽은 문자의 크기만큼 끝을 향하여 증가하여 위치를 이동한다.

5.2 ferror( ) 함수

파일 입출력 처리 중에 오류의 발생 여부를 확인하는 기능을 수행하는 함수이다.

헤더 파일 : <stdio.h>

함수 선언 : int ferror(FILE *fp);

사용 형식 : ferror(파일 포인터)

파일에 오류가 발생하면 0이 아닌 값(참 값)을 반환하고 오류가 발생하지 않으면 0(거짓 값)을 반환하는 함수이다. ferror( ) 함수를 이용하여 파일의 오류를 확인하는 방법은 다음과 같다.

```
FILE *fp
      :
while(!feof(fp)) {                    // 파일의 끝인가 검사
        fgetc(fp);
        if(ferror(fp)) {              // 파일 오류인가를 검사
                printf("file error\n");
                break;
        }
}
```
---

feof( ) 함수의 반환값이 거짓일 경우에는 반복문을 종료한다. ferror( ) 함수의 반환값이 참일 경우에는 파일 입출력 중 오류 발생으로 file error 문장을 출력하고 반복문을 계속 수행한다.

[실습] ex_12-04.c : 오류 처리 예제

```
01: #include <stdio.h>
02: #include <stdlib.h>
03:
04: int main(void)
05: {
06:     FILE *stream;
07:
08:     stream = fopen("ex_12-04.txt","w");        // 쓰기용으로 파일을 오픈 했는데...
09:     (void) getc(stream);                       // 읽기를 시도.... 도중 오류가 발생....
10:     if (ferror(stream)) {
11:             printf("========== 오류! 메시지 ==========\n");
12:             printf("ex_12-04.txt를 읽는 도중 오류가 발생했습니다!\n");
13:             clearerr(stream);                  // 오류와 EOF 지시자를 리셋함
14:     }
15:     fclose(stream);
16:
17:     return EXIT_SUCCESS;
18: }
```

06번 행에서 선언한 파일 포인터인 stream에 08번 행에서 쓰기 모드로 열기(open)한 결과를 저장하였다.

09번 행에서 getc( ) 함수를 수행하면 쓰기 모드인 파일을 읽으려는 시도가 되어 오류를 발생하게 된다.

10번 행에서 ferror( ) 함수를 호출하게 되면 09번 행에서 발생한 오류 정보를 확인하여 참의 값이 되므로 11번 행부터 12번 행까지를 출력하고 13번 행에서 오류 정보를 삭제하게 된다.

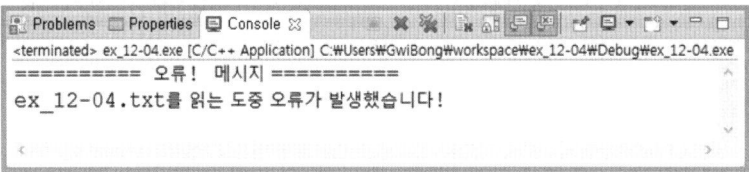

C/C++ 개발을 위한 Eclipse 사용하기

01 프로그램 다운로드 및 설치하기

본 교재에서 사용할 프로그래밍 환경은 Eclipse를 사용하여 C 프로그램을 작성하고 실행하도록 한다. Eclipse는 무료로 사용할 수 있는 개발환경을 제공하는 프로그램으로 Visual Studio의 개발 환경과 비교해도 손색이 없는 아주 훌륭한 프로그램이다. 이러한 Eclipse에서는 C 프로그램 개발을 위한 CDT라는 환경을 지원한다.

우선 Eclipse 다운로드 페이지(http://www.eclipse.org/downloads/)를 연다.

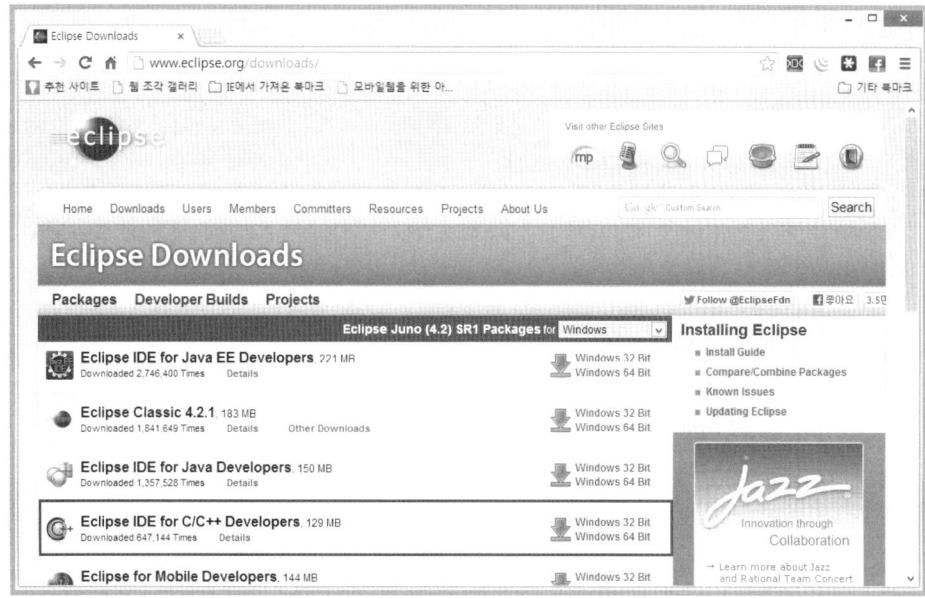

> **NOTE** 오른쪽의 Windows 32 Bit 또는 windows 64 Bit는 독자 여러분의 컴퓨터 운영
> 체제에 맞는 것을 선택하여 다운로드를 진행하면 된다. 필자는 64Bit 운영체제를 사
> 용하므로Windows 64 Bit를 선택하였다.

"Eclipse IDE for C/C++ Developers" 항목을 선택한다. 해당 항목의 오른쪽에
"Windows 32 Bit" 또는 "Windows 64 Bit" 중 독자 여러분의 컴퓨터 운영체제에 맞는
것을 선택하여 다운로드를 진행한다.

 를 클릭하여 다운로드를 시작한다. 이어서 다운로드할 파일을 저
장할 위치를 선택하여 저장한다.

다운로드된 압축 파일(Eclipse.zip)을 풀어 준다.

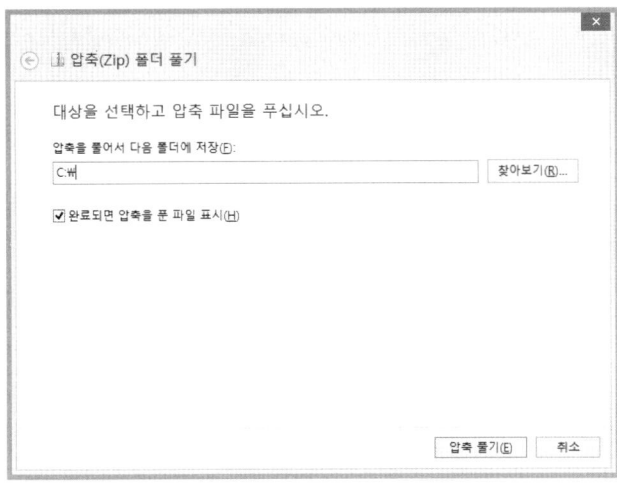

필자는 Eclipse 압축 파일을 '내 문서'에 저장하고 'C:₩'에 압축을 해제하였다.

Eclipse 프로그램이 'C:\eclipse' 폴더에 있는 것이 보일 것이다. 아직은 Eclipse를 실행할 수 없다. 하나 더 설치할 것이 있다. C/C++를 개발환경을 구축하는 것이지만, 개발 도구로 사용하려는 Eclipse는 JAVA 기반이기 때문에 JDK가 필요하다.
JAVA와 C/C++를 동시에 개발하는 환경을 구축하는 것도 개발자의 유연성을 높이는 길이라 여러모로 이득이 크다 하겠다.

자바를 다운로드하는 방법은 두 가지가 있다. 첫 번째는 'http://www.java.com'에서 다운로드하는 것이다. 여기서는 JRE라고 하는 자바 실행 환경 자료만 제공한다. 필자는 JAVA 개발 자료를 다운로드하기 위하여 'http://www.java.com'에서 다운로드하지 않는다. 이곳은 자바 실행환경에 필요한 자료를 제공하지만, 개발자를 위한 자료를 제공하지 않기 때문이다. 이전에는 실행환경과 개발자 환경 모두를 http://www.java.com에서 제공하였지만 현재는 오라클에서 자료를 제공하는 방법을 바꿔 놓았다. 언제 다시 또 정보가 변할지 모르지만 두 번째로 'http://www.oracle.com'에서 다운로드하는 방법이다. 영어로 정보를 제공하는 관계로 조금은 복잡한 경로를 찾아가기 어려운 독자는 다음 주소를 웹 브라우즈에 주소창에 직접 적어 접근하기를 바란다.

'http://www.oracle.com/technetwork/java/javase/downloads/index.html'에서 JDK를 다운로드한다. JDK는 JRE를 포함하고 있다. 지금은 사라진 '썬마이크로시스템즈'라는 회사에서 지원하였지만, 지금은 썬마이크로시스템즈가 오라클에 합병되고 난 이후 오라클에서 JAVA를 지원하고 있다.

JDK
DOWNLOAD ＋ 버튼을 클릭하여 다운로드한다.

'Accept License Agreement'를 클릭해야 다운로드가 가능하다.

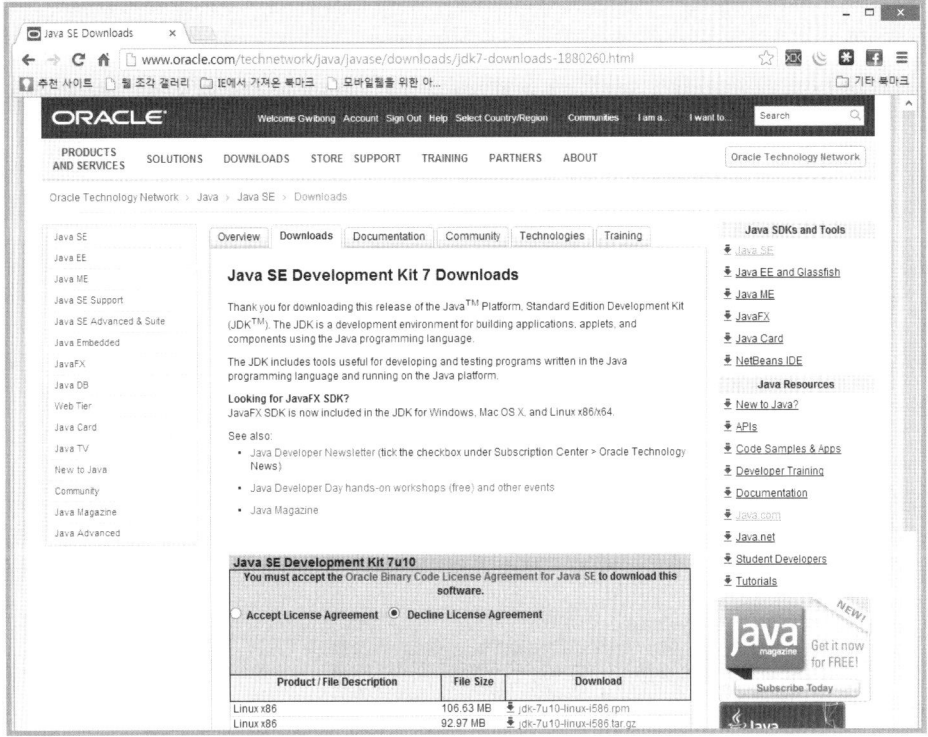

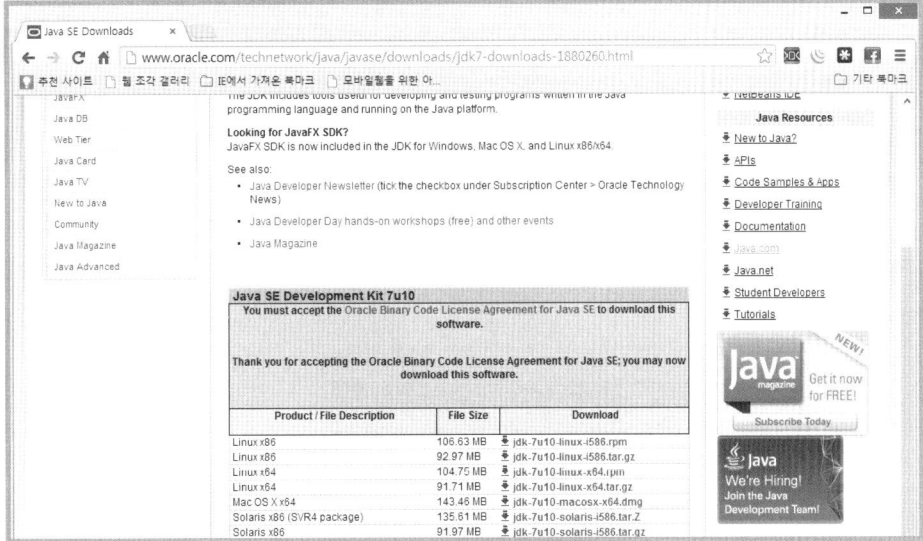

자바 또한 독자 여러분의 운영체제 환경에 따라 다운로드해야 한다. 운영체제가 32비트라면 Windows x86용을 다운로드하여 설치하는 것이 좋고, 운영체제가 64비트이라면 Windows x64용을 다운로드하여 설치하는 것이 좋다.

필자의 운영체제는 64비트이므로 Windows x64용인 'jdk-7u10-windows-x64.exe'를 선택하였다.

여기서 JDK와 JRE의 차이점을 잠깐 언급하자면 JDK는 개발자를 위한 지원 도구이고 JRE는 실행 및 테스트를 지원하는 도구이다. 개발자가 실행 및 테스트를 하지 못한다면 이는 개발 자체가 매우 어려워질 것이다. 즉 개발자 도구에는 실행환경이 포함되어 있다.

다운로드받은 'jdk-7u10-windows-i586.exe'를 실행한다.

한글로 표현하지 않음은 아쉬운 부분이다. [Next >] 버튼을 클릭한다.

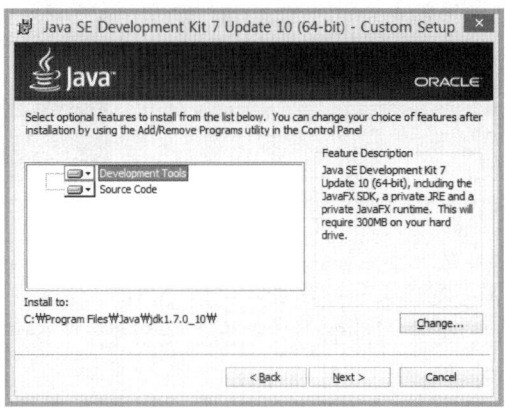

설치 경로를 변경하는 방법을 제공하지만, 필자의 경험상 변경하지 않는 것이 좋다. [Next >] 버튼을 클릭한다.

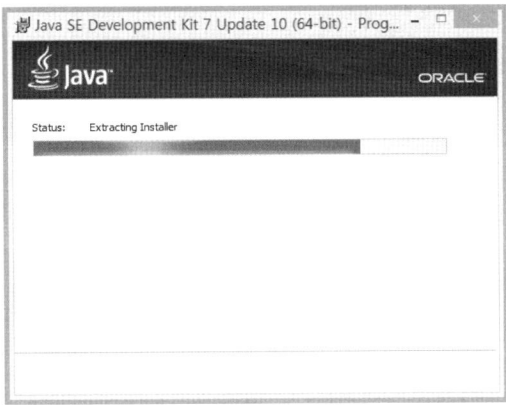

설치가 진행된다.

설치가 완료되었다. 더는 진행할 일이 없으므로 여기서 설치가 종료된다. 그러나 처음 설치하는 경우 예전에는 JRE를 설치하는 화면이 나온다. 이는 선택사항이므로 설치하지 않아도 된다. JDK와 같은 방법으로 설치 경로를 변경할 수 있지만 변경하지 않고 그대로 사용하는 것이 여러모로 편리하다. [Next >] 버튼을 클릭한다.

설치가 계속 진행되는 과정에서 나오는 자바가 전 세계 3백만 디바이스에서 실행되고 있다는 자랑이다.

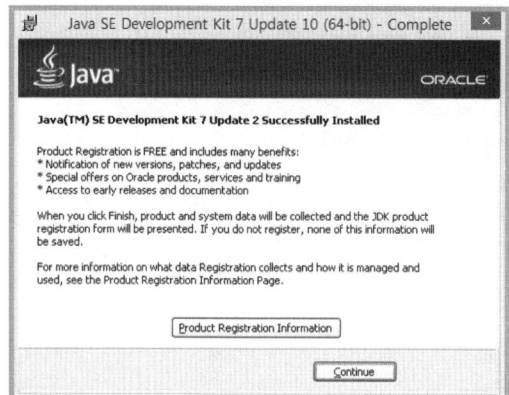

[Continue] 버튼을 클릭한다.

이어서 'Java FX 2.0 SDK'를 설치하도록 구성하고 있는 것은 JDK 7에서 지원하는 것이다.

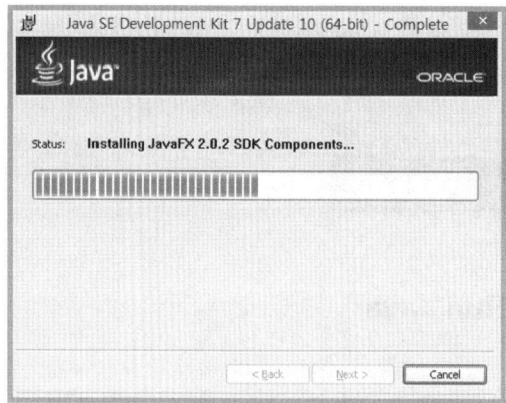

[Next >]를 클릭하여 나온 화면으로 진행하고, 다시 [Next]를 클릭하면 설치가 완료된
다. 이어서 JDK 개발자로 등록하라는 페이지가 나타나면 독자의 선택에 따라 개발자 등
록을 할 수 있다. 필자는 등록하지 않고 창을 닫았다. 선택은 독자 여러분의 몫이다.

자 이제 Eclipse를 실행할 준비가 되었다. 'C:Weclipse' 폴더의 'eclipse.exe'를 더블클릭하여 실행한다. 바탕화면에 바로가기를 만들어 두는 것이 좀 더 편리하다.

Eclipse 로고 화면이다. 사용하는 Eclipse 버전의 이름이 JUNO임을 알 수 있다. 필요한 플러그인들을 불러오는 시간이 조금 걸린다. 기다리면 작업공간(workspace)을 위한 폴더의 경로를 설정하는 화면이 나온다.

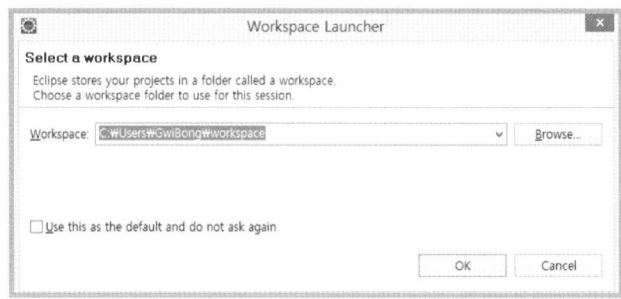

기본 경로를 바꿔준 후 'Use this as the default and do not ask again(기본으로 사용하고 다시 묻지 않기)' 앞의 체크박스를 클릭하여 선택하고 [OK] 버튼을 클릭하면 다음에 Eclipse를 실행할 때 나타나지 않는다.

사람은 기억의 한계가 있어 이렇게 경로를 보이지 않도록 설정하는 경우 프로젝트가 저장된 경로를 몰라서 헤매는 경우가 다반사이다. 가능하다면 체크박스를 체크하지 않고 사용하는 것이 정신 건강에 좋을 수 있다. 하지만 클릭 한 번 더하는 수고가 귀찮다면 체크를 하고 자신의 기억력을 믿어보기를 바란다.

 **프로그래밍 환경 구성**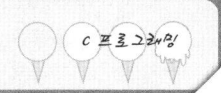

앞장에서 Eclipse가 실행되어 있으면 다음 단계로 진행을 하고 실행을 하지 않았다면 다시 Eclipse를 실행한다.

경로 설정 화면이 나타나지 않는 것은 앞서 기본 작업공간을 사용하도록 설정('Use this as the default and do not ask again'에 체크 표시)하였기 때문이다.

Eclipse를 실행하여 메뉴의 [Help]-[Install New Software]를 선택한다.

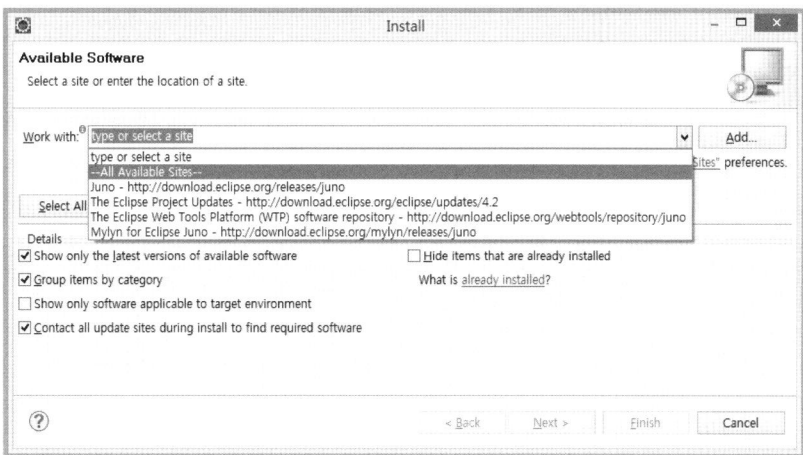

'Install New Software' 창에서 "Work with" 옆의 빈칸에 있는 "type or select a site" 메시지의 오른쪽/아래 방향 버튼을 클릭하여 "--All Available Sites--" 항목을 선택한다.

□Pending...   이라는 항목은 목록을 펼치는 중이라는 뜻이다. 기다리면 다음과 같이 설치 가능한 항목으로 나타난다.

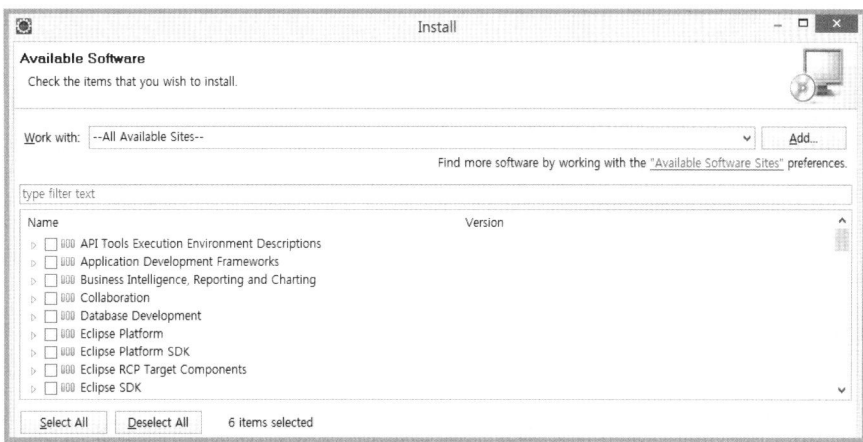

중앙에 설치 가능한 목록이 분류되어 있다. 오른쪽 스크롤을 이용하여 아래로 내려보면 'Programming Languages'라는 항목이 있다. 이 부분을 펼쳐서 세부항목을 선택할 수 있게 한다.

여기서 아래 그림과 같이 C/C++ 및 CDT 관련 항목을 선택한다. 선택되었으면 [Next >] 버튼을 클릭하여 계속 진행한다.

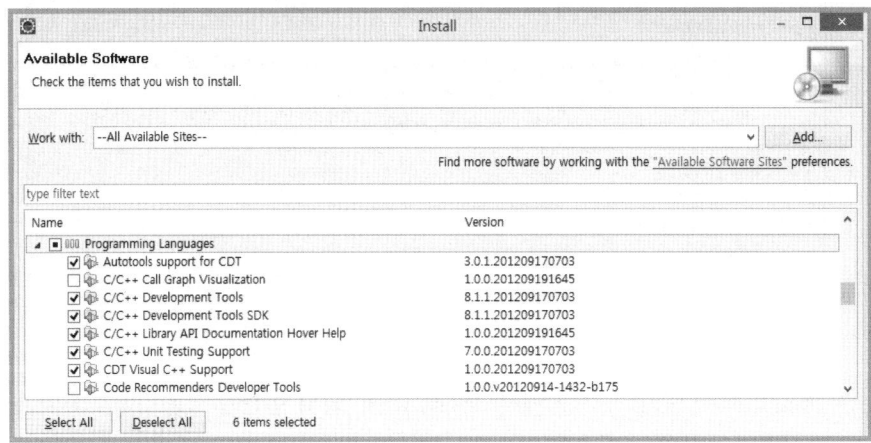

다시 [Next >]를 선택한다.

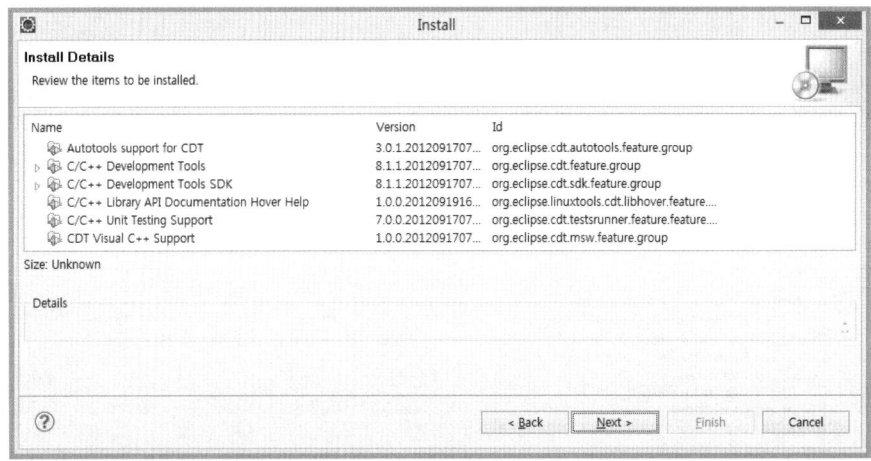

소프트웨어 사용에 대한 라이센스에 동의하기 위해 'I accept the terms of the license agreement'를 선택하면 [Finish] 버튼이 활성화된다.

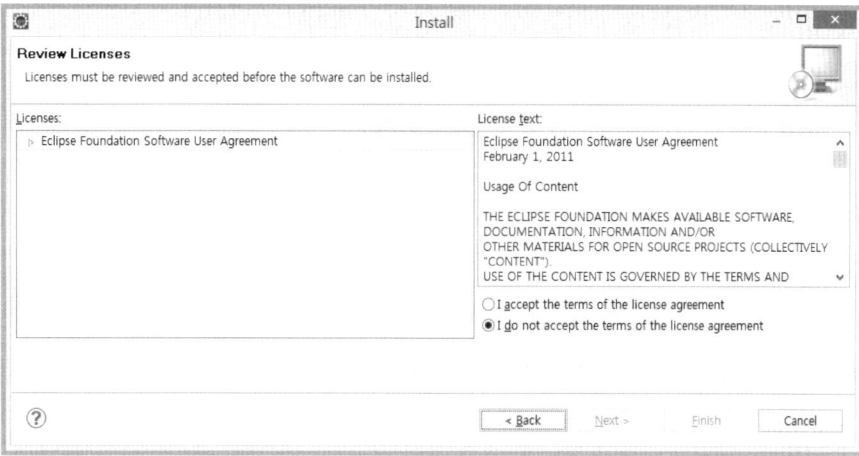

[Finish] 버튼을 클릭하면 업데이트를 진행한다.

Eclipse에 선택된 새로운 소프트웨어가 설치된다.

설치를 진행하는 동안 버튼을 클릭하지 말고 잠시만 기다리면 다음과 같이 Windows 보안 경고 창이 나온다.

Eclipse를 처음 설치하여 실행할 때 나타나는 운영체제에서 새로운 소프트웨어가 설치됨을 사용자에게 알리는 메시지이다. 반드시, 기필코, 절대로 [차단 해제(U)] 버튼을 클릭한다. 재설치를 감수하거나 개발 환경을 더는 사용하지 않겠다는 경우는 [계속 차단(K)]을 선택해도 된다. [나중에 다시 확인(A)]은 우선 사용해보고 확인한다는 의미가 있지만 먼저 사용해본다는 것 자체가 의미가 없다.

설치가 완료되었다. Eclipse를 재시작(restart)할 것인가를 묻는다. [Yes]를 클릭하면 Eclipse가 재시작되고, [No]를 선택하면 Eclipse에서 또 다른 프로그램을 설치하거나 설정작업을 계속할 수 있다. 그러나 우리가 원하는 C/C++를 사용하는 환경은 재시작을 해야 가능하다.

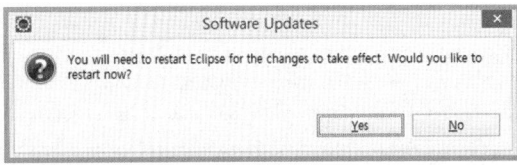

Welcome 화면에 'C/C++ Development'라는 항목이 보인다.

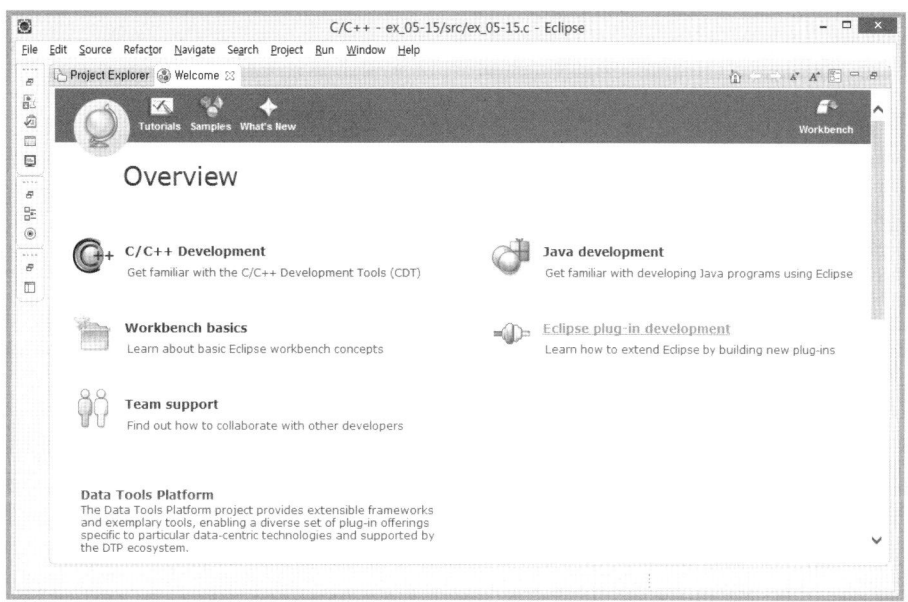

그러나 아직은 C/C++ 프로그래밍 개발 환경이 완성되지 않았다. Eclipse에서는 개발자를 위한 IDE 환경을 제공하는 것이지 컴파일러를 제공하는 것이 아니다. 이를 잊지 않았다면 컴파일러가 필요하다는 점을 알 수 있을 것이다.

컴파일러를 설치하자. 컴파일러의 종류를 선택하는 데는 신중을 기해야 한다. 지원하는 표준 언어 지원 스펙이 약간씩 차이가 나는 것이 현실이기 때문이다. Visual Studio를 설치하는 것도 좋은 방법이지만 자체 IDE를 지원하므로 중복으로 설치된다는 낭비적 요소가 있다. 이러한 중복 요소를 싫어하는 필자이기도 하지만 지금까지 무료 소프트웨어를 설치하였으므로 무료 컴파일러인 GNU 라이선스를 적용하고 있는 MinGW를 설치한다.

http://www.mingw.org/를 연결하여 페이지 왼쪽에 Navigation 항목에 속한 부메뉴로 'About'가 있고 다시 부메뉴에 'Downloads'가 있다.

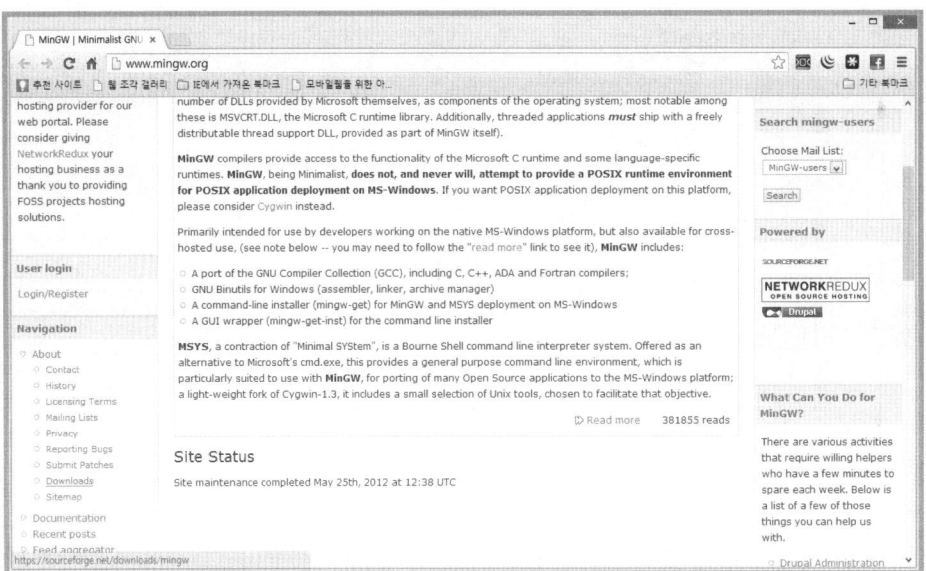

[Downloads]를 클릭하면 'Sourgeforge' 사이트로 이동한다.

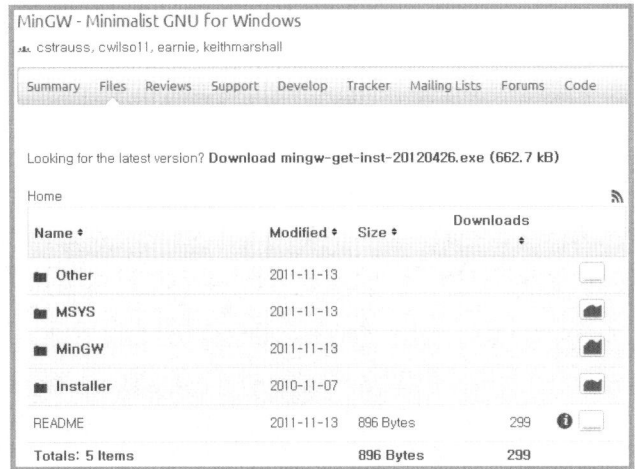

위쪽에 있는 'Looking for latest version?'의 우측에 최신 버전으로 표시되어 있는, 662kB 크기의 파일이 링크되어 있다. 이 mingw-get-inst-20120426.exe (662.7kB) 파일의 다운로드 링크를 클릭한다.

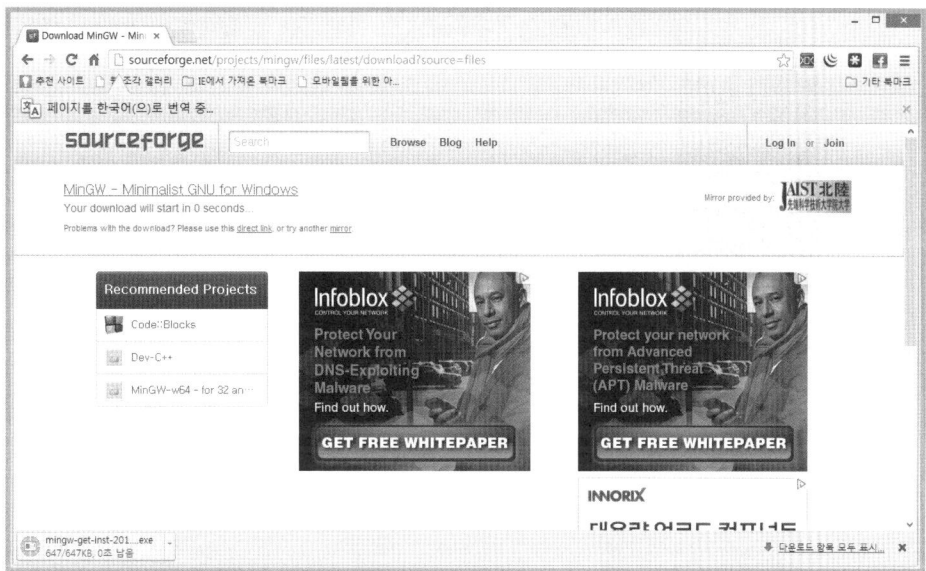

약간의 여유를 가지고 기다리면 다운로드를 진행된다. 기본적인 다운로드 폴더 또는 임의의 폴더에 저장한다.

해당 폴더를 열고 다운로드한 파일을 더블클릭하여 실행한다. 다음 그림과 같이 설정하고 설치한다.

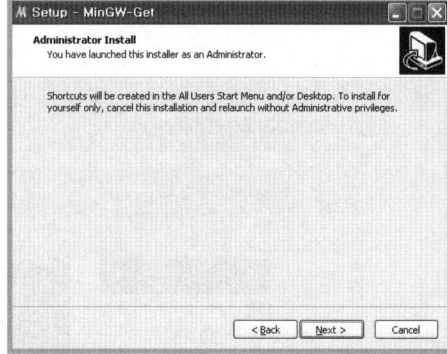

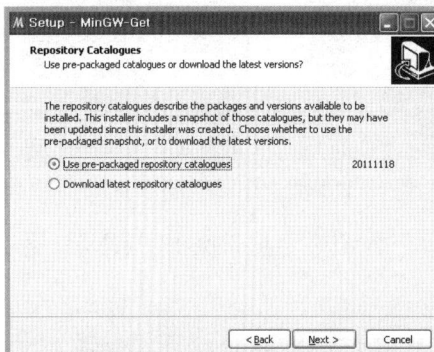

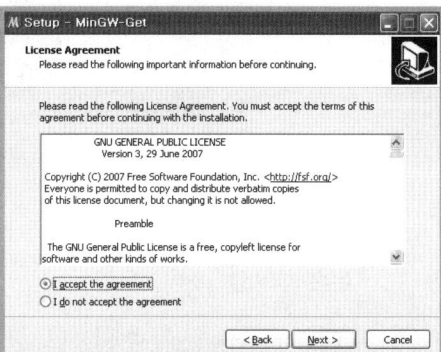

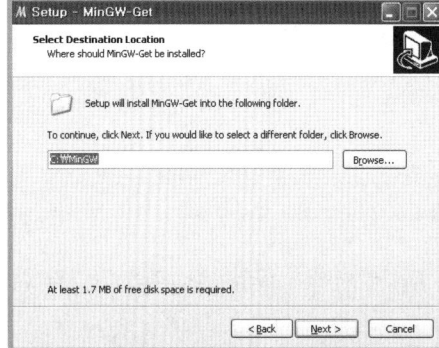

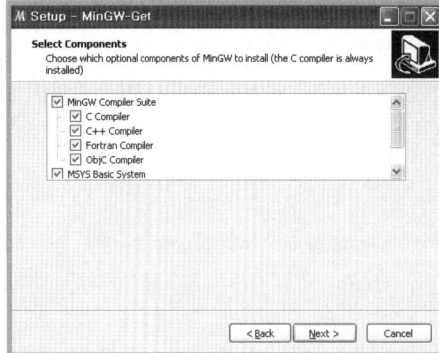

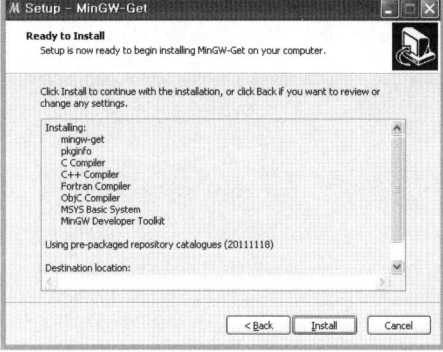

언제 Object-C를 개발하고 Fortran을 개발할지 모르기 때문에 모든 항목을 선택하고 [Next] 버튼을 클릭한다. 다음은 선택한 내용을 보여주는 창이다. 이 화면에서 'Install'을 클릭하면 설치를 진행한다.

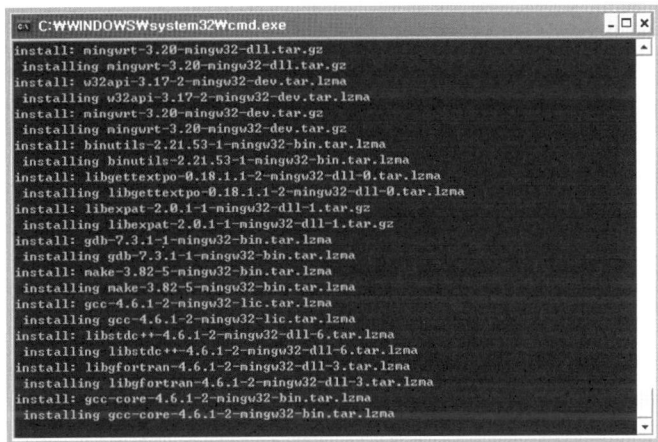

설치 시간이 조금 길다. 커피 한 모금 마시면 충분할 것이다.

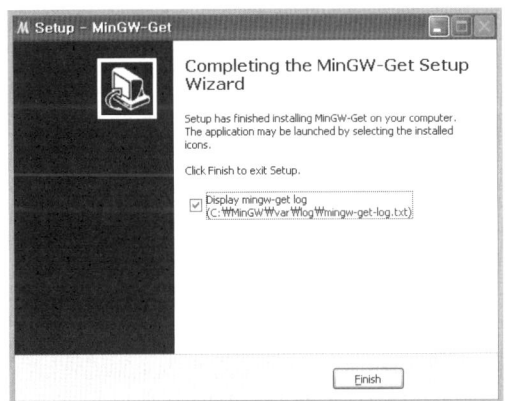

[Finish] 버튼을 클릭하면 설치가 완료되고 설치된 로그 파일을 메모장으로 보여준다. 로그 파일은 'C:\MinGW\var\log' 폴더에 'mingw-get-log.txt' 파일로 저장되어 있다. 필요할 때 찾아볼 수 있다.

설치가 완료되면 'C:\MinGW' 폴더에 'MinGW' 컴파일러가 설치되어 있다. 다음으로 진행할 작업은 환경변수 설정이다.

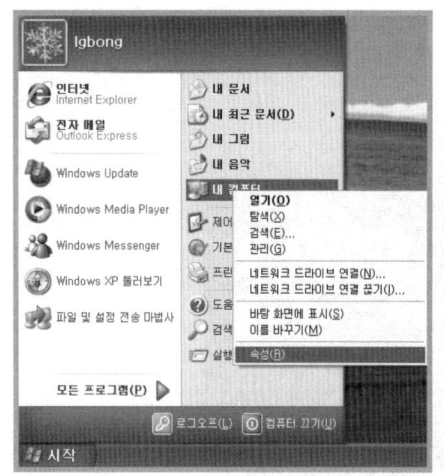
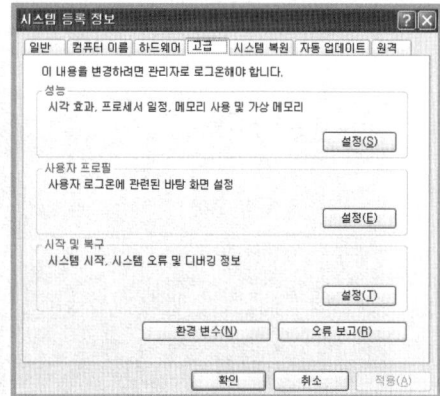

'MinGW' 컴파일러의 Path를 설정하기 위하여 내 컴퓨터의 속성 창을 열고 [고급] 탭에
서 환경변수를 클릭한다.

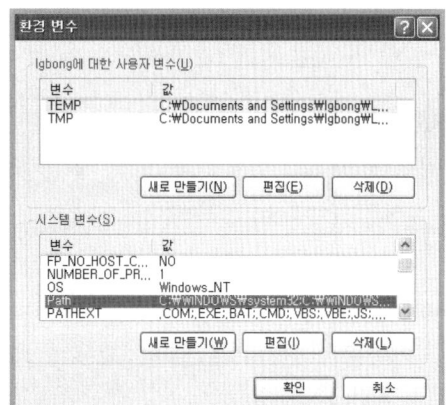
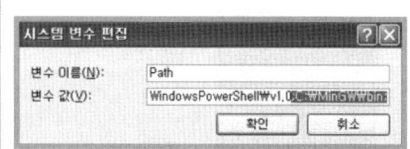

시스템 변수에서 Path 환경변수를 찾아서 더블클릭하여 ';C:\MinGW\bin;'를 직접 입
력하고 [확인] 버튼을 클릭한다. '시스템 변수 편집' 창이 닫히면, 열려있는 '환경변수' 창
과 '시스템 등록 정보' 창에서 [확인] 버튼을 클릭하여 환경변수 설정을 마무리한다.

이제 Eclipse 설치가 완료되었다. 멋진 개발환경을 마음껏 즐기기 바란다.

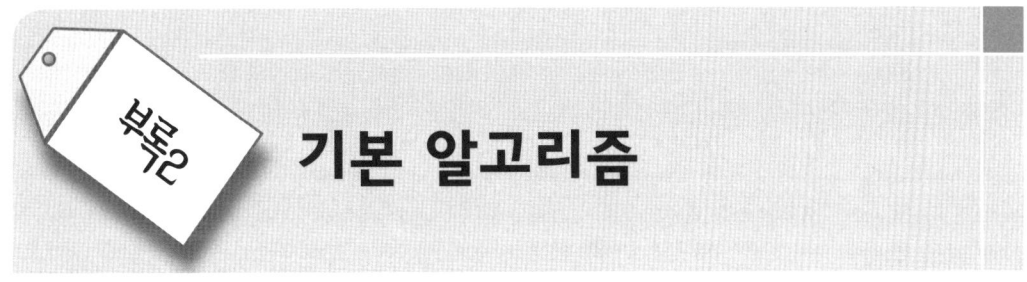

기본 알고리즘

01 정렬(sort) 알고리즘

1.1 선택 정렬(Selection Sort)

Selection.c

```
01: #include <stdio.h>
02: #include <stdlib.h>
03:
04: #define SWAP(x, y)        { char t; t = x; x = y; y = t; }
05: #define ASCENDING      0 // 오름차순
06: #define DESCENDING    1 // 내림차순
07:
08: void Selection(char *, int, int);
09:
10: int main(void) {
11:       char Num[] = {'7', '3', '5', '8', '1', '4', '2', '6', '9'};
12:       int i, length = sizeof(Num) / sizeof(Num[0]);
13:
14:       printf("Selection 정렬이전 : ");
15:       for(i=0; i<length; i++) printf("%c ", Num[i]);
16:
17:       printf("\nSelection 오름차순 : ");
18:       Selection(Num, length, ASCENDING);
19:       for(i=0; i<length; i++) printf("%c ", Num[i]);
20:
21:       printf("\nSelection 내림차순 : ");
22:       Selection(Num, length, DESCENDING);
23:       for(i=0; i<length; i++) printf("%c ", Num[i]);
24:
25:       return EXIT_SUCCESS;
26: }
27:
28: void Selection(char *array, int size, int flag)
```

```
29: {
30:        int i, j;
31:
32:        if (size <= 1) return;          // 구간이 1이면 정렬 끝
33:
34:        for(i=0; i<size; i++)
35:                for(j=i+1; j<size; j++)
36:                        if(flag == ASCENDING) {
37:                                if(array[i] > array[j] ) SWAP(array[i], array[j]);
38:                        }
39:                        else if(flag == DESCENDING) {
40:                                if(array[i] < array[j] ) SWAP(array[i], array[j]);
41:                        }
42:                        else
43:                                return;
44:        return;
45: }
```

1.2 버블 정렬(Bubble Sort)

```c
01: #include <stdio.h>
02: #include <stdlib.h>
03:
04: #define SWAP(x, y)      { char t; t = x; x = y; y = t; }
05: #define ASCENDING      0 // 오름차순
06: #define DESCENDING     1 // 내림차순
07:
08: void Bubble(char *, int, int);
09:
10: int main(void)
11: {
12:         char Num[] = {'7', '3', '5', '8', '1', '4', '2', '6', '9'};
13:         int i, length = sizeof(Num) / sizeof(Num[0]);
14:
15:         printf ("Bubble 정렬이전 : ");
16:         for (i=0; i<length; i++) printf ("%c ", Num[i]);
17:
18:         printf ("\nBubble 오름차순 : ");
19:         Bubble(Num, length, ASCENDING);
20:         for (i=0; i<length; i++) printf ("%c ", Num[i]);
21:
22:         printf ("\nBubble 내림차순 : ");
23:         Bubble(Num, length, DESCENDING);
24:         for (i=0; i<length; i++) printf ("%c ", Num[i]);
25:
26:         return EXIT_SUCCESS;
27: }
28:
29: void Bubble(char *array, int size, int flag)
30: {
31:         int i, j;
32:
33:         if (size <= 1) return;          // 구간이 1이면 정렬 끝
34:
35:         for (i=1; i<size; i++)
36:                 for (j=0; j<size-i; j++)
37:                         if(flag == ASCENDING) {
38:                                 if (array[j] > array[j+1]) SWAP(array[j], array[j+1]);
39:                         }
40:                         else if(flag == DESCENDING) {
41:                                 if (array[j] < array[j+1]) SWAP(array[j], array[j+1]);
42:                         }
43:                         else
44:                                 return;
45:         return;
46: }
```

1.3 퀵 정렬(Quick Sort)

```
01: #include <stdio.h>
02: #include <stdlib.h>
03:
04: #include <stdio.h>
05: #include <stdlib.h>
06:
07: #define SWAP(x, y)        { int t; t = x; x = y; y = t; }
08: #define ASCENDING      0 // 오름차순
09: #define DESCENDING    1 // 내림차순
10:
11: void QuickSort(char *, int, int);
12:
13: int main(void) {
14:        char Num[]= {'7', '3', '5', '8', '1', '4', '2', '6', '9'};
15:        int i, length = sizeof(Num) / sizeof(Num[0]);
16:
17:        printf("Quick 정렬이전 : ");
18:        for(i=0; i<length; i++) printf("%c ", Num[i]);
19:
20:        printf("\nQuick 오름차순 : ");
21:        QuickSort(Num, length, ASCENDING);
22:        for(i=0; i<length; i++) printf("%c ", Num[i]);
23:
24:        printf("\nQuick 내림차순 : ");
25:        QuickSort(Num, length, DESCENDING);
26:        for(i=0; i<length; i++) printf("%c ", Num[i]);
27:
28:        return EXIT_SUCCESS;
29: }
30:
31: void QuickSort(char *array, int size, int flag)
32: {
33:        int left, right;
34:        char key;
35:
36:        if (size <= 1) return;          // 구간이 1이면 정렬 끝
37:
38:        key = array[size-1];          // 기준값 결정 : 배열상의 제일 끝 요소
39:        for (left=0,right=size-2; ; left++,right--) {
40:                if(flag == ASCENDING) {
41:                        while (array[left] < key) left++;
42:                        while (array[right] > key) right--;
43:                }
44:                else if(flag == DESCENDING) {
45:                        while (array[left] > key) left++;
```

```
46:                        while (array[right] < key) right--;
47:                }
48:                if (left >= right) break;                // 좌우가 만나면 끝
49:                    SWAP(array[left], array[right]);
50:        }
51:
52:        SWAP(array[left], array[size-1]);             // 기준값과 i 위치의 값 교환
53:        QuickSort(array, left, flag);                 // 왼쪽 구간 정렬
54:        QuickSort(array+left+1, size-left-1, flag);   // 오른쪽 구간 정렬
55:
56:        return;
57: }
```

1.4 삽입 정렬 (Insertion Sort)   Insertion.c

```
01: #include <stdio.h>
02: #include <stdlib.h>
03: #include <mem.h>
04:
05: #define ASCENDING     0 // 오름차순
06: #define DESCENDING    1 // 내림차순
07:
08: void Insertion( char *, int, int );
09: void InsertionMem( char *, int, int );         // 속도 개선을 위한 memcopy 함수 사용
10:
11: int main(void)
12: {
13:        char Num[]= {'7', '3', '5', '8', '1', '4', '2', '6', '9'};
14:        int i, length = sizeof(Num) / sizeof(Num[0]);
15:
16:        printf("Insertion 정렬이전 : ");
17:        for (i=0; i<length; i++ ) printf("%c ", Num[i]);
18:
19:        printf("\nInsertion 오름차순 : ");
20:        Insertion(Num, length, ASCENDING);
21:        //InsertionMem(Num, length, ASCENDING);
22:        for (i=0; i<length; i++ ) printf("%c ", Num[i]);
23:
24:        printf("\nInsertion 내림차순 : ");
25:        Insertion(Num, length, DESCENDING);
26:        //InsertionMem(Num, length, DESCENDING);
27:        for (i=0; i<length; i++ ) printf("%c ", Num[i]);
28:
29:        return EXIT_SUCCESS;
30: }
31:
```

```
32: void Insertion(char *array, int size, int flag)
33: {
34:      int i, j;
35:      char temp;
36:
37:      if(size <= 1) return;          // 구간이 1이면 정렬 끝
38:
39:      for (i=1; i<size; i++) {                          // 두 번째 요소부터 끝까지 순회
40:              for (temp=array[i], j=i; j>0; j--)          // 앞쪽으로 이동
41:                      if(flag == ASCENDING) {
42:                              if (array[j-1] > temp)array[j] = array[j-1];
43:                              else break;
44:                      }
45:                      else if (flag == DESCENDING) {
46:                              if (array[j-1] < temp)array[j] = array[j-1];
47:                              else break;
48:                      }
49:              array[j] = temp;
50:      }
51: }
52:
53: void InsertionMem(char *array, int size, int flag )
54: {
55:      char temp;
56:      int i, j;
57:
37:      if(size <= 1) return;          // 구간이 1이면 정렬 끝
58:      i = size-1;
59:      while ( i-- > 0 ) {
61:              temp = array[(j=i)];
62:              if(flag == ASCENDING)
63:                      while ( ++j < size && temp > array[j] );
64:              else if(flag == DESCENDING)
65:                      while ( ++j < size && temp < array[j] );
66:              if ( --j == i ) continue;
67:              memcpy(array+i, array+i+1, sizeof(*array) * (j-i));
68:              array[j] = temp;
69:      }
70: }
```

1.5 버킷 정렬(Bucket Sort)　　　　　　　　　　　Bucket.c

```
001: #include <stdio.h>
002: #include <stdlib.h>
003: #include <time.h>
004:
005: #define ASCENDING0 // 오름차순
006: #define DESCENDING1 // 내림차순
007:
008: #define SWAP(x, y)      { float t; t = x; x = y; y = t; }
009:
010: void bktSort(float *, int, int);
011:
012: /* 리스트를 구성할 노드 정의 */
013: typedef struct node {
014:      float value;
015:      struct node *link;
016: } node;
017:
018: int main(void) {
019:      float fNum[] = {0.0f, 0.0f, 0.0f, 0.0f, 0.0f, 0.0f, 0.0f, 0.0f, 0.0f, 0.0f};
020:      int i, length = sizeof(fNum) / sizeof(fNum[0]);
021:
022:      srand(time(NULL));
023:      for (i=0; i<length; i++)
024:             fNum[i] = (float)(rand() % 100) / 100; // 0.00 ~ 9.99
025:
026:      printf("Bucket 정렬이전 : ");
027:      for (i=0; i<length; i++ ) printf("%1.2f   ", fNum[i]);
028:
029:      printf("\nBucket 오름차순 : ");
030:      bktSort(fNum, length, ASCENDING);
031:      for (i=0; i<length; i++ ) printf("%1.2f   ", fNum[i]);
032:
033:      return EXIT_SUCCESS;
034: }
035:
036: void bktSort(float *array, int size, int flag) {
037:      node counter[size], *n2, *n1;
038:      int i, j, k = 0;
039:      float n;
040:      for(i=0; i<size; i++) { // 구조체 배열 초기화
041:              counter[i].value = 0;
042:              counter[i].link  = 0;
043:      }
044:
045:      for(i=0; i<size; i++) { // 배열의 인덱스에 맞도록 값 변경
```

```
046:              n = array[i];
047:              j = n * 100;
048:              j = j / 10;
049:
050:              // 버킷에 맞도록 값 이동
051:              if(counter[j].value == 0 && counter[j].link == 0)
052:                      counter[j].value = array[i]; // 버킷에 원소가 없으면
053:              else {    // 버킷에 하나의 원소만 있으면
054:                      if(counter[j].link==0 && counter[j].value != 0) {
055:                              counter[j].link=(node *) malloc(sizeof(node));
056:                              n2 = counter[j].link;
057:                              n2->link  = 0;
058:                              n2->value = array[i];
059:                              continue;
060:                      }
061:                      // 하나 이상의 원소가 있으면
062:                      n2 = counter[j].link ;
063:                      while(n2->link != 0 ) n2 = n2->link;    // 맨 마지막 노드 찾기
064:                      n2->link = (node *) malloc(sizeof(node));
065:                      n2 = n2->link;
066:                      n2->link  = 0;
067:                      n2->value = array[i];
068:              }
069:      }
070:
071:      // 모든 버킷을 순서대로 정렬
072:      for(i=0; i<size; i++) {
073:              // 버킷에 원소가 없으면
074:              if(counter[i].link == 0 && counter[i].value == 0)
075:                      continue; // 다음 버킷 처리
076:              else {
077:                      n1 = &counter[i];
078:                      n2 = &counter[i] ;
079:                      if(n2->link != 0) { // 버킷에 둘 이상의 노드가 있다면
080:                              while(n1 != 0) { // 버블정렬 응용
081:                                      while(n2 != 0) {
082:                                              if(n1->value >=  n2->value)
083:                                                      SWAP(n1->value, n2->value);
084:                                              n2 = n2->link;
085:                                      }
086:                                      n2 = n1->link;
087:                                      n1 = n1->link;
088:                              }
089:                      n1 = &counter[i];
090:
091:                      for(; n1 != 0; k++) { // 차례대로 담기
```

```
092:                                          array[k] = n1->value;
093:                                          n1 = n1->link;
094:                                }
095:                      }
096:                      else { // 버킷에 하나의 노드만 있다면
097:                                array[k] = counter[i].value;
098:                                k = k + 1;
099:                      }
100:             }
101:      }
102:      return;
103: }
```

1.6 기수 정렬 (Radix Sort)　　　　　　　　　　　　　　　　　　Radix.c

```
01: #include <stdio.h>
02: #include <stdlib.h>
03: #include <math.h>
04: #include <string.h>
05: #include <time.h>
06:
07: #define ASCENDING      0 // 오름차순
08: #define DESCENDING     1 // 내림차순
09: #define LIMIT          10
10:
11: void Radix(int *, int, int, int);
12:
13: int main(void) {
14:      int i;
15:      int Num[LIMIT];
16:
17:      srand((unsigned)time(NULL));
18:      for (i=0; i<LIMIT; i++) Num[i] = rand() % 1000 ; // 999 이하의 숫자. (3자리)
19:
20:      printf("\nRadix 정렬이전 : ");
21:      for(i=0; i<LIMIT; i++) printf("%d  ", Num[i]);
22:
23:      Radix(Num, LIMIT, 3, 10);
24:
25:      printf("\nRadix 오름차순 : ");
26:      for(i=0; i<LIMIT; i++) printf("%d  ", Num[i]);
27:
28:      return EXIT_SUCCESS;
29: }
30:
31: // data : 정수배열
```

```
32: // size : data의 정수들의 개수
33: // p    : 숫자위치의 최대개수 (123이라면 3자리숫자이므로 3)
34: // k    : 기수 (10진법을 사용할 것이므로 10)
35: void Radix(int *data, int size, int p, int k)
36: {
37:         int *counts, // 특정자리 숫자 카운트
38:         *temp;// 정렬된 결과 저장
39:         int index, pval, i, j, n;
40:
41:         // 메모리 할당
42:         if ((counts = (int *)malloc(k * sizeof(int))) == NULL)return
43:         if ((temp = (int *)malloc(size * sizeof(int))) == NULL)return
44:
45:         for (n=0; n<p; n++) { // 1의 자리, 10의자리, 100의 자리 순으로 진행
46:                 for (i=0; i<k; i++) counts[i] = 0; // 초기화
47:                 // 위치값 계산. n:0 => 1,  1 => 10, 2 => 100
48:                 pval = (int)pow((double)k, (double)n);
49:
50:                 // 각 숫자의 발생횟수를 센다. 숫자가 123이라면 n:0 => 3,  1 => 2, 2 => 1
51:                 for (j=0; j<size; j++) {
52:                         index = (int)(data[j] / pval) % k;
53:                         counts[index] = counts[index] + 1;
54:                 }
55:
56:                 // 카운트 누적합을 구한다. 계수정렬을 위해서.
57:                 for (i=1; i<k; i++) counts[i] = counts[i] + counts[i-1];
58:
59:                 // 계수정렬 방식 카운트를 사용해 각 항목의 위치를 결정한다.
60:                 for (j=size-1; j>=0; j--) { // 뒤에서 부터 시작
61:                         index = (int)(data[j] / pval) % k;
62:                         temp[counts[index] -1] = data[j];
63:                         counts[index] = counts[index] - 1; // 해당 숫자카운트를 1 감소
64:                 }
65:
66:                 // 임시 데이터 복사
67:                 memcpy(data, temp, size * sizeof(int));
68:         }
69:
70:     return;
71: }
```

1.7 합병 정렬(Merge Sort)

```
01: #include <stdio.h>
02: #include <stdlib.h>
03: #include <conio.h>
04: #include <time.h>
05:
06: #define ASCENDING      0 // 오름차순
07: #define DESCENDING    1 // 내림차순
08: #define LIMIT         10
09:
10: void Merge(int *, int, int, int);
11:
12: int main(void)
13: {
14:        int Num[LIMIT], i = 0;
15:
16:        srand((unsigned)time(NULL));
17:        for(i=0; i<LIMIT; i++) Num[i] = rand() % 100 ; // 99 이하의 숫자. (2자리)
18:
19:        printf("\nMerge 정렬이전: ");
20:        for(i=0; i<LIMIT; i++) printf("%4d", Num[i]);
21:
22:        printf("\nMerge 오름차순: ");
23:        Merge(Num, 0, LIMIT - 1, ASCENDING);
24:        for(i=0; i<LIMIT; i++) printf("%4d", Num[i]);
25:
26:        printf("\nMerge 내림차순: ");
27:        Merge(Num, 0, LIMIT - 1, DESCENDING);
28:        for(i=0; i<LIMIT; i++) printf("%4d", Num[i]);25.
29:
30:        return EXIT_SUCCESS;
31: }
32:
33: void Merge(int *array, int l, int h, int flag)
34: {
35:        int i = 0;
36:        int length = h - l + 1;
37:        int pivot = 0;
38:        int merge1 = 0;
39:        int merge2 = 0;
40:        int temp[100];
41:
42:        if(l == h) return;
43:
44:        pivot = (l + h) / 2;
45:
```

```
46:         Merge(array, l, pivot, flag);
47:         Merge(array, pivot + 1, h, flag);
48:         for(i = 0; i < length; i++) temp[i] = array[l + i];
49:
50:         merge1 = 0;
51:         merge2 = pivot - l + 1;
52:
53:         for(i = 0; i < length; i++)
54:                 if(merge2 <= h - l) {
55:                         if(merge1 <= pivot - l) {
56:                                 if(flag == ASCENDING)
57:                                         if(temp[merge1] > temp[merge2])
58:                                                 array[i + l] = temp[merge2++];
59:                                         else
60:                                                 array[i + l] = temp[merge1++];
61:                                 else if (flag == DESCENDING) {
62:                                         if(temp[merge1] < temp[merge2])
63:                                                 array[i + l] = temp[merge2++];
64:                                         else
65:                                                 array[i + l] = temp[merge1++];
66:                                 }
67:                         }
68:                         else
69:                                 array[i + l] = temp[merge2++];
70:                 }
71:                 else
72:                         array[i + l] = temp[merge1++];
73:
74:         return;
75: }
```

1.8 쉘 정렬(Shell Sort)   Shell.c

```c
01: #include <stdio.h>
02: #include <stdlib.h>
03: #include <time.h>
04:
05: #define ASCENDING     0 // 오름차순
06: #define DESCENDING    1 // 내림차순
07: #define LIMIT         10
08:
09: void Insertion_sort(int *, int, int, int, int);
10: void Shell(int *, int, int);
11:
12: int main()
13: {
14:         int i;
15:         int Num[LIMIT];
16:
17:         srand((unsigned)time(NULL));
18:         for(i = 0; i < LIMIT; i++) Num[i] = rand() % 100 ; // 99 이하의 숫자. (2자리)
19:
20:         printf("\nShell 정렬이전: ");
21:         for(i = 0; i < LIMIT; i++) printf("%d ", Num[i]);
22:
23:         printf("\nShell 오름차순: ");
24:         Shell(Num, LIMIT, ASCENDING);
25:         for(i = 0; i < LIMIT; i++) printf("%d ", Num[i]);
26:
27:         printf("\nShell 내림차순: ");
28:         Shell(Num, LIMIT, DESCENDING);
29:         for(i = 0; i < LIMIT; i++) printf("%d ", Num[i]);
30:
31:         return EXIT_SUCCESS;
32: }
33:
34: void Shell(int *list, int size, int flag)
35: {
36:         int i, gap;
37:
38:         for(gap = size / 2; gap > 0; gap = gap / 2) {
39:                 if((gap % 2) == 0) gap++;
40:                 for(i = 0; i < gap; i++) Insertion_sort(list, i, size-1, gap, flag);
41:         }
42:         return;
43: }
44:
45: // first 에서 last 까지 gap 만큼 떨어진 요소들을 삽입정렬
```

```
46: void Insertion_sort(int *list, int first, int last, int gap, int sort)
47: {
48:     int i, j, key;
49:
50:     for(i = first + gap; i <= last; i = i + gap) {
51:         key = list[i];
52:         if(sort == ASCENDING)
53:             for(j = i - gap; j >= first && list[j] > key; j = j - gap)
54:                 list[j + gap] = list[j];
55:         else if(sort == DESCENDING)
56:             for(j = i - gap; j >= first && list[j] < key; j = j - gap)
57:                 list[j + gap] = list[j];
58:         list[j + gap] = key;// 빈자리에 key 를 삽입
59:     }
60:     return;
61: }
```

1.9 힙 정렬 (Heap Sort)　　　　　　　　　　　　　　　　　　Heap.c

```c
01: #include <stdio.h>
02: #include <stdlib.h>
03: #include <time.h>
04:
05: #define ASCENDING    0 // 오름차순
06: #define DESCENDING   1 // 내림차순
07: #define LIMIT        10
08: #define SWAP(x, y)   { int t; t = x; x = y; y = t; }
09:
10: void Heap(int *, int, int);
11:
12: int main()
13: {
14:     int i;
15:     int Num[LIMIT];
16:
17:     srand((unsigned)time(NULL));
18:     for(i = 0; i < LIMIT; i++) Num[i] = rand() % 100 ; // 99 이하의 숫자. (2자리)
19:
20:     printf("\nShell 정렬이전: ");
21:     for(i = 0; i < LIMIT; i++) printf("%d ", Num[i]);
22:
23:     printf("\nShell 오름차순: ");
24:     Heap(Num, LIMIT, ASCENDING);
25:     for(i = 0; i < LIMIT; i++) printf("%d ", Num[i]);
26:
27:     printf("\nShell 내림차순: ");
28:     Heap(Num, LIMIT, DESCENDING);
29:     for(i = 0; i < LIMIT; i++) printf("%d ", Num[i]);
30:
31:     return EXIT_SUCCESS;
32: }
33:
34: void Heap(int *array, int n, int flag)
35: {
36:     int last;
37:
38:     buildHeap(array, n, flag);
39:     for(last = n-1; last > 0; last--) {
40:             SWAP(array[0], array[last]);
41:             heapify(array, 0, last, flag);
42:     }
43:
44: return;
45: }
```

```
46:
47: void buildHeap(int *array, int n, int flag)
48: {
49:         int i = n / 2 - 1;
50:
51:         while( i >= 0 )
52:                 heapify(array, i--, n, flag);
53:
54:         return;
55: }
56:
57: // Heapify
58: // A[]  : 데이터가 들어가 있는 배열
59: // p    : heapify를 수행할 노드
60: // n    : 전체 데이터 갯수
61: // 주의 : p 노드의 자식들은 힙을 이루고 있어야 함
62: void heapify(int *array, int p, int n, int flag)
63: {
64:         int left = 2 * p + 1;
65:         int right = 2 * p + 2;
66:         int largest = left;
67:
68:         if( left >= n ) return;
69:
70:         if(flag == ASCENDING) {
71:                 if(right < n && array[right] > array[left])
72:                         largest = right;
73:                 if( array[p] < array[largest] ) {
74:                         SWAP(array[p], array[largest]);
75:                         heapify(array, largest, n, flag);
76:                 }
77:         }
78:         else if(flag == DESCENDING) {
79:                 if(right < n && array[right] < array[left])
80:                         largest = right;
81:                 if( array[p] > array[largest] ) {
82:                         SWAP(array[p], array[largest]);
83:                         heapify(array, largest, n, flag);
84:                 }
85:         }
86:
87:         return;
88: }
```

1.10 교환 정렬(Exchange Sort)　　　　　　　　Exchange.c

```
01: #include <stdio.h>
02: #include <stdlib.h>
03: #include <time.h>
04:
05: #define ASCENDING      0 // 오름차순
06: #define DESCENDING     1 // 내림차순
07: #define LIMIT          10
08: #define SWAP(x, y)     { int t; t = x; x = y; y = t; }
09:
10: void Exchange(int *array, int size, int flag);
11:
12: int main(void)
13: {
14:      int i;
15:      int Num[LIMIT];
16:
17:      srand((unsigned)time(NULL));
18:      for(i = 0; i < LIMIT; i++) Num[i] = rand() % 100 ; // 99 이하의 숫자. (2자리)
19:
20:      printf("\nExchange 정렬이전: ");
21:      for(i = 0; i < LIMIT; i++) printf("%d ", Num[i]);
22:
23:      printf("\nExchange 오름차순: ");
24:      Exchange(Num, LIMIT, ASCENDING);
25:      for(i = 0; i < LIMIT; i++) printf("%d ", Num[i]);
26:
27:      printf("\nExchange 내림차순: ");
28:      Exchange(Num, LIMIT, DESCENDING);
29:      for(i = 0; i < LIMIT; i++) printf("%d ", Num[i]);
30:
31:      return EXIT_SUCCESS;
32: }
33:
34: void Exchange(int *array, int size, int flag)
35: {
36:      int i, j;
37:
38:      for(i = 0; i <= size; i++)
39:              for(j = i + 1; j <= size - 1; j++)
40:                      if(flag == ASCENDING) {
41:                              if(array[j] < array[i])
42:                                      SWAP(array[i], array[j]);
43:                      }
44:                      else if(flag == DESCENDING) {
45:                              if(array[j] > array[i])
46:                                      SWAP(array[i], array[j]);
47:                      }
48:      return;
49: }
```

1.11 계수 정렬(Counting Sort)

```c
01: #include <stdio.h>
02: #include <stdlib.h>
03: #include <time.h>
04:
05: #define ASCENDING      0 // 오름차순
06: #define DESCENDING     1 // 내림차순
07: #define LIMIT          10
08: #define SWAP(x, y)     { int t; t = x; x = y; y = t; }
09:
10: void Counting(int *array, int size, int flag);
11:
12: int main(void){
13:        int i;
14:        int Num[LIMIT];
15:
16:        srand((unsigned)time(NULL));
17:        for(i = 0; i < LIMIT; i++) Num[i] = rand() % 100 ; // 99 이하의 숫자. (2자리)
18:
19:        printf("\nExchange 정렬이전: ");
20:        for(i = 0; i < LIMIT; i++) printf("%d ", Num[i]);
21:
22:        printf("\nExchange 오름차순: ");
23:        Counting(Num, LIMIT, ASCENDING);
24:        for(i = 0; i < LIMIT; i++) printf("%d ", Num[i]);
25:
26:        return EXIT_SUCCESS;
27: }
28:
29: void Counting(int *array, int size, int flag)
30: {
31:        int i, j;
32:
33:        for(i = 0; i <= size; i++)
34:                for(j = i + 1; j <= size - 1; j++)
35:                        if(flag == ASCENDING) {
36:                                if(array[j] < array[i])
37:                                        SWAP(array[i], array[j]);
38:                        }
39:                        else if(flag == DESCENDING) {
40:                                if(array[j] > array[i])
41:                                        SWAP(array[i], array[j]);
42:                        }
43:        return;
44: }
```

1.12 빗 정렬(Comb Sort)   Comb.c

```c
01: #include <stdio.h>
02: #include <stdlib.h>
03: #include <time.h>
04:
07: #define LIMIT            10
08: #define SWAP(x, y)       { int t; t = x; x = y; y = t; }
09:
10: void Comb(int *, int);
11:
12: int main(void) {
13:       int i;
14:       int Num[LIMIT];
15:
16:       srand((unsigned)time(NULL));
17:       for(i = 0; i < LIMIT; i++) Num[i] = rand() % 100 ; // 99 이하의 숫자. (2자리)
18:
19:       printf("\nComb 정렬이전: ");
20:       for(i = 0; i < LIMIT; i++) printf("%d ", Num[i]);
21:
22:       printf("\nComb 오름차순: ");
23:       Comb(Num, LIMIT);
24:       for(i = 0; i < LIMIT; i++) printf("%d ", Num[i]);
25:
26:       return EXIT_SUCCESS;
27: }
28:
29: void Comb(int *input, int size)
30: {
31:    const float shrink = 1.3f;
32:    int i, gap = size;
33:    char swapped = 0;
34:
35:    while ((gap > 1) || swapped) {
36:      if (gap > 1)gap = (float)gap / shrink;
37:
38:      swapped = 0;
39:
40:      for (i = 0; gap + i < size; ++i)
41:        if (input[i] - input[i + gap] > 0) {
42:            SWAP(input[i], input[i + gap]);
43:            swapped = 1;
44:        }
45:    }
46:    return;
47: }
```

1.13 칵테일 정렬(Cocktail Sort)
Cocktail.c

```c
01: #include <stdio.h>
02: #include <stdlib.h>
03: #include <time.h>
04:
05: #define ASCENDING    0 // 오름차순
06: #define DESCENDING   1 // 내림차순
07: #define LIMIT        10
08: #define asc_swap { if (a[i] < a[i - 1])\
09:                      { t = a[i]; a[i] = a[i - 1]; a[i - 1] = t; t = 0;} \
10:                  }
11: #define dsc_swap { if (a[i] > a[i - 1])\
12:                      { t = a[i]; a[i] = a[i - 1]; a[i - 1] = t; t = 0;} \
13:                  }
14:
15: void Cocktail(int *, int, int);
16:
17: int main(void)
18: {
19:        int i;
20:        int Num[LIMIT];
21:
22:        srand((unsigned)time(NULL));
23:        for(i = 0; i < LIMIT; i++) Num[i] = rand() % 100 ; // 99 이하의 숫자. (2자리)
24:
25:        printf("\nCocktail 정렬이전: ");
26:        for(i = 0; i < LIMIT; i++) printf("%d ", Num[i]);
27:
28:        printf("\nCocktail 오름차순: ");
29:        Cocktail(Num, LIMIT, ASCENDING);
30:        for(i = 0; i < LIMIT; i++) printf("%d ", Num[i]);
31:
32:        printf("\nCocktail 내림차순: ");
33:        Cocktail(Num, LIMIT, DESCENDING);
34:        for(i = 0; i < LIMIT; i++) printf("%d ", Num[i]);
35:
36:        return EXIT_SUCCESS;
37: }
38:
39: void Cocktail(int *a, int len, int flag)
40: {
41:        int i;
42:        int t = 0;
43:
44:        while (!t) {
45:                for (i = 1, t = 1; i < len; i++)
```

```
46:                          if(flag == ASCENDING) { asc_swap; }
47:                          else if(flag == DESCENDING) { dsc_swap; }
48:                  if (t) break;
49:                  for (i = len - 1, t = 1; i; i--)
50:                          if(flag == ASCENDING) { asc_swap; }
51:                          else if(flag == DESCENDING) { dsc_swap; }
52:                  }
53:         return;
54: }
```

 **02 탐색(search) 알고리즘**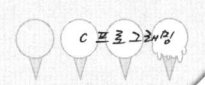

2.1 근사값 탐색(Near Search)   Near.c

```c
01: #include <stdio.h>
02: #include <stdlib.h>
03: #include <math.h>
04:
05: #define INT_MAX 999
06:
07: int main(void)
08: {
09:     //[1] 선언 및 초기화
10:     int Data[] = {33, 23, 22, 34, 36}; // 원본데이터
11:     int TargetData = 25;           // 타겟 데이터: 주어진 값(이 값에 가장 가까운 데이터 검색)
12:     int Diff = 0;                        // 차이값
13:     int DiffMin = INT_MAX;               // 차이 최소값
14:     int Near = 0;                        // 가까운값
15:     int i = 0;
16:
17:     //[2] 알고리즘
18:     for(i = 0;i < 5;i++) {          // 가까운 값(근사값;NEAR) 알고리즘 적용
19:             Diff = Data[i] - TargetData;
20:             if(abs(DiffMin) > abs(Diff)) {  // abs( )는 절대값 구하는 함수
21:                     DiffMin = Diff;
22:                     Near = Data[i];
23:             }
24:     }
25:
26:     //[3] 출력
27:     printf("원본 데이터: \n");
28:     for(i = 0;i < 5;i++) {
29:             printf("%d ", Data[i]);
30:     }
31:     printf("\n%d와 가장 가까운 값: %d\n" , TargetData, Near);
32:
33:     // [4] 종료
34:     return EXIT_SUCCESS;
35: }
```

2.2 순차 탐색(Sequence Search)   Sequence.c

```c
01: #include <stdio.h>
02: #include <stdlib.h>
03:
04: #define INT_MAX 999
05:
06: int main(void)
07: {
08:         // [1] 선언 및 초기화
09:         int Num[5]={77,55,33,89,90};
10:         int Search;
11:         int i;
12:
13:         // [2] 순차 탐색 알고리즘
14:         printf("찾을 데이터 입력 : ");
15:         scanf("%d", &Search);
16:
17:         for(i=0; i<5; i++) {
18:                 if(Num[i] == Search) {
19:                         printf("%d 찾는 데이터가 %d 있습니다. \n", i, Num[i]);
20:                         break
21:                 }
22:                 else
23:                         printf("%d 번째 찾는 데이터는 없습니다\n",i);
24:         }
25:
26:         // [3] 종료
27:         return EXIT_SUCCESS;
28: }
```

2.3 배수 탐색 카운트   Count.c

```c
01: #include <stdio.h>
02: #include <stdlib.h>
03:
04: #define INT_MAX 999
05:
06: int main(void)
07: {
08:         // [1] 선언 및 초기화
09:         int intCount =0;
10:         int i, hap=0;
11:
12:         // [2] 알고리즘
13:         for(i=1; i<=100; i++) {
14:                 if(i % 3 == 0) {
15:                         hap +=i;
16:                         intCount++ ;
17:                 }
18:         }
19:
20:         // [3] 출력
21:         printf("3의배수의갯수는: %d \n", intCount);
22:         printf("3의배수의합은: %d \n", hap);
23:
24:
25:         // [4] 종료
26:         return EXIT_SUCCESS;
27: }
```

2.4 이진 탐색 (Binary Search)

```
01: #include <stdio.h>
02: #include <stdlib.h>
03:
04: int main(void)
05: {
06:        // [1] 선언 및 초기화
07:        int Num[] = {0,1,2,3,4,5,6,7,8};
08:        int Target = 9;
09:        int left, mid, right, max;
10:
11:        left = 0;                                        // 이진탐색의 왼쪽 끝
12:        right = (max = sizeof(Num) / sizeof(Num[0])) - 1;   // 이진탐색의 오른쪽 끝
13:
14:        // [2] 알고리즘
15:        while (left<=right) {
16:                mid = (left + right) >> 1;     // 중앙 값 재설정
17:                if (Target == Num[mid])
18:                        break;
19:                else if (Target < Num[mid])   // 찾는 값이 작으면 오른쪽 끝을 재설정
20:                        right = mid-1;
21:                else if (Target > Num[mid])   // 찾는 값이 크다면 왼쪽 끝을 재설정
22:                        left = mid+1;
23:        }
24:
25:        // [3] 출력
26:        printf("%d번째 위치의 값 %d\n", mid+1, Num[mid]);
27:
28:        // [4] 종료
29:        return EXIT_SUCCESS;
30: }
```

2.6 해쉬 테이블 탐색(Hash Table Search)   Hash.c

```
01: #include <stdio.h>
02: #include <stdlib.h>
03: #include <string.h>
04:
05: #define HASHSIZE 256
06:
07: unsigned hash(char *);
08: struct LinkedList* Search(char *);
09: char *strSave(char *);
10: struct LinkedList* hStructBuild(char *, char *);
11:
12: struct LinkedList {
13:        struct LinkedList *next
14:        char *irum// 이름을 키로 사용 한다.
15:        char *phone
16: };
17:
18: static struct LinkedList *hTable [HASHSIZE];
19:
20: int main()
21: {
22:        char *irum[] = {"JooSeong","JinYoung","DongSeok","ByengRyel","DooYoung","Gwi Bong","Donghoon"};
23:        char *phon[] = {"936-5429","748-1301","550-8584","8823-8792","913-0147","677-8500","759-0672"};
24:        int i, length = sizeof(irum) / sizeof(irum[0]);
25:        struct LinkedList *head, *ptr;
26:
27:        for (i = 0; i < length; i++)
28:        hStructBuild(irum[i], phon[i]); //구조체에 리스트 구축
29:
30:        printf ("\n해시 테이블 리스트\n=================================\n");
31:        for (i = 0; i < HASHSIZE; i++) {
32:                head = hTable[i];
33:                for (ptr = head; ptr != NULL; ptr = ptr->next)
34:                        printf("%04d: %10s,\t %s\n", i, ptr->irum, ptr->phone);
35:        }
36:
37:        // 찾기
38:        printf ("\n====[찾는 값 : Gwi Bong]==========\n");
39:        ptr = Search("Gwi Bong");
40:        if(ptr)
41:                printf("찾음: %10s,\t %s\n", ptr->irum, ptr->phone);
42:        else
43:                printf("없음: \n");
44:
45:        return EXIT_SUCCESS;
```

```
46: }
47:
48: //hash 함수: 문자열 recvStr를 위한 해시 값 산출
49: unsigned hash(char *recvStr)
50: {
51:     unsigned hValue;
52:
53:     for (hValue = 0; *recvStr != '\0' recvStr++)//문자열 recvStr의 길이만큼 반복
54:     hValue = *recvStr + 1 * hValue;//*recvStr에 의존하는 난수적인 값
55:
56:     return hValue % HASHSIZE;  //HASHSIZE 이내의 값(0 <= 반환 값< HASHSIZE)
57: }
58:
59: //해시 함수를 통하여 해시 테이블의 요소에 접근 후 연결 리스트를 따라가며 반복 탐색
60: struct LinkedList* Search(char *findStr)
61: {
62:     struct LinkedList *nextPoint;
63:
64:     for (nextPoint=hTable[hash(findStr)];nextPoint!=NULL;nextPoint=nextPoint->next)
65:             if (strcmp(findStr, nextPoint->irum) == 0) return nextPoint; //찾은 위치
66:
67:     return NULL;//못 찾음
68: }
69:
70: //문자열 recvStr를 메모리에 할당한 포인터 반환
71: char *strSave(char *recvStr)
72: {
73:     char *p;
74:
75:     p = (char *) malloc(strlen(recvStr)+1); //+1 for '\0'
76:     if (p != NULL) strcpy (p, recvStr);
77:
78:     return p;
79: }
80:
81: //해시 테이블에 구조체 할당(저장)
82: struct LinkedList* hStructBuild(char *irum, char *phone)
83: {
84:     struct LinkedList *nextPoint;
85:     unsigned hValue;
86:
87:     if ((nextPoint = Search(irum)) == NULL) { //not found (새롭게 할당)
88:             nextPoint = (struct LinkedList *) malloc(sizeof(*nextPoint));
89:             if (nextPoint == NULL || (nextPoint->irum = strSave(irum)) == NULL)
90:                     return NULL;
91:             hValue = hash(irum);
```

```
92:                nextPoint->next = hTable[hValue];//현재 해시값의 구조체는 다음으로 연결
93:                hTable[hValue] = nextPoint;
94:        }
95:        else
96:                free ((void *) nextPoint->phone);//이미 존재하면 phone 해제
97:
98:        if ((nextPoint->phone = strSave(phone)) == NULL)   //phone 다시 할당
99:                return NULL;
100:
101:    return nextPoint;
102: }
```

2.7 이진 탐색 트리(Binary Search Tree)   BST.c

```
001: #include <stdio.h>
002: #include <stdlib.h>
003:
004: #define SIZE 9
005:
006: typedef struct node {
007:        int data;
008:        struct node* left;
009:        struct node* right;
010: } node;
011:
012: typedef int (*comparer)(int, int);
013: typedef void (*callback)(node*);
014:
015: node* create_node(int data)
016: {
017:        node *new_node = (node*)malloc(sizeof(node));
018:
019:        if(new_node == NULL) {
020:                fprintf (stderr, "Out of memory!!! (create_node)\n");
021:                exit(1);
022:        }
023:        new_node->data = data;
024:        new_node->left = NULL;
025:        new_node->right = NULL;
026:
027:        return new_node;
028: }
029:
030: node* insert_node(node *root, comparer compare, int data)
031: {
```

```
032:    if(root == NULL)
033:            root = create_node(data);
034:    else {
035:            int is_left  = 0;
036:            int r        = 0;
037:            node* cursor = root;
038:            node* prev   = NULL;
039:
040:            while(cursor != NULL) {
041:                    r = compare(data, cursor->data);
042:                    prev = cursor;
043:                    if(r < 0) {
044:                            is_left = 1;
045:                            cursor = cursor->left;
046:                    }
047:                    else if(r > 0) {
048:                            is_left = 0;
049:                            cursor = cursor->right;
050:                    }
051:            }
052:            if(is_left)
053:                    prev->left = create_node(data);
054:            else
055:                    prev->right = create_node(data);
056:    }
057:
058:    return root;
059: }
060:
061: node* delete_node(node* root, int data,comparer compare)
062: {
063:    if(root == NULL) return NULL;
064:
065:    node *cursor;
066:    int r = compare(data,root->data);
067:
068:    if( r < 0)
069:            root->left = delete_node( root->left, data,compare);
070:    else if( r > 0 )
071:            root->right = delete_node(root->right,data,compare);
072:    else {
073:            if (root->left == NULL) {
074:                    cursor = root->right;
075:                    free(root);
076:                    root = cursor;
077:            }
```

```
078:              else if (root->right == NULL) {
079:                      cursor = root->left;
080:                      free(root);
081:                      root = cursor;
082:              }
083:              else {   //2 children
084:                      cursor = root->right;
085:                      node *parent = NULL;
086:                      while(cursor->left != NULL) {
087:                              parent = cursor;
088:                              cursor = cursor->left;
089:                      }
090:                      root->data = cursor->data;
091:                      if (parent != NULL)
092:                              parent->left = delete_node(parent->left, parent->left->data,compare);
093:                      else
094:                              root->right = delete_node(root->right, root->right->data,compare);
095:              }
096:      }
097:
098:      return root;
099: }
100:
101: node* search(node *root,const int data,comparer compare)
102: {
103:      if(root == NULL) return NULL;
104:
105:      int r;
106:      node* cursor = root;
107:
108:      while(cursor != NULL) {
109:              r = compare(data,cursor->data);
110:              if(r < 0)cursor = cursor->left;
111:              else if(r > 0)cursor = cursor->right;
112:              else      return cursor;
113:      }
114:      return cursor;
115: }
116:
117: void traverse(node *root,callback cb)
118: {
119:      if(root == NULL) return;
120:
121:      node *cursor, *pre;
122:      cursor = root;
123:
```

```
124:     while(cursor != NULL) {
125:             if(cursor->left != NULL) {
126:                     cb(cursor);
127:                     cursor = cursor->right;
128:             }
129:             else {
130:                     pre = cursor->left;
131:                     while(pre->right != NULL && pre->right != cursor)
132:                             pre = pre->right;
133:
134:                     if (pre->right != NULL) {
135:                             pre->right = cursor;
136:                             cursor = cursor->left;
137:                     }
138:                     else {
139:                             pre->right = NULL;
140:                             cb(cursor);
141:                             cursor = cursor->right;
142:                     }
143:             }
144:     }
145: }
146:
147: void dispose(node* root)
148: {
149:     if(root != NULL) {
150:             dispose(root->left);
151:             dispose(root->right);
152:             free(root);
153:     }
154: }
155:
156: int compare(int left,int right)
157: {
158:    if(left > right) return 1;
159:    if(left < right) return -1;
160:    return 0;
161: }
162:
163: void display(node* nd)
164: {
165:    if(nd != NULL) printf("%d ",nd->data);
166: }
167:
168: void display_tree(node* nd)
169: {
```

```
170:    if (nd == NULL) return;
171:    /* display node data */
172:    printf("%d",nd->data);
173:    if(nd->left != NULL) printf("(L:%d)",nd->left->data);
174:    if(nd->right != NULL) printf("(R:%d)",nd->right->data);
175:    printf("\n");
176:
177:    display_tree(nd->left);
178:    display_tree(nd->right);
179: }
180:
181: int main()
182: {
183:    node* root = NULL;
184:    comparer int_comp = compare;
185:    //callback f = display;
186:
187:    /* insert data into the tree */
188:    int a[SIZE] = {8,3,10,1,6,14,4,7,13};
189:    int i;
190:    printf("--- C Binary Search Tree ---- \n\n");
191:    printf("Insert: ");
192:    for(i = 0; i < SIZE; i++) {
193:        printf("%d ",a[i]);
194:        root = insert_node(root, int_comp, a[i]);
195:    }
196:    printf(" into the tree.\n\n");
197:
198:    /* display the tree */
199:    display_tree(root);
200:
201:    /* remove element */
202:    int r;
203:    do {
204:        printf("Enter data to remove, (-1 to exit):");
205:        scanf("%d",&r);
206:        if(r == -1) break;
207:        root = delete_node(root,r,int_comp);
208:        /* display the tree */
209:        if(root != NULL) display_tree(root);
210:        else            break
211:    }
212:    while(root != NULL);
213:
214:    /* search for a node */
215:    int key = 0;
```

```
216:    node *s;
217:    while(key != -1) {
218:       printf("Enter data to search (-1 to exit):");
219:       scanf("%d",&key);
220:
221:       s = search(root,key,int_comp);
222:       if(s != NULL) {
223:          printf("Found it %d",s->data);
224:          if(s->left != NULL)
225:             printf("(L: %d)",s->left->data);
226:          if(s->right != NULL)
227:             printf("(R: %d)",s->right->data);
228:          printf("\n");
229:       }
230:       else
231:          printf("node %d not found\n",key);
232:    }
233:
234:    /* remove the whole tree */
235:    dispose(root);
236:    return 0;
237: }
```

명령 프롬프트

```
D:₩Users₩GwiBong₩workspace₩BST₩Debug>BST
---- C Binary Search Tree ----

Insert: 8 3 10 1 6 14 4 7 13  into the tree.

8(L:3)(R:10)
3(L:1)(R:6)
1
6(L:4)(R:7)
4
7
10(R:14)
14(L:13)
13
Enter data to remove, (-1 to exit):13
8(L:3)(R:10)
3(L:1)(R:6)
1
6(L:4)(R:7)
4
7
10(R:14)
14
Enter data to remove, (-1 to exit):10
8(L:3)(R:14)
3(L:1)(R:6)
1
6(L:4)(R:7)
4
7
14
Enter data to remove, (-1 to exit):3
8(L:4)(R:14)
4(L:1)(R:6)
1
6(R:7)
7
14
Enter data to remove, (-1 to exit):-1
Enter data to search (-1 to exit):6
Found it 6(R: 7)
Enter data to search (-1 to exit):13
node 13 not found
Enter data to search (-1 to exit):-1
node -1 not found

D:₩Users₩GwiBong₩workspace₩BST₩Debug>
```

○ʒ 기타 알고리즘

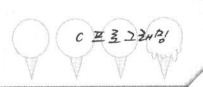

3.1 다익스트라 최단경로 찾기 알고리즘

Dijkstra.c

```c
01: #include <stdio.h>
02: #include <stdlib.h>
03: #include <conio.h>
04:
05: #define INFINITY        9999
06: #define LIMIT  4
07:
08: void dijikstra(int [LIMIT][LIMIT], int, int);
09:
10: int main()
11: {
12:         int routTable[LIMIT][LIMIT] = { {0, 1, 1, 1},
13:                                         {1, 0, 1, 0},
14:                                         {1, 1, 0, 1},
15:                                         {1, 0, 1, 0}
16:         };// adjacency matrix
17:
18:         int startNode = 1,// starting node
19:         vertices  = LIMIT;// no. of vertices
20:
21:         dijikstra(routTable, vertices, startNode);
22:
23:         return EXIT_SUCCESS;
24: }
25:
26: void dijikstra(int routTable[LIMIT][LIMIT], int vertices, int startNode)
27: {
28:         int cost[LIMIT][LIMIT], distance[LIMIT], pred[LIMIT];
29:         int visited[vertices], count, minDistance, nextNode, i, j;
30:
31:         for(i = 0; i < vertices i++)
32:                 for(j = 0; j < vertices j++)
33:                         if(routTable[i][j] == 0)        cost[i][j] = INFINITY;
34:                         else                            cost[i][j] = routTable[i][j];
35:
36:         for(i = 0; i < vertices i++) {
37:                 distance[i] = cost[startNode][i];
38:                 pred[i]     = startNode;
39:                 visited[i]  = 0;
40:         }
```

```
41:         distance[startNode] = 0;
42:         visited[startNode] = 1;
43:         count = 1;
44:         while(count < vertices - 1) {
45:                 minDistance = INFINITY;
46:                 for(i = 0; i < vertices i++)
47:                         if(distance[i] < minDistance && !visited[i]) {
48:                                 minDistance = distance[i];
49:                                 nextNode    = i;
50:                         }
51:                 visited[nextNode] = 1;
52:                 for(i = 0; i < vertices i++)
53:                         if(!visited[i])
54:                                 if(minDistance + cost[nextNode][i] < distance[i]) {
55:                                         distance[i] = minDistance + cost[nextNode][i];
56:                                         pred[i]     = nextNode;
57:                                 }
58:                 count++;
59:         }
60:
61:         for(i = 0; i < vertices i++)
62:                 if(i != startNode) {
63:                         printf("\nDistance of %d = %d", i, distance[i]);
64:                         printf("\nPath = %d", i);
65:                         j = i;
66:                         do {
67:                                 j = pred[j];
68:                                 printf(" <-%d", j);
69:                         } while(j != startNode);
70:                 }
71: }
```

3.2 RSA 암호 알고리즘   RSA.c

```
001: #include <stdio.h>
002: #include <stdlib.h>
003: #include <math.h>
004: #include <time.h>
005: #include <string.h>
006:
007: #define FALSE 0
008: #define TRUE 1
009: #define LIMIT 100
010:
011: int n, message_length;
012:
013: int  Make_Public_Key(long e_pi);
014: int  Make_Private_Key(int e, long e_pi);
015:
016: int  IsPrime(int n);              // 소수 검사
017: long Make_Random_Prime_Number();     // 랜덤 소수(2개) 생성기
018: long mod(long n, long e, long m);          // residue = n^e (mod m)을 수행
019: int  Make_Cyper_text(char *Plain_text, long *Cyper_text, int key); //암호화 함수
020: int  Make_Plain_text(long *Cyper_text, char *Plain_text, int key); //복호화 함수
021:
022: int  GCD(long x, long y)
023: {
024:      return y == 0 ? x : GCD(y, x % y);
025: }
026:
027: int main(void)
028: {
029:      long send_msg[LIMIT];
030:      char recv_msg[LIMIT], buffer[LIMIT];
031:      int public_key, private_key, i;
032:      long e_pi;
033:
034:      e_pi = Make_Random_Prime_Number();        // 두개의 소수 p, q와 n=(p-1)(q-1)값
035:      public_key  = Make_Public_Key(e_pi);                    // 공개키
036:      private_key = Make_Private_Key(public_key, e_pi);       // 개인키
037:      printf("e_pi=%ld, n=%d, public_key=%d, private_key=%d\n",
038:                e_pi, n, public_key, private_key);
039:
040:      printf("\t평문을 입력하세요 = ");
041:      scanf("%s", buffer);
042:      printf("\t입력 내용 = [%s] \n", buffer);
043:
044:      Make_Cyper_text(buffer, send_msg, public_key);
045:
```

```
046:        printf("\t암호 내용 = [");
047:        for (i=0; i<LIMIT; i++)printf("%x ",(unsigned int)send_msg[i]);
048:        printf("]\n");
049:
050:        Make_Plain_text(send_msg, recv_msg, private_key);
051:        printf("\t복호 내용 = [%s] \n", recv_msg);
052:
053:        return EXIT_SUCCESS;
054: }
055:
056: long Make_Random_Prime_Number()
057: {
058:        int i;
059:        int Prime[2];        // P와 Q 두개의 소수는 공개키, 비밀키의 기본 소수
060:        long e_pi;
061:        time_t t;
062:
063:        srand((unsigned int) time(&t));                    //난수생성
064:        for (i=0; i<2; i++) {                    // 2개의 임의의 소수 P와 Q를 생성한다.
065:                do
066:                        Prime[i] = rand() % 100;//2자리로 제한
067:                while(IsPrime(Prime[i]) );    //소수가 아니면 반복한다.
068:        }
069:        n = Prime[0] * Prime[1];              // 두개의 소수 p, q를 이용해 n값 생성
070:        e_pi = (Prime[0] - 1) * (Prime[1] - 1);
071:        printf("\nP=%d, Q=%d e_pi=%ld n=%d\n", Prime[0], Prime[1], e_pi, n);
072:
073:        return e_pi;// 오일러 파이값;
074: }
075:
076: int Make_Public_Key(long e_pi)
077: {
078:        long e;
079:
080:        do {
081:                e = rand() % 100;//3자리로 제한
082:                if ((e < e_pi) && (GCD(e, e_pi) == 1)) return e;// 오일러 값과 서로소인 e
083:        } while(1);
084:
085:        return 0;
086: }
087:
088: int Make_Private_Key(int e, long e_pi)
089: {
090:        int d = 0;
091:
```

```
092:        while (((e * d) % e_pi) != 1) d++;        //개인키 만들기
093:
094:        return d; //개인키
095: }
096:
097: int IsPrime(int n)
098: {
099:        int  i, limit;
100:
101:        if (!(n%2)) return (FALSE);   //짝수 제외
102:        limit = (int) sqrt(n) + 1;        //n제곱+1로 보다 빨리 소수 찾기
103:        for (i = 3; i <= limit; i += 2) //3부터 홀수 단위로 나머지 연산
104:        if (!(n%i))  return (FALSE);
105:
106:        return (TRUE);
107: }
108:
109: long mod(long n, long e, long m)
110: {
111:        long i, residue = 1;
112:
113:        for(i=1; i<=e; i++) {
114:                residue *= n;        //residue = residue * n
115:                residue %= m;        //residue = residue % n
116:        }        //오버플로를 방지를 위하여 자리수 축소
117:
118:        return residue;
119: }
120:
121: int Make_Cyper_text(char *Plain_text, long *Cyper_text, int key)
122: {
123:        int i;
124:
125:        message_length = strlen(Plain_text);
126:        for(i=0; i<message_length; i++)
127:                Cyper_text[i]= (long)mod( Plain_text[i], key, n);//암호화
128:        Cyper_text[i] = '\0'//종료 표시
129:
130:        return 0;
131: }
132:
133: int Make_Plain_text(long *Cyper_text, char *Plain_text, int key)
134: {
135:        int  i;
136:
137:        for(i=0; i<message_length; i++) // 메세지 길이에 맞게 반복한다.
```

```
138:                    Plain_text[i]= (char)mod(Cyper_text[i], key, n);//복호화
139:       Plain_text[i] = '\0'//종료 표시
140:
141:       return 0;
142: }
```

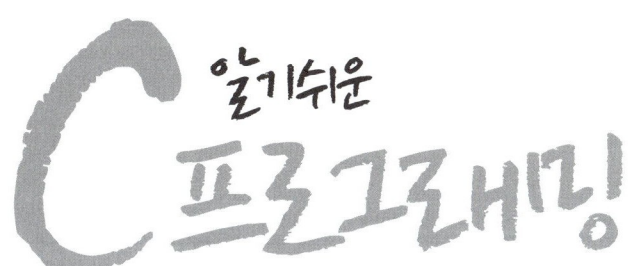

인쇄 일자 : 2013년 7월 19일 초판 인쇄
발행 일자 : 2013년 7월 23일 초판 발행

펴낸곳 : 가메출판사(http://www.kame.co.kr)
발행인 : 성만경
지은이 : 이귀봉, 최동열

주소 : 서울시 마포구 서교동 394-25 동양한강트레벨 504호
전화 : 031)923-8317
팩스 : 031)923-8327

C 프로그래밍
이귀봉

ISBN : 978-89-8078-262-8
등록번호 : 제 313-2009-264 호

정가 : 19,500원
